新形态

新文科 · 新投资

Machine Learning in Social Science
机器学习与社会科学应用

郭峰 等 ◎ 编著

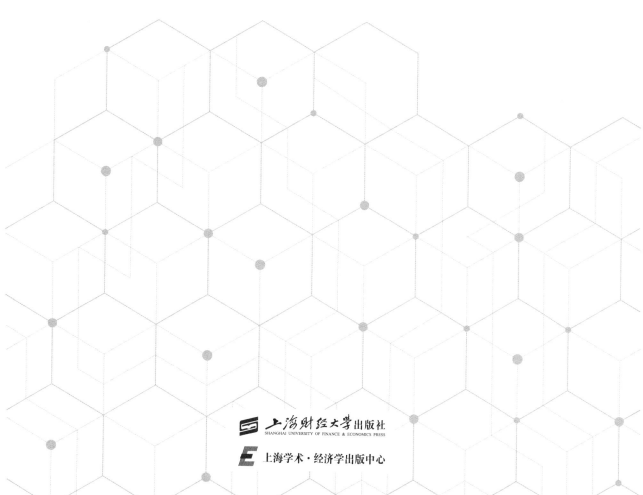

上海财经大学出版社
SHANGHAI UNIVERSITY OF FINANCE & ECONOMICS PRESS

上海学术 · 经济学出版中心

图书在版编目(CIP)数据

机器学习与社会科学应用 / 郭峰等编著. —上海:上海财经大学出版社,2024.7

(新文科·新投资)

ISBN 978 - 7 - 5642 - 4361 - 6/F·4361

Ⅰ. ①机… Ⅱ. ①郭… Ⅲ. ①机器学习 Ⅳ. ①TP181

中国国家版本馆 CIP 数据核字(2024)第 073591 号

责任编辑：顾丹凤
封面设计：贺加贝

机器学习与社会科学应用

著 作 者：郭 峰 等 编著

出版发行：上海财经大学出版社有限公司

地　　址：上海市中山北一路 369 号(邮编 200083)

网　　址：http://www.sufep.com

经　　销：全国新华书店

印刷装订：上海叶大印务发展有限公司

开　　本：787mm×1092mm　1/16

印　　张：21.75(插页:2)

字　　数：425 千字

版　　次：2024 年 7 月第 1 版

印　　次：2024 年 8 月第 2 次印刷

定　　价：58.00 元

前　言

在 2017 年 6 月到上海财经大学任教之前,我曾在北京大学数字金融研究中心做过两年博士后,而更早之前则是在一家金融民间智库工作。在这两家单位工作的最后几年,我的研究领域重点之一就是"数字金融"。而在研究数字金融过程中,我越发觉得数字金融(包括后来的数字经济)的研究有两种路径:一种是基于常规的数据研究数字金融(数字经济)对经济社会产生的各种影响;另一种则是基于数字金融(数字经济)对我们经济社会广泛渗透产生的各种大数据及其相关分析方法,研究一些经济社会现象、经济社会关系在数字经济时代可能产生的新变化。而对后者的研究,则有赖于大数据和机器学习等技术储备,虽然我大学学习的是数学,但在这方面我当时还是非常欠缺的。

为了能让自己的研究走得长远,从 2018 年春天开始,我先是自己学习 Python,后又学习机器学习算法,走上了漫长的"学术再创业"之路。学习 1 年后,2019 年春季学期开始,我就试着在上海财经大学开设 Python 和机器学习的相关课程,到 2023 年年末,已经开设 5 次机器学习课程和更多次的 Python 课程,形成了春季学期主讲 Python,秋季学期主讲机器学习的一整年数字经济方法论教学体系。同时,我也受邀在其他学校开设过机器学习的短期课程或进行机器学习原理和应用的科普讲座。这本《机器学习与社会科学应用》教材是在上海财经大学相关课程讲义的基础上扩充改编完成的。

通过开设机器学习和大数据的相关课程,我在上海财经大学发掘了几名优秀的博士生,一起开始合作相关研究,2020 年也开始招收自己的博士研究生,研究团队慢慢壮大起来。目前我们研究团队已有固定成员 10 余人。2019 年 9 月我还把之前的个人公众号"郭峰学术民工"更名为"经济数据勘探小分队",作为我们团队的集团产品。目前团队主要活动是约每周一次的 Workshop 和公众号推文,主要推送一些经济学中的大数据和机器学习相关文献,到 2024 年 4 月我们已经举办了 90 余场 Workshop,推送了 70 多篇文献推文或技术推文,公众号粉丝超过了 10 000 名。团队规模虽然不大,但战斗力还算可以,特别是几位核心成员,基本上目前都有论文在权威期刊上发表或返修。

经过之前 5 年的沉淀,2023 年年初,在多年运行的讨论班基础上,我正式发起成立一个"机器学习与数字经济实验室",后经过学院的官方审议,2023 年年中正式将实验室名称确定为"数实融合与智能治理实验室",但微信公众号继续使用原名。所谓实验室,其实就是将之前已经存在的文献讨论班、微信群、公众号进行一个品牌再塑造。实验室的宗旨在于利用人工智能、大数据等新工具赋能传统财经学科,以数字经济学与传统财经学科的交叉创新,促进数字经济与实体经济深度融合,助力数字中国高质量发展。目前实验室在国内已小有名气,多次与其他学校和研究团队举办双边论坛。

这本《机器学习与社会科学应用》教材可以算是实验室正式成立后的第一个集体产品,由实验室成员集体完成,实验室的核心成员基本上都参与了这本教材的初稿撰写或以其他形式做出了贡献。其中,我撰写了第一章"机器学习基本原理与启示";上海财经大学公共经济与管理学院博士生曹友斌撰写了第二章"经典回归算法",博士生吕斌撰写了第三章"经典分类算法"和第六章"无监督学习算法"的前三节;博士生熊云军撰写了第五章"集成算法";博士生郑建东撰写了第七章"深度学习算法"和第八章"特征工程入门与实践";上海对外经贸大学会计学院吕晓亮讲师和暨南大学管理学院赵晓阳讲师共同撰写了第四章"自然语言处理入门"和第六章"无监督学习算法"的最后一节;浙江工商大学公共管理学院陶旭辉博士和我共同撰写了第九章"机器学习与因果识别"以及第十章"机器学习与异质性政策效应分析"。除上述教材撰写小组外,实验室的其他成员也对这本教材的顺利出版做出了贡献,例如,收录本教材的很多机器学习社会科学应用案例,都是早期实验室的文献讨论班中学习过的经典文献。在集体撰写初稿的基础上,我负责了全书的统筹定稿,因此本书中所有可能出现的错误,都由我负全部的责任。

参与教材撰写的成员,不管是在校的博士研究生,还是已经博士毕业的高校青年教师,都是我们实验室的核心成员,在一起学习机器学习方法和社会科学应用数年。本教材使用的许多方法论文献和应用文献在团队内部进行过多次学习。这也正反映了这本教材的特色,这本教材的对象是社会科学工作者,他们熟悉社会科学中非常常用的回归分析和因果识别分析方法,但对机器学习方法则不熟悉。因此这本教材更加侧重从社会科学的视角,重点分析机器学习的思想和原理,以及它们在社会科学中可能的应用,从而纳入了大量社会科学实证应用的案例。而且,为了提高本书的可读性和接受度,我们尽量使用比较通俗的语言解释各个机器学习算法的原理,尽量不使用数学公式和艰涩的术语,当然有时候附带一些数学公式在所难免。

本书中的所有机器学习算法的演示性代码,均是基于 Python 语言编写,因此,建议系统学习本书之前,能够对 Python 语言有一个基本的了解。在上海财经大学在线课程建设项目的支持下,我开设的在线课程"Python 语言与经济大数据分析"目前已在智慧树平台上面向全国免费开放,课程网址为 https://coursehome.zhihuishu.com/courseHome/1000002241,可供读者参考。另外,本书的所有代码和演示用数据,可以在我的个人主页上下载:http://www.guof1984.net。

　　这本教材的顺利出版,离不开各界的大力帮助。我在上海财经大学开设的机器学习课程"机器学习与经济学实证应用"获得了学校研究生重点课程建设项目的资助;我与陶旭辉博士合作进行的机器学习与因果识别研究,曾获得国家统计学会年度重点课题的立项支持;在教材编撰出版过程中,也获得了上海财经大学一流学科特区"财政投资团队"和上海财经大学金融硕士(首席投资官)研究生教育中心的宝贵资助,在此一并致谢。希望通过这本书的学习,读者可以丰富自己的工具箱与思想库,但机器学习是一个快速迭代的知识领域,团队对其理解难免存在很多不准确的地方,读者如果发现书稿中存在任何问题,都欢迎通过电子邮件的方式给我们反馈:guofengsfi@163.com。

郭峰

2024 年 4 月 6 日

目　录

第一章　机器学习基本原理与启示

 本章导读

在本章中,我们首先整体性地介绍了机器学习的基本任务——更好地进行预测。其次,进一步梳理了机器学习中的一些基本概念,包括有监督学习、无监督学习、分类回归等机器学习算法的核心概念。接着,我们还重点讨论了为提高模型的泛化性能,机器学习在实践中有哪些代表性的做法。最后阐述机器学习在社会科学实证研究中可能的用处,以及对传统社会科学实证研究的启发。本书的定位是面向部分熟悉社会科学传统实证研究方法,但不熟悉机器学习方法的研究人员。因此,本章通过对比传统社会科学实证方法,帮助读者更好地理解机器学习的思想和做法。我们希望读者通过对本章节的学习,可以对机器学习有一个全局性的认识。而关于机器学习的每个具体算法,在后续的章节中陆续介绍。

第一节　为什么需要学习机器学习

2019 年 10 月,中共十九届四中全会首次提出将数据作为新的生产要素,二十大之后,推动数字经济与实体经济深度融合更是成为国家重大战略。那么如何来理解"数据""大数据"这些概念,特别是如何理解数字经济与大数据的关系。

一、大数据的定义

随着互联网和数字经济对我们经济社会的深度渗透,产生了各种各样的大数据,这使得社会科学的数据来源越来越丰富,文本、音频、视频、遥感等大数据(Big Data)都成为社会科学研究者的重要数据来源。那么什么叫大数据呢? 这里列举了几种大数据的定义。

定义 1　大数据又称巨量数据或海量数据,是指数据规模巨大,无法通过人工或者目前主流软件工具在合理时间内截取、管理、处理并可以被人类解读的信息。

定义 2   大数据是在多样的或者大量数据中迅速获取信息的能力。

定义 3   大数据＝传统的小数据（源于测量）＋现代的大记录（源于记录）。

其中，第三种定义实际上更恰当的概况是"数据化"，即指基于数字经济时代所产生的各种生活或生产活动留痕的数据。当前，我们生活在数字经济时代，难以想象有哪个行业没有受到互联网或数字经济的渗透。在数字经济的深度渗透过程中，大量的数据被生成。为了说明和解释这种"数据化"是如何产生大数据的，以下将提供两个案例。

[**案例1**]   网络授课。传统线下授课模式，老师所讲授的内容很难被完全记录下来，即便是学生们做笔记也只能记录少数关键概念和公式。但是在数字经济时代，大量课程以网课的形式存在，老师授课的任何细节都可以全盘记录下来，并用于相关大数据分析（详见本书第四章）。甚至说，老师上课的语速、语态，也可以被记录下来，并被解析成数据，用于相关分析。

[**案例2**]   在线购物。传统线下购物模式，消费者在商场购物，从一楼逛到六楼，再从六楼逛到一楼，但这些信息都没有被记录下来。处于电商时代的当下，购物模式发生了根本性的变化。现在一个消费者去淘宝上购买东西，在哪个店铺讨价还价，哪个店铺最终下单，哪个店铺最后又退货，所有这些信息都被记录下来，而这些信息已经产生了非常大的商业价值和学术研究价值。

这种因为数字经济广泛渗透所产生的类似大数据还有很多，比如滴滴打车、地图导航、外卖点餐、网上音乐，所有这些生产生活产生的留痕大数据，都被记录了下来，在产生了巨大的商业价值外，也产生了巨大的学术研究价值。譬如，李兵等（2019）就利用"大众点评网"的大数据，发现了一些有趣的事实：人口数量增加1%，菜品种类会增加0.528%～0.623%；而人口结构，即"流动人口"比重上升1%，菜品种类会增加2.19%～2.49%，进而支持了有关城市规模和人口结构多样性对城市不可贸易品多样性的促进作用。利用大数据探索的研究，更多可以参考Athey（2017）。

二、大数据的特征

图1—1中总结了这种"数据化"产生的大数据的一些主要特征。首先，与传统的小数据大多是基于对个人、家庭、企业的调查数据或政府管理数据不同，"数据化"产生的大数据主要源于电子化记录。这种电子化留痕产生的数据，相对而言，能够更加真实地反映生产生活的轨迹，避免了调查数据和政府管理数据中经常存在的主观性和扭曲性。当然，由于大数据越来越被重视，很多数据生产者已经意识到他们的留痕数据可能会被用于各种分析，从而其行为也会有意识或无意识地发生一些相应的变化，甚至扭曲（Cao et al.，2020）。

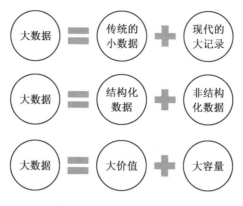

图 1-1　大数据的特征

同时,这种生产生活留痕产生的大数据还有一个鲜明的特征,就是它很可能是高度非结构化的数据。关于数据,之前我们从中小学就学习过数字、数据,例如身高、体重等这种有行有列、结构非常清楚的数据就是结构化数据。[①]　而现如今,一段文字,一个视频,都可能成为被用于分析的数据,因其不同于传统的数据结构形式,我们称其为"非结构化数据"。这种非结构化数据,通常使用传统的统计学方法是难以分析的。比如,我们可能拥有一万个家庭调查数据,包括这些家庭的收入、人口特征,甚至包括户主的身高、体重等信息。这时,我们可以使用统计学和计量经济学的方法对这些数据进行回归或其他统计分析。然而,如果我们有一万篇《人民日报》的文章,这时该如何进行回归或其他统计分析呢? 对于这种非结构化数据,我们需要使用特殊的技术,比如机器学习和自然语言处理,才能对其进行处理和分析。这就有待对我们这本教材所要讲授的机器学习方法的学习。

除此之外,大数据还有一些其他重要特征,比如大数据的容量会很大。现在很多社会科学研究论文使用的数据动辄几千万条,甚至上亿条。然而,尽管大数据容量很大,但往往是低密度的信息。相比之下,传统的小数据,比如调查数据,虽然样本量有限,但相关数据往往经过精心设计和精挑细选,因此数据的信息密度较高。正如你正在阅读的这本书,它就是一个标准的文本大数据,这其中除一些关键的名词、概念和公式外,还会有很多衔接性的表述和案例阐述,但这样一来,就降低了这个文本型数据的价值密度。再比如街头摄像头录制的信息非常多,但每个人需要的信息可能就几秒钟。但是,正是有了这些丰富的衔接性表述、案例式陈述,才使得这本教材具有了一定的可读性,而不是一些关键术语的字典式罗列。同时街头的摄像头也只有把某个时间

---

① 结构化数据即行数据,存储在数据库里,可以用二维表结构来逻辑表达实现的数据。而不方便用数据库二维逻辑表来表现的数据即非结构化数据。

段的信息全部录制下来,才不会忽略我们需要的关键信息。因此,这种大数据的大容量和低密度是一种必然组合。但同时,这也给此类数据的处理和分析设置了一个较高的技术门槛。

实际上,如果用更学术化的语言概括大数据的最典型特征,应该是"高维"。所谓"高维",是指数据的特征维度很高。正如前文阐述的,在使用家户调查数据进行传统的社会科学研究时,我们通常使用收入、年龄等几个最多几十个变量描述这个家庭及家庭成员的特征,而且真正用于模型回归的变量可能更少。但是在数字经济时代,一些平台科技公司,可能掌握了描述这个家庭以及家庭成员的上千个特征,即使用上千个特征"刻画"研究对象。这种特征变量维度很高的数据,就是高维数据。对于这种高维数据的分析,传统的计量经济学往往是力不从心的。一般而言,在最小二乘法回归中,包括十几个解释变量就可能面临统计推断失效的问题,何况是大数据时代上千个潜在的解释变量。我们前文介绍的文本、图像、音频等数据,向量化处理后的维度可能会更高,远远超出了传统社会科学分析方法的驾驭能力。

上文我们只是非常简要地讨论了大数据的几个特征,关于大数据更全面的讨论,感兴趣的读者可以参阅 Mayer-Schonberger(2013)撰写的《大数据时代》。

三、大数据分析需要机器学习方法

伴随着大数据的大规模应用,擅长处理这种大数据的机器学习方法也成为社会科学家工具箱的重要组成(Varian,2014;Grimmer,2015;Mullainathan and Spiess,2017;Athey,2018;Athey and Imbens,2019;洪永森和汪寿阳,2021)。为什么说大数据的广泛存在,促进了机器学习的广泛应用呢? 就是因为刚才提到的大数据的这些高维、非结构化等特征,导致传统的分析工具没法胜任,而机器学习方法就非常善于处理这种高维、非结构化数据。这跟机器学习的特点有关。根据 Varian(2014)的总结,数据分析包括四大任务:概述(Summarization)、估计(Estimation)、检验(Hypothesis testing)、预测(Prediction),而机器学习方法的主要目的就是对包括非结构化数据在内的大数据进行降维、分类和预测(Ghoddusi *et al.*,2019)。其中,对预测能力、泛化能力的强调,是机器学习区别于传统计量经济学的最重要所在。机器学习和计量经济学有很多模型(算法)实际上是统一的,但区别主要在于它们的分析数据的目的存在很大差异。这一点我们下一节还会重点讲述。

考虑到机器学习方法在社会科学研究中的广泛应用,已经有很多适合于社会科学研究者的综述文章或教科书。例如,Varian(2014)讨论了机器学习方法与大数据的价值;Grimmer(2015)简要探讨了大数据、机器学习和因果推断在社会科学研究设计中结合的可能性;Mullainathan and Spiess(2017)阐述了机器学习方法的重要性,特别是预测对于社会科学研究者的重要意义;Athey(2018)详细综述了机器学习的最新发展趋势;Athey and Imbens(2019)则面向经济学家,详细介绍了经济学家们应该掌握的机器学习方法;Ghoddusi $et\ al.$ (2019)、Storm $et\ al.$ (2019)等则聚焦于某些具体学科介绍了机器学习的应用价值。在中文方面,黄乃静和于明哲(2018)、王芳等(2020)对机器学习方法也有非常全面的综述。而在教科书方面,Hastie $et\ al.$ (2017)、James $et\ al.$ (2013)、陈强(2021)是机器学习领域较为经典的教材,对当前主流的机器学习算法都有比较深入的介绍,而 Burkov(2019)则是一本更适合入门学习的教科书。

本书区别已有教材的重要特点是面向对象的不同,特别是面向熟悉计量经济学、因果识别理论,但不熟悉机器学习的社会科学研究者。因此,本书将更加侧重于以浅显直白的语言介绍机器学习的基本原理,并以文献综述、案例详解等方式,介绍机器学习各个算法在社会科学实证研究中的代表性应用。对于代码实操,本书尽量选取了贴近社会科学研究者的案例,进行详细阐述。

第二节　机器学习的基本任务

一、从统计推断到泛化预测

本节我们将重点讨论机器学习的基本任务。为了方便社会科学研究者理解,我们将在与计量经济学的对比中,讨论机器学习的特点。对于社会科学研究者非常熟悉的计量经济学,其核心任务为参数估计、统计推断和因果识别。而相对于计量经济学,机器学习不仅仅是使用了不同的方法(很多方法其实是重叠的),更重要的是关注点不同。譬如,传统社会科学实证更关心无偏性。为了实现无偏估计,不知道也无法获得数据的真实分布,最好的策略是建立一个非常复杂的模型,尽可能实现一致估计。但这种情形下,模型通常会"过度拟合"样本数据,从而导致在样本以外的数据无效(Yarkoni and Westfall,2017)。但是,相对于计量经济学,机器学习更加关注模型的预测能力:结论是否可以泛化(Generalize)。

我们以社会科学研究者最常用的最小二乘法为例进一步阐述机器学习与传统计量经济学的区别。假定我们有 N 个样本(X_i,Y_i),包括 k 个解释变量 X_i 和一个被解释变量 Y_i,假定 Y 和 X 满足如下线性关系:

$$Y_i = \beta_0 + \beta_1 X_{1i} + \cdots + \beta_k X_{ki} + \varepsilon_i \tag{1.1}$$

最小二乘法的逻辑是通过最小化预测值 $\hat{Y}_i$ 与真实值 Y_i 的差异,来计算上述公式(1.1)中的待估计参数。即通过最小化如下目标函数,计算待估计参数。

$$\min\left[\sum(Y_i-\hat{Y}_i)^2\right] \tag{1.2}$$

得到 β 的估计参数 $\hat{\beta}$ 之后,对于每一个 X_i,根据如下公式得到一个预测值:

$$\hat{Y}_i=\hat{\beta}_0+\hat{\beta}_1X_{1i}+\cdots+\hat{\beta}_kX_{ki} \tag{1.3}$$

在计量经济学中,关注上述估计参数的性质,比如在满足一些常规的条件下,上述最小二乘法估计得到的参数是无偏的、有效的。关于这些概念的更技术性的探讨,可以参考任何一本初级的计量经济学教材(Wooldridge,2019)。近些年,社会科学工作者非常关注上述方程得到的估计参数,是否反映了解释变量对被解释变量的因果效应(Angrist and Pischke,2009)。

但是传统的计量经济学忽略了一个重要问题,即上述方法估计得到的参数,其预测能力如何。具体而言,根据上述模型和已知数据计算得到的参数 β 和全新的 X,就可以预测新的 $\hat{Y}'$。所谓上述参数的预测能力是指,对于这些全新的 X,其预测值 $\hat{Y}'$ 是否仍然与真实的 Y 差异很小。根据最小二乘法的定义,对于上述模型内的样本,其预测值 $\hat{Y}$ 和真实值 Y 之间的差异一定是最小的。但是机器学习强调的是上述参数在模型外的预测能力,是对全新的样本评估其预测能力。而这在传统的计量经济学中则是被忽视的,因为其重心一直是在讨论估计得到的参数性能,而不是预测值 $\hat{Y}'$ 的表现。

二、从因果关系到泛化预测

我们围绕社会科学者重视的因果关系与预测之间的区别和联系进行讨论。正如大家所周知的,讨论清楚某个解释变量 X 对 Y 的影响是不是因果效应是有可能的,但讨论清楚所有因素对 Y 是否有因果影响,则是不现实的。就现代经济学主流实证方法而言,"某某影响因素研究"是一个非常差的论文选题,因为它很难进行因果关系层面的讨论。但是,机器学习的核心是检验模型在新数据中的预测能力,那就不能只关心一个解释变量对 Y 的影响,而应该是尽可能地把所有可能影响待预测变量 Y 的因素都纳入模型。这就导致机器学习与因果识别之间存在一些分歧。

对于很多问题而言,因果关系的讨论确实是非常重要的,在整个社会科学里面,大家现在都非常关心因果关系。但如果只是单纯预测,则因果关系就没有那么重要,只要 X 和 Y 之间有相关性质,就可以使用 X 预测 Y,而不一定非要求 X 对 Y 的影响是因果性的。关于预测的价值,我们再通过 Kleinberg et al.(2015)、Björkegren and Grissen(2019)中的几个例子来阐述。

[**案例 1**]   当面临持续的干旱天气时,第一个决策者需要决定是否跳祈雨舞

(Rain Dance)。此时就应该讨论清楚"祈雨舞"对下雨概率影响的因果性。他需要计算"祈雨舞"对下雨能起到多大作用,继而决定是否要跳祈雨舞。如果这两者没有因果关系,跳舞也不会增加下雨概率,就不应该采取这样一个有投入却没有回报的政策。类似这种情形非常多,此时我们确实需要关心处置变量和结果变量之间的关系是不是因果关系。

[**案例 2**] 同样是个下雨的例子,第二位决策者通过观察到别人是否带伞,来推测是否会下雨,进而决定是否带伞。此时他只需要关心其他人带伞是否有助于预测下雨,而不需要关心这两者之间的关系是否为因果关系,这跟上述是否采取跳祈雨舞政策以增加下雨概率具有本质的不同。当在决定是否需要带伞时,其效益严重依赖于下雨概率,因此对下雨概率的预测,本身就具有很强的政策价值和商业价值。虽然某些预测变量与下雨概率之间并不存在因果关系,但使用它来预测下雨的概率,仍然可以带来很大的福利改进。实际上,通过上述案例中两个实际的决策场景,可以将决策问题划分为两类:预测性决策和因果性决策。

[**案例 3**] 这种利用看起来很不相关的变量进行预测,在机器学习商业实践中,已广泛使用。我们再举一个经济学的案例。现在很多大数据公司在考察客户征信问题时,并非基于传统的客户贷款记录、收入等看起来对违约有因果影响的变量,而可能是其他看起来毫无关系的数据。比如有文献研究发现,可以单纯使用手机的使用习惯,来预测个人的信用状况,进而预测其违约概率。结果预测效果还非常好(Björkegren and Grissen,2020)。很显然,不能认为是手机使用习惯导致借款者是否违约,而实际上是因为别的因素导致贷款违约,同时也影响了手机的使用习惯,用因果识别的语言来讲,这是一个典型的因为遗漏变量而产生的内生性问题。但是我们又不能否定这种单纯利用一个人的手机使用习惯就能很好地进行贷款违约预测的商业价值。

因而,我们社会科学研究者应当对非因果识别的预测性研究给予一定的包容度,除了预测可以直接产生商业价值和政策价值外,实际上预测本身对于社会科学研究中的其他工作都是有益的。例如,它可以从杂乱无章的非结构化数据中提取和构建新的指标,然后重新纳入标准的社会科学实证分析框架。更为重要的是,基于机器学习卓越的预测能力,它还可以帮助识别因果关系。在本书的第九章和第十章中,我们也将重点阐述这些内容。

三、机器学习关键术语

前文我们介绍了机器学习的基本任务是预测,即考察在给定样本中训练得到的统计规律,能否泛化到新的样本当中。这里我们将再介绍机器学习的几个基本概念。

机器学习也被一些人称为统计学习(Statistical Learning)。在给定的样本中,计算它的统计规律,然后再检验这种统计规律能否泛化到新的样本中,因此称其为统计学习。同时,由于这种统计规律的学习是由计算机完成,而不是人力脑力计算的,因此也可称为机器学习。

更进一步,我们也可以探讨机器学习与人工智能概念的区别和联系。这两个概念目前都非常流行,出现频率很高。虽然人们常把它们混淆,但是它们有不同的含义。当前是大数据分析和应用的黄金时代,人工智能和机器学习是大数据时代的核心和灵魂。总的来说,人工智能是一种具体的结果,而机器学习是我们达到人工智能的一个重要途径。人工智能可以主导机器学习的过程,但是机器学习的结果并不一定能够产生人工智能。人工智能是一个更广泛的概念,即让机器能够以我们认为"智能"的方式执行任务。当然,由于人工智能这个概念目前有严重的扩大化的趋势,导致很多并没有太多学习成分在内的自动化也被囊括进人工智能范畴,从而使得这两个概念出现一些分化。但应该说机器学习仍然是达成人工智能的最主要渠道,也是人工智能领域中最硬核的内容。当前最流行的人工智能应用的背后,都有机器学习算法的支撑,如大语言模型、自动驾驶等。

机器学习当中有很多其他特别的术语,也需要专门介绍一下,特别是与计量经济学中的术语结合起来理解。对于计量经济学中的"自变量"或"解释变量",机器学习中一般则称为"表征"或"特征"(Features)。而对于计量经济学中的"因变量"或"被解释变量",机器学习中则称为"响应"(Response)。数据为"观测值"(Observation),而机器学习则直接称为"案例"(Example)。当然,更重要的区别在于,计量经济学中常用的"模型"一词,在机器学习中一般都称之为"算法"。正如 OLS 回归模型、Probit 回归模型这些在计量经济学中耳熟能详的模型概念,在机器学习中都被称为 OLS 算法和 Probit 算法。理解这些机器学习中的常见术语的含义,对于将其和社会科学者常用的计量经济学话语体系进行对话是非常重要的。

机器学习中的其他一些术语习惯,也值得学习。一般而言,机器学习基于学习方法可以分为有监督学习和无监督学习两类。有监督学习是根据已有数据集知道输入和输出结果之间的关系,然后根据这种已知关系训练得到一个最优模型。也就是说,在有监督学习中,我们的训练数据应该既有特征又有标签,通过训练,机器能找到特征和标签之间的联系,然后在面对没有标签的数据时可以判断出标签。而无监督学习问题处理的是只有输入变量没有相应输出变量的训练数据。它利用没有专家标注训练数据,对数据的结构建模。比如聚类就是对大量未知标注的数据集,按数据的内在相似性将数据集划分为多个类别,使类别内的数据相似度较大而类别间的数据相似度较小。此外,无监督学习的代表性算法还包括降维,即找出一些轴,在这些轴上训练数据的方差最大。这些轴就是数据内潜在的结构。我们可以用这些轴减少数据维度,数据在每个保留下来的维度上都有很大的方差。在机器学习实操中,有监督学习比无监督学习使用范畴更加广泛,因此是本书要重点讲解的内容。对于无监督学习,我们则会在第六章专门讲解。

而在我们要重点学习的有监督学习范畴中,又可以划分为回归算法和分类算法。其区别主要在于输出变量的类型上。通俗理解就是定量的输出是回归,或者说是连续变量预测;定性的输出是分类,或者说是离散变量预测。如预测房价、预测汇率这是一个回归任务;但如果是预测房价是否上涨、汇率是否变动,则就是一个分类任务。

第三节　机器学习基本原理

这一节我们开始介绍机器学习的基本原理。前文提到机器学习的核心任务就是预测,即考察在给定的样本中计算得到的统计规律能否泛化到新的样本中。这一节我们介绍的机器学习的基本原理都围绕如何提高机器学习算法的泛化能力而展开。

一、过拟合与欠拟合

为了提高泛化能力,机器学习的首要任务是将样本划分为训练集和测试集。在以往的计量经济学中,假如我们拿到了一万个样本,我们会直接对这一万个样本进行回归,然后讨论回归参数的性质等。但这样得到的参数,不一定就是在泛化意义上的最优参数。而机器学习实操中,当拿到一万个样本时,会直接将这些样本划分为一部分训练集,一部分测试集,比如按照一般编程软件默认的比例 3∶1,训练集就包括 7 500个样本,测试集则包括 2 500 个样本。

划分训练集和测试集之后,就可以在训练集中计算参数,而在测试集上检验算法的表现。我们依然以社会科学者比较熟悉的 OLS 回归为例说明。在划分成训练集和测试集后,我们就可以基于均方误差最小的要求,在训练集上计算待估计参数。然后将这些计算得到的参数应用在测试集上,就会计算得到一些测试集上的预测值,此时就可以计算测试集上的预测值和真实值之间的差异,一般仍然使用均方误差最小来评估模型性能。

训练集和测试集一般而言都是随机划分的,那么是否有可能会存在一个算法在训练集上表现很好,在测试集上却又表现不好呢? 这是完全有可能发生的,这就是我们下面要重点学习的过拟合(Over-fitting)和欠拟合(Under-fitting)的概念。过拟合和欠拟合是机器学习实操中要极力避免的现象。在有监督学习中,我们的目的是在训练数据中构建模型,然后能够对没见过的新数据做出准确预测。如果一个模型能够对没见过的数据做出准确预测,我们就说它能够从训练集范化到测试集。但如果一个机器学习算法在训练样本中表现得过于优越,导致在测试数据集中表现不佳,我们就称这种算法过拟合了;而如果模型过于简单,无法捕抓数据的全部内容以及变化,在训练集就表现很差,更别提测试数据,那么我们就称模型欠拟合。

为了更好地理解过拟合和欠拟合的概念,我们这里举一个形象的例子。假设我们有一万张动物图片,需要用机器学习从中识别出猫与非猫,并且这一万张图片都已经标注好,很显然这是一个有监督学习的分类问题。在这个分类问题上,输出变量是猫与非猫,一般可以用 1 和 0 来表述。而对于这个分类问题中的特征变量,假定我们对图片识别了这些特征:腿长、鼻子大小、耳朵大小、颜色等,这些特征就是计量经济学中的解释变量,机器学习中的特征变量。我们先把样本分成训练集和测试集,然后在训练集上针对上述输出变量和特征变量训练,可以想象为一种参数拟合,然后再将这种拟合的参数在测试集上检验,考察其在测试集上是否仍然可以将猫识别出来。

图 1—2　训练集动物

我们都清楚颜色不应该成为区分猫与非猫的重要特征,但假如在训练集和测试集的划分中,因为随机因素,训练集中都是上述图 1—2(左图)所示的花白相间的猫,而测试集上的猫却并非如此,那么就可以想象,在训练集拟合参数的时候,颜色特征变量前面的系数就会非常大,甚至起到样本区分的决定性意义。但是当我们把这一参数应用到测试集上时,很可能就无法将图 1—3 这样的橘猫识别出来,从而导致这个算法在训练集上表现很好,但在测试集上却表现不好,这样就发生了过拟合。在该案例中,过拟合的发生是因为训练样本中的所有训练图片都是上述图 1—2(左图)的猫品种,那么经过多次迭代训练之后,模型训练好了,并且在训练集中表现得很好。基本上该猫身上的所有特点都包括进去,甚至猫的颜色都囊括了。但测试样本中并非如此,还存在其他颜色的猫,因此模型最后输出的结果仍存在偏差。实际上,动物颜色本来应该是一个噪音,但是却被我们当成了一个关键的特征,使其发挥了不应该发挥的作用,它发挥的作用在训练集上有可能是无害的,甚至是有益的,但在测试集上却产生很大危害。

图1—3　测试集中的小猫

在这个例子中,我们也可以非常形象地理解欠拟合。如果我们对动物特征的概括非常粗糙,以至于模型在训练集中就无法区分猫与非猫,那么它就发生了欠拟合。假如我们概括的动物特征只能区分猫科动物与非猫科动物,而无法进一步在猫科动物中区分猫与老虎、狮子等,那它就是欠拟合了。[①] 欠拟合指的是模型在训练和预测时表现都不好的情况。一个欠拟合的机器学习模型显然不是良好的模型。但是,欠拟合通常不被讨论,因为给定一个评估模型表现的指标情况下,欠拟合很容易被发现(训练集的猫都识别不全)。矫正方法是继续学习并且试着更换机器学习算法。反而是过拟合现象,如果发生了,则对算法的泛化能力产生影响:我们志得意满的算法,虽然能够拟合训练集上的数据,但却不能拟合测试集,这样会严重影响算法的适用性,因此需要高度重视。

关于过拟合和欠拟合,我们也可以用图1—4进一步解释。假定输出变量和特征变量之间的关系是由图1—4的中图生成的,那么如果拟合模型时使用的算法比较简单,就会产生在训练集上就无法很好拟合的欠拟合现象,如图1—4中的左图。但如果拟合模型时选择的算法非常复杂,比如是非常高维的多项式模型,以至于可以完美地拟合训练集中的每一个点,用计量经济学的语言讲就是训练集的 R^2 达到了极限1,此时算法虽然对训练集可以拟合得很好,但这样的模型容错性可能就会很差,导致在一个全新的测试集上测试时,算法的拟合能力就大幅下降,这就发生了过拟合现象,如图1—4的右图。而预测最佳的模型,应当是图1—4(中图)的适度拟合。

---

① 据百度百科,猫科动物的介绍为:其体型中大,躯体均匀,四肢中长,趾行性。头大而圆,吻部较短。

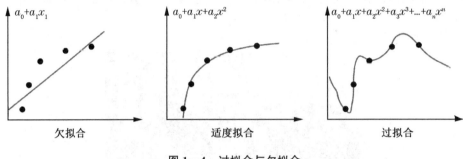

图 1—4　过拟合与欠拟合

　　总之,当某个模型过度地学习了训练集中的细节和噪音,以至于模型在新的数据上表现很差,我们称之为发生了过拟合。这意味着训练数据中的噪音或者随机波动也被当作重要特征被模型学习。而问题就在于这些特征不适用于新的数据,从而导致模型泛化性能变差。实际上,造成过拟合的原因可以粗略归结为模型过于复杂,参数过多,因此矫正过拟合的方法也可以从避免模型过于复杂入手,对此我们在下文会更详细介绍。

二、偏差与方差

　　为了更好地讨论模型复杂程度与过拟合的关系,我们再介绍两个新的概念:偏差(Bias)与方差(Variance)。

　　所谓偏差指的是估计量是否有系统误差,比如系统性地高估或低估。给定 x,则估计量 $\hat{f}(x)$ 的偏差定义为:

$$Bias = E\hat{f}(x) - f(x) \tag{1.4}$$

因此,偏差度量的是在大量重复抽样过程中,估计值 $\hat{f}(x)$ 对于真实值 $f(x)$ 的平均偏离程度。

　　方差衡量在大量重复抽样过程中,估计量 $\hat{f}(x)$ 本身围绕着其期望值 $E\hat{f}(x)$ 的波动幅度,其定义为:

$$Var = E[\hat{f}(x) - E\hat{f}(x)]^2 \tag{1.5}$$

很显然,方差衡量了预测模型本身的稳定性。

　　为什么我们要关心模型的偏差和方差呢? 实际上是因为这两者共同决定了模型的预测性能。对于衡量模型表现性能的均方误差(MSE),可以做出如下分解:

$$\mathrm{MSE}(\hat{f}(x))=E\left[y-\hat{f}(x)\right]^2=E\left[f(x)+\varepsilon-\hat{f}(x)\right]^2$$
$$=E\left[f(x)-E\hat{f}(x)+E\hat{f}(x)-\hat{f}(x)+\varepsilon\right]^2$$
$$=\left[E\hat{f}(x)-f(x)\right]^2+E\left[\hat{f}(x)-E\hat{f}(x)\right]^2+E(\varepsilon^2)$$
$$=Bias^2+Variance+\mathrm{Var}(\varepsilon)\tag{1.6}$$

换言之,模型表现性能均方误差由偏差(的平方)和方差组合而成。偏差与方差均是"可降低的"(Reducible),在极端情况下,如果知道真实函数 $f(x)$,则偏差与方差均为 0,噪音(Noise)则刻画了当前任何算法所能达到的期望泛化误差的下界,即刻画了问题本身的难度。

图 1—5 直观介绍了偏差和方差的含义。左上角的低偏差、低方差情形为最理想的模型,其估计值总在真实值附近。右上角的模型虽然系统偏差很小,但方差很大,故经常偏离靶心,存在"过拟合"。左下角的模型则正好相反,虽然方差很小,几乎总打在相同的地方,但遗憾的是此地并非靶心,故偏差较大,存在"欠拟合"。右下角的模型则偏差与方差都较大,不仅存在较大系统偏差,而且波动幅度大,是最糟糕的模型。

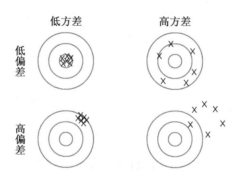

图 1—5　偏差与方差直观含义

在计量经济学中,我们非常关心偏差的大小,例如在某些常规性的假设条件下,最小二乘法是无偏的(Wooldridge,2019)。但是在计量经济学中,我们并没有太关心方差,而根据上文的公式(1.6),我们知道方差是决定模型预测性能的一个很重要的因素。关于方差的重要性,我们可以通过一个不严谨的例子来阐述。假如一个高三学生平均成绩非常高,可以达到 650 分,但成绩却很不稳定,在 500 余分到 700 分来回波动。那么,该考生考上大学的概率可能未必比得上一个成绩稳定于 600 分的学生。

前面提到,模型如果过于复杂,虽然有助于训练集中的拟合,但在测试集上就表现一般,即发生过拟合。如何从偏差和方差的视角出发,理解模型的复杂程度与模型的泛化能力呢?模型复杂程度与偏差和方差之间的关系,一般会呈现出图 1—6 的关系。当算法试图用有限的训练样本得到一个用来预测全新数据集的模型时,为了降低模型的误差率,就要尽量使模型在训练数据集上更加"准确"。为了实现这一目标,往往会通过增加模型的复杂程度,但这样的操作又忽略了模型在全数据集的泛化能力。这时候,模型在训练数据集的偏差虽然可以得到减少,但是对于训练数据集中没有出现的数据,模型对其预测就会很不稳定(容错性差),会造成高方差,从而可能出现我们所说的过拟合。而要想减少模型的方差,就需要减少模型参数,降低模型的复杂程度,提高模型容错性,但这又会导致高偏差。因而,模型的复杂程度和模型的总误差(均方误差)会呈现一种先下降后上升的 U 形趋势。因此,如果以模型的预测能力为判断标准,会存在一个最优的模型复杂程度。模型过于简单可能会欠拟合,模型过于复杂,虽然有可能降低偏差,但也有可能增加方差,从而也会降低模型的预测性能。为了提高模型的泛化性能,会有意识地牺牲模型的无偏性,提高模型的预测能力,对此,我们后续不同章节还会反复讨论。

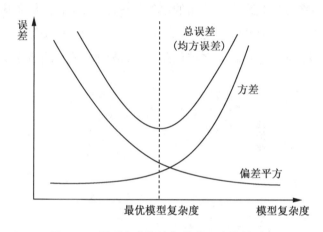

图 1—6　模型复杂程度与偏差和方差的关系

三、一切为了泛化

为了提高机器学习的泛化能力,在实操中机器学习有很多在其他社会科学研究者看来离经叛道的做法,但这却充分体现了机器学习的精神内核。这里我们从正则化、集成算法、深度学习算法三个代表性的机器学习做法分别介绍。这三个方法最能体现机器学习的思想和逻辑。

(1)正则化。我们仍然以最小二乘法为例,最小二乘法有很多优良的性能,其中最典型的就是其估计量是无偏估计量。但正如前文所说,如果以预测性能为目标,无偏估计量不一定是最优估计量。这时降低模型的复杂程度,牺牲无偏性,可以提高模型的预测性能。具体到线性回归的场景,为了克服最小二乘法的过度拟合、泛化能力差的问题,可以对 OLS 的回归参数进行一个惩罚,这个思路就叫做正则化(Regularization)。岭回归和 Lasso 回归都是这种对模型复杂程度进行惩罚的典型代表。具体而言，岭回归和 Lasso 回归分别在 OLS 回归的目标函数（损失函数）上加上惩罚项，使得它们的目标函数如公式(1.7)和(1.8)所示。

$$\text{岭回归：} \min\Big(\sum_i (y_i - X_i^T \beta)^2 + \lambda \sum_{j=1}^p \beta_j^2 \Big) \tag{1.7}$$

$$\text{Lasso 回归：} \min\Big(\sum_i (y_i - X_i^T \beta)^2 + \lambda \sum_{j=1}^p |\beta_i| \Big) \tag{1.8}$$

显然，岭回归和 Lasso 回归是在 OLS 回归的基础上，对其参数的大小进行了惩罚。由于 OLS 回归是无偏的，因此上述目标函数计算得到的参数一定是有偏的。但通过这种惩罚，我们就降低了模型的复杂程度，因而虽然牺牲了模型估计量的无偏性，但却可以降低模型的方差性，从而提高模型的泛化性能。岭回归和 Lasso 回归的区别在于其惩罚项是二次项还是一次项，这对模型参数估计值会有很大影响，我们会在第二章详细介绍。

(2)集成算法。在传统的计量经济学实操中，当我们拿到一万个样本（假定包含 20 个特征变量）后，会直接使用全部的样本和解释变量（特征变量）进行回归。而前文我们曾介绍，为了检验模型的预测性能，避免出现严重的过拟合现象，机器学习的做法是将样本分成训练集（如 7 500 个）和测试集（如 2 500 个），训练集中计算参数，测试集上再检验。实际上，机器学习还有更进一步的做法，比如先从 1 万个样本中随机抽样 1 000 个，并从 20 个特征变量中随机选取 10 个特征，进行一次回归，保留好回归结果，然后将抽取的样本放回，再重新抽样 1 000 个样本 10 个特征，再进行一次回归，累计若干次回归，比如 20 次，然后将这 20 次的回归结果求平均（如果是回归问题）或者投票表决（如果是分类问题），即为整个"大算法"的最后结果，这就是所谓的"集成算法"。集成算法之所以能够提高模型的泛化性能，是因为在对样本和特征的随机抽样过程中，能够避免某些异常样本和噪音特征对拟合结果的过大干扰，通过随机抽样再求平均的方式，提高模型的稳定性，从而降低过拟合可能性。对于集成算法，我们将在第五章详细讨论。

(3)深度学习算法。在集成算法中，用于集成的弱模型既可以是一样的，也可以是不一样的，但这样会导致机器学习的算法缺乏可解释性。即我们只清楚使用了这些特征变量可以很好地预测结果变量，但不同的特征变量在其中发挥了什么样的作用，在这种集成中就可能不易探寻了。换言之，为了更好地预测，机器学习不仅可以牺牲无偏性，还可能牺牲可解释性。我们这里将要介绍的一种机器学习方法也是非常缺乏可解释性的，但其预测性能已经被广泛证明非常强大。

仍然要与计量经济学中的线性回归进行对比分析。在计量经济学的线性回归中，

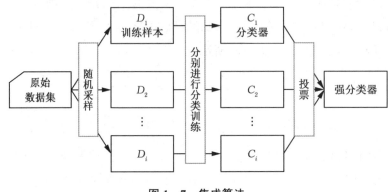

图 1-7　集成算法

被解释变量(输出变量)可以理解成解释变量(特征变量)的一个线性组合,然后直接进行参数求解。这是一种浅层模型,只能拟合输出变量和特征变量之间比较简单的关系。为了更好地拟合输出变量和特征变量之间的复杂关系,在机器学习实操中可以由浅层模型不断迭代构成深层模型。如图 1-8 所示,X 的多种不同的线性组合构成一个中间层[①],这些中间层的多种不同的线性组合又构成下一个中间层,可能要经过很多层中间层后才到达最后的输出变量,这就是所谓的深度模型。深度模型目前是使用最为广泛的机器学习模型,ChatGPT、自动驾驶等非常有名的人工智能应用,其背后所基于的机器学习模式都是深度学习算法。对于深度学习算法,我们将在第七章进一步讨论。

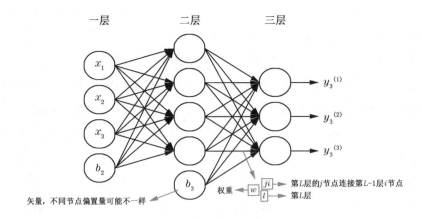

图 1-8　深度学习模型

---

① 组合之后还需要经过一个非常简单的非线性变化,否则线性组合的线性组合仍然是线性的,不能拟合输出变量和特征变量之间的复杂关系。

四、机器学习的实操要点

前面我们介绍了机器学习为了避免过拟合,会采取各种社会科学研究者看起来非常复杂、非常反直觉的做法。但这些方法的实现其实并不难,日常使用的软件都提供了现成的机器学习算法代码,并不用自己编写代码,可以直接调用。因此实现机器学习的关键在于获得数据、定义特征变量,这被称为特征工程。特征变量的处理在实操中需要花费非常大的功夫,这是因为计量经济学使用的数据往往是结构化的数据,而机器学习往往应用在非结构化数据当中。在机器学习的实操中,爬虫、解析、清洗数据的工作量可能就占到一个项目全部工作量的 95%。关于特征工程的常见操作,我们会在第八章详细讨论。

为了更直观地理解这种非结构化数据处理的复杂性,我们通过一个文本大数据的例子来介绍。在社会科学实证研究中,使用机器学习进行相关数据处理,最主要用处就是处理文本大数据。但是原始的文本数据没有办法直接用于机器学习分析,必须进行相应的向量化转换。这里我们介绍一个最简单的向量化转换方法:独热表征法(One-hot)。

假如,原始文本库 Ψ 由两条帖子组成。第一条的内容是"明天涨停。后天涨停没戏";第二条是"玛丽有个小绵羊"。分词后得到"明天、涨停、后天、没戏、玛丽、有、个、小、绵羊"9 个不同词语,即 $N=9$。用独热法则"明天"用向量$[1,0,0,0,0,0,0,0,0]$表示,"涨停"用向量$[0,1,0,0,0,0,0,0,0]$表示,以此类推。于是第一个帖子可用向量$[1,2,1,1,0,0,0,0,0]$表示,第二个帖子即$[0,0,0,0,1,1,1,1,1]$。这种独热表征法虽然存在很多缺陷,但却是我们理解、处理文本大数据的起点。关于文本大数据的处理,我们在第四章有更专门的介绍。

下面再以图像数据为例阐述一下非结构化数据处理的方式。图 1—9 是各类机器学习教材中都广泛使用的一个案例:手写数字识别。假定有一万张手写数字,已经经过人工标注,机器学习的工作就是统计输出变量(0,1,2,3,4,5,6,7,8,9)与各个手写数字图片之间的统计规律,然后将这种统计规律应用到新的图片中,从而识别新的手写数字。这里的关键步骤也是如何将图像数据转换成向量化数据,比如图 1—9 中就是一个最简单的例子:图片中阴影部分为 1,其他部分为 0,然后再将这个 32×32 的矩阵压平转换成 1 024 长的向量,之后就可以进行各种机器学习算法的拟合和测试。机器学习的各类算法在手写数字识别中都有很好的表现,准确率基本都能达到 90% 以上。

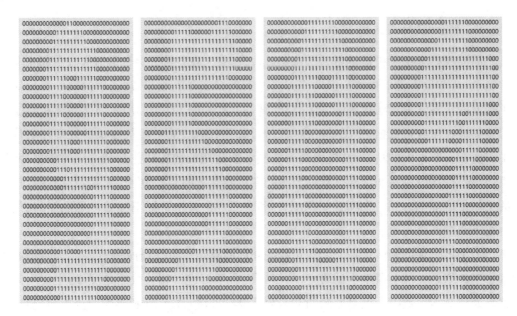

图 1—9　图像数据的向量化表征

第四节　机器学习的应用与启示

一、机器学习算法的特点

结合前文,在介绍机器学习的应用之前,我们再总结一下机器学习的一些特点与优势:

(1)处理高维数据。机器学习算法适用于处理高维数据,即数据特征维度很高,甚至比数据样本量还大。相比传统的计量经济学方法,机器学习中的正则化等技术可以有效处理高维数据。

(2)处理非结构化数据。机器学习在处理非结构化数据方面取得重要进展。通过对文本、图片、音频、视频等非结构化数据的向量化处理和降维处理,机器学习能够从这些数据中提取非常有价值的信息。

(3)处理非线性关系。在通常情况下,传统的社会科学实证分析假定输出变量和特征变量之间均是简单的线性关系。但在实际的经济社会运行中,经济社会中的关系更多是非线性的。而机器学习中的一些算法,如支持向量机和深度学习,擅长处理非线性关系,从而更好地适应实际情况。

(4)强调模型的泛化性能。社会科学研究希望通过有限样本的统计分析获取普适的经济社会规律。因此,机器学习注重模型的泛化能力,即基于有限样本的统计规律能够推广到其他样本中。正如在前文中我们讨论过机器学习的核心工作就是追求更高泛化能力,这是机器学习的重要特征。

(5)对异质性估计的重视。鉴于个体反事实结果的不可知性,社会科学家所追求的因果识别实际上是对给定样本的平均处理效应的估计。然而,我们需要高度重视基于特定样本的平均处理效应的泛化能力问题。当我们关注平均处理效应的泛化能力时,我们必须充分了解样本特征的不同对平均处理效应是否产生影响,即条件平均处理效应。在本书的第十章,我们将详细探讨机器学习在进行异质性因果分析方面的价值。

(6)数据驱动。数据驱动是机器学习方法区别于传统计量经济学方法最为典型的特征之一。传统方法中的理论驱动和机器学习的数据驱动二者各有优劣。理论驱动通常以数据为基础构建一个低维参数模型,优势在于简洁、易理解,但这种理论驱动的方法不擅长处理复杂的大数据,一方面会带来模型误设的问题(洪永淼和汪寿阳,2021),另一方面也不容易发现一些新的问题。而机器学习的数据驱动模式,其目的是让数据说话,尤其是为处理复杂系统的大数据提供了一个强大的分析工具,能够让研究者更清晰地看到数据背后所要表达的内容(黄乃静和于明哲,2018)。

二、机器学习在社会科学领域的主要应用

考虑到机器学习的上述特征,以及机器学习在数据分类、降维和预测上已经取得的巨大成功,机器学习在商业上目前已经有非常广泛的应用,包括信用卡欺诈识别、医学诊断、语音识别等。包括最近两年大热的 ChatGPT,其背后也是基于机器学习算法。但本书主要关注点是机器学习在社会科学学术研究中所能发挥的用处。对此,我们进行了一些总结。

(1)预测。机器学习的一个强大功能在于其有非常好的预测能力,因而在注重预测的某些社会科学领域,也就有了很大的用武之地。例如社会科学研究者借助机器学习方法来预测经济增长(Basuchoudhary et al.,2017);基于 Lasso 方法利用世界主要国家股票收益的滞后项来预测全球股票市场的回报(Rapach,2013);采用随机森林方法预测哪些行人更有可能携带武器(Goel et al.,2016);保释犯人是否会重新犯罪或按时到法庭报到(Kleinberg et al.,2018);使用机器学习算法来预测资产的定价(Gu et al.,2020);等等。

(2)数据生成。从海量新型的、非结构化的大数据中提炼、生成新指标,进而应用在传统社会科学研究中,也是机器学习的重要应用场景。从非结构化的文本、图像等大数据中提取相关指标,进而用于相关社会科学分析当中,是现在大数据时代,社会科

学研究者数据来源的一大宝库,在这当中就可以广泛使用机器学习方法。例如,使用贝叶斯算法和神经网络算法等从资本市场社交媒体中提取文本中表达出的投资者情绪(Antweiler *et al*.,2004;Li *et al*.,2019;郭峰等,2023);使用属于无监督学习范畴的 LDA 主题模型提取新闻报道或政府文件的主题(Hansen *et al*.,2018;Mueller and Rauh,2018;王靖一和黄益平,2018);[①]使用机器学习方法评估卫星遥感照片中反映出的某地区经济发展水平(Jean *et al*.,2016);根据人像图片或姓名用词推断性别(Edelman *et al*.,2017;Guo *et al*.,2023);等等。

(3)因果识别。当然,机器学习方法在社会科学中的广泛应用并不仅限于上述两方面,关于机器学习在社会科学中的更多应用,可以参阅 Athey and Imbens(2019)、黄乃静和于明哲(2018)、王芳等(2020)等综述性文献。在本书中,特别是其中的第九章和第十章中,我们也将重点讨论机器学习在因果识别中的重要作用。因果识别是社会科学各领域学者都非常重视的工作,机器学习对预测性的强调和因果识别方法对因果关系的强调,初看起来存在一些不和谐的地方,但实际上机器学习也可以助力于因果关系识别:例如更好地识别和控制混淆因素,更好地构建对照组,更好地识别异质性因果效应,以及更好地检验因果关系的外部有效性。

三、机器学习对社会科学研究的启示

上述讨论的是机器学习在社会科学实证研究中的直接应用。实际上,机器学习的思想和方法对于除机器学习以外的其他社会科学实证研究也具有启发作用。我们对此进行了总结:

(1)更加重视样本的代表性。在社会科学实证研究中,我们不仅仅关注样本内的统计规律,还希望通过样本的统计规律来反映普遍的经济社会规律,因此样本的代表性至关重要。虽然基于代表性样本得出的统计规律未必能很好地外推,但是没有代表性的样本肯定缺乏外部有效性。在分析家庭调查数据、企业调查数据等时,需首先充分考察这些数据对整体样本的代表性。

(2)回归方程不是包含控制变量越多就越好。统计模型并非越复杂越好。若模型过于复杂,会导致过拟合现象,降低模型的外部效度。一些计量经济学初学者在进行回归分析时,常不自觉地添加大量控制变量,过于关注模型的 R^2,误认为 R^2 值越高越好。模型的 R^2 过高可能意味着过拟合的风险。因此,在回归方程中,并非控制变量越多越好。

---

① 关于文本大数据的更详细综述,可参阅沈艳等(2019)、Gentzkow *et al*.(2019)、Berger *et al*.(2020)和马长峰等(2020)等综述性论文。

（3）更加重视因果关系的异质性检验。我们已经提到为了确保平均因果效应具有更好的外部有效性，就必须讨论不同样本特征下是否存在异质性因果关系，即条件平均处理效应。异质性因果关系在社会科学实证研究中的重要性日益凸显。然而，一个良好的异质性因果关系识别不仅仅用于丰富实证研究的结论，更重要的是助力于论证和加强论文的核心逻辑。

（4）多次重复回归，检验模型的稳定性。在大多数实证研究中，无论样本数量多少，我们通常都会直接使用全部样本和特征变量进行一次回归，并将该回归结果作为研究发现的基准。然而，单次回归结果的稳定性和泛化性缺乏必要的讨论。我们可以借鉴机器学习中集成算法的思想，有放回地从样本中抽取一部分样本的方式进行多次重复回归，以检验回归结果的稳定性。例如，在基于 31 个省份的实证研究中，我们可以每次剔除 1 个省份，使用剩下的 30 个省份样本进行回归分析，最后观察这 31 次回归结果的稳定性，以确定模型是否受某个异常省份数据的干扰，从而提高模型的稳定性和泛化能力。

思考题

1. 传统的计量经济学与机器学习有哪些区别？
2. 过拟合问题受重视程度远高于欠拟合，为什么会这样？
3. 你之前是怎么理解"大数据"的，学习本章内容后，你又是如何理解的？
4. 在机器学习事件中，模型并不是越复杂越好，为什么会这样？
5. 学习了机器学习的基本原理，对做社会科学实证分析工作有什么启发？

参考文献

[1]郭峰、吕晓亮、林致远，等(2023)，"上市公司社交媒体联结与股价溢出效应——来自中国监管处罚的证据"，《管理科学学报》，第 4 期，第 111—131 页。

[2]洪永森、汪寿阳(2021)，"大数据、机器学习与统计学：挑战与机遇"，《计量经济学报》，第 1 期，第 17—35 页。

[3]黄乃静、于明哲(2018)，"机器学习对经济学研究的影响研究进展"，《经济学动态》，第 7 期，第 115—129 页。

[4]李兵、郭冬梅、刘思勤(2019)，"城市规模、人口结构与不可贸易品多样性——基于'大众点评网'的大数据分析"，《经济研究》，第 1 期，第 150—164 页。

[5]马长峰、陈志娟、张顺明(2020)，"基于文本大数据分析的会计和金融研究综述"，《管理科学学报》，第 9 期，第 19—30 页。

[6]沈艳、陈赟、黄卓(2019)，"文本大数据分析在经济学和金融学中的应用：一个文献综述"，《经济学季刊》，第 18 卷第 4 期，第 1153—1186 页。

［7］王芳、王宣艺、陈硕（2020），"经济学研究中的机器学习：回顾与展望"，《数量经济技术经济研究》，第 4 期，第 146—164 页。

［8］王靖一、黄益平（2018），"金融科技媒体情绪的刻画与对网贷市场的影响"，《经济学季刊》，第 17 卷第 4 期，第 1623—1650 页。

［9］Angrist，J. D. and Pischke，J. S. （2009），*Mostly Harmless Econometrics*，Princeton University Press.

［10］Antweiler，W. and Frank，M. Z. （2004），"Is All That Talk Just Noise? The Information Content of Internet Stock Message Boards"，*The Journal of Finance*，Vol. 59(3)，pp. 1259—1294.

［11］Athey，S. （2017），"Beyond Prediction：Using Big Data for Policy Problems"，*Science*，Vol. 355，pp. 483—485.

［12］Athey，S. and Imbens，G. W. （2019），"Machine Learning Methods Economists Should Know About"，*Annual Review of Economics*，Vol. 11(1)，pp. 685—725.

［13］Athey，S. （2018），*The Impact of Machine Learning on Economics*，*The Economics of Artificial Intelligence：An Agenda*，University of Chicago Press.

［14］Basuchoudhary，A. Bang，J. and Sen，T. （2017），*Machine Learning Techniques in Economics New Tools for Predicting Economic Growth*，Springer.

［15］Björkegren，D. and Grissen，D. （2020），"Behavior Revealed in Mobile Phone Usage Predicts Loan Repayment"，*The World Bank Economic Review*，Vol. 34(3)，pp. 618—634.

［16］Burkov，A. （2019），*The Hundred-Page Machine Learning Book*，Quebec City，Canada：Andriy Burkov.

［17］Gentzkow，M. Kelly，T. B. and Taddy，M. （2019），"Text as data"，*Journal of Economic Literature*，Vol. 57(3)，pp. 535—574.

［18］Edelman，B. Luca，M. and Svirsky，D. （2017），"Racial Discrimination in the Sharing Economy：Evidence from a Field Experiment"，*American Economic Journal：Applied Economics*，Vol. 9(2)，pp. 1—22.

［19］Ghoddusi，H. Creamer，G. G. and Rafizadeh，N. （2019），"Machine Learning in Energy Economics and Finance：A Review"，*Energy Economics*，Vol. 81，pp. 709—727.

［20］Goel，S. Rao，M. J. and Shroff，R. （2016），"Precinct or Prejudice? Understanding Racial Disparities in New York City's Stop-and-Frisk Policy"，*The Annals of Applied Statistics*，Vol. 10(1)，pp. 365—394.

［21］Grimmer，J. （2015），"We Are All Social Scientists Now：How Big Data，Machine Learning，and Causal Inference Work Together"，*Political Science & Politics*，Vol. 48(1)，pp. 80—83.

［22］Gu，S. Kelly，B. and Xiu，D. （2020），"Empirical Asset Pricing via Machine Learning"，*The Review of Financial Studies*，Vol. 33(5)，pp. 2223—2273.

［23］Hansen，S. McMahon，M. and Prat，A. （2018），"Transparency and Deliberation Within the FOMC：A Computational Linguistics Approach"，*The Quarterly Journal of Economics*，Vol. 133

（2），pp. 801－870.

［24］Hastie，T. Tibshirani，R. and Friedman，F. (2017)，*The Elements of Statistical Learning：Data Mining，Inference，and Prediction*，Second Edition，Springer.

［25］James，G. Witten，D. Hastie，T. and Tibshirani，R. (2013)，*An Introduction to Statistical Learning*，Springer.

［26］Jean，N. Burke，M. Xie，M. Davis W. M. Lobell，D. B. and Stefano，E. (2016)，"Combining Satellite Imagery and Machine Learning to Predict Poverty"，*Science*，Vol. 353(6301)，pp. 790－794.

［27］Kleinberg，J. Ludwig，J. Mullainathan，S. and Obermeyer，Z. (2015)，"Prediction Policy Problems"，*American Economic Review*，Vol. 105(5)，pp. 491－495.

［28］Li，J. Chen，Y. Shen，Y. Wang，J. and Huang，X. (2019)，"Measuring China's Stock Market Sentiment"，Working Paper.

［29］Mayer-Schonberger，V. and Cukier，K. (2013)，Big Data！ *A Revolution That Will Transform How We Live，Work，and Think*，Hodder，周涛译，《大数据时代》，浙江人民出版社。

［30］Mueller，H. and Rauh，C. (2018)，"Reading Between the Lines：Prediction of Political Violence Using Newspaper Text"，*American Political Science Review*，Vol. 112(2)，pp. 358－375.

［31］Mullainathan，S. and Spiess，J. (2017)，"Machine Learning：An Applied Econometric Approach"，*Journal of Economic Perspectives*，Vol. 31(2)，pp. 87－106.

［32］Rapach，D. E. (2013)，"International Stock Return Predictability：What is the Role of the United States？"，*Journal of Finance*，Vol. 68(4)，pp. 1633－1662.

［33］Sean，C. Jiang，W. Yang，B. Z. and Zhang，A. L. (2020)，"How to Talk When a Machine is Listening？ Corporate Disclosure in the Age of AI"，NBER Working Papers，No. 27950.

［34］Si，K. Li，Y. W. Ma，C. and Guo，F. (2023)，"Affiliation Bias in Peer Review and the Gender Gap"，*Research Policy*，Vol. 52(7)，104797.

［35］Storm，H. Baylis，K. and Heckelei，T. (2019)，"Machine Learning in Agricultural and Applied Economics"，*European Review of Agricultural Economics*，Vol. 47(3)，pp. 849－892.

［36］Varian，H. R. (2014)，"Big Data：New Tricks for Econometrics"，*Journal of Economic Perspectives*，Vol. 28(2)，pp. 3－28.

［37］Wooldridge，J. M. (2019)，*Introductory Econometrics：A Modern Approach*，Cengage Learning.

［38］Yarkoni，T. and Westfall，J. (2017)，"Choosing Prediction over Explanation in Psychology：Lessons from Machine Learning"，*Perspectives on Psychological science A Journal of the Association for Psychological Science*，Vol. 12(6)，pp. 1100－1122.

第二章 经典回归算法

 本章导读

回归算法是机器学习中的基础性算法,由于其在使用过程中要求数据集包含特征变量和响应变量(分别对应于计量经济学中的解释变量和被解释变量),因此,回归算法属于机器学习中的一种有监督学习算法。总体上说,回归算法主要基于训练集的数据特征,通过建立回归模型进行参数估计,学习训练集中的特征变量与响应变量之间的关系,并将学习结果应用到测试集中进行样本外预测。在本章中,我们将介绍普通最小二乘法(OLS)、岭回归算法和 Lasso 回归算法这三种经典回归算法,并梳理其原理、实操代码以及相关社会科学应用案例。其中,OLS 回归算法是计量经济学中应用最为广泛的算法,但机器学习更加重视它的预测功能,而非变量之间的因果关系,对OLS 回归算法的回顾性学习,我们可以更好地理解第一章所介绍的机器学习与传统计量经济学之间的联系和区别;岭回归算法和 Lasso 回归算法是在 OLS 回归算法的基础上演变而来的,主要是通过在 OLS 回归算法目标函数中添加不同类型的惩罚项,进一步优化模型的预测性能。为了避免过拟合,这两种算法都采取了在传统社会科学研究者看来"离经叛道",但却非常深刻体现机器学习精神的正则化做法。通过对这两种算法的学习,我们可以更加深刻理解上一章所阐述的机器学习原理,并为后续其他机器学习算法的学习打下基础。

第一节 OLS 回归算法

一、OLS 回归算法原理

(一)OLS 回归内涵与原理

在机器学习领域,普通最小二乘法(Ordinary Least Squares,OLS)是一种基本的线性回归方法,它主要用于从观测数据中找到最佳拟合的线性模型。OLS 的核心思想是通过最小化残差平方和来寻找最佳的回归系数。图 2—1 展示了 OLS 回归算法的基本原理,其中,余差(又称残差)是指实际观测值与预测值之间的差异,残差平方和则是所有残差平方的总和。OLS 回归算法的目标是估计一组回归参数,使得模型的残差平方和最小化,这样所拟合的模型能更好地解释变量之间的变动关系。

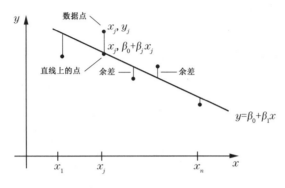

图 2－1　OLS 回归原理

假设我们的响应变量为 y(例如房价),特征变量一共有 k 个(例如人口数量、经济发展水平、交通基础设施水平等),分别表示为 x_1、x_2、$x_3 \cdots x_k$,则估计模型可写成如下形式:

$$y_i = \beta_0 + \beta_1 X_{i1} + \beta_2 X_{i2} + \beta_3 X_{i3} + \cdots + \beta_{ik} + \varepsilon_i \tag{2.1}$$

其中,除刚才所介绍的变量外,β_0 表示常数项,β_1、β_2、$\beta_3 \cdots \beta_k$ 为待估参数,也就是通过 OLS 回归所估计出来的最终参数,ε 为随机误差项,表示除 x 之外的其他随机因素对响应变量 y 的影响。

若将上式写成向量形式,则可简写为:

$$y = X\beta + \varepsilon \tag{2.2}$$

OLS 回归算法的本质就是估计出一组最合适的参数 β,使得实际观测值 y 与模型估计值 $\hat{y}$ 之间差值的平方和最小化。具体而言,假定我们需要估计出一组 β 系数,记为 $\hat{\beta}$,由于残差(μ)等于实际观测值与预测值之间的差,即 $\mu_i = y_i - \hat{y_i}$,因此,我们可以构造一个如下的目标函数:

$$f = \sum_{i=1}^{n} (y_i - \hat{y_i})^2 = \sum_{i=1}^{n} (y_i - X\hat{\beta})^2 \tag{2.3}$$

将目标函数(2.3)最小化,就可以得到我们想要估计的各个参数。为此,我们需要对 $\hat{\beta}$ 求一阶条件,并令其为 0,进而求解得到参数 $\hat{\beta}$ 的估计值。整理后,求得待估参数 $\hat{\beta}$ 的估计值为:

$$\hat{\beta} = (X'X)^{-1}X'y \tag{2.4}$$

在满足一些常规的假设条件下,公式(2.4)计算得到的估计参数有很多优良的性能,例如其为无偏估计量、有效估计量等,这些都是传统的计量经济学教材所要重点讨论的内容(Wooldridge,2019),而非本书所讨论的重点。因此,这里我们就不再进一步展开讨论。本书主要从机器学习更关心的预测性能出发,讨论 OLS 回归算法。

(二)OLS 回归算法预测能力

实际上,在基于 OLS 回归算法预测时,只需要输入特征变量的数值,然后根据上述过程估计得到的 $\hat{\beta}$,即可求得预测值。很显然,对于给定的样本集,基于上述参数计算得到的预测值肯定是最好的(如果评判标准仍然是均方误差最小化),因为这个参数本身就是根据最小化目标函数(2.3)所得到的。但问题的关键是机器学习所追求的是样本外的预测能力,或泛化能力,那么在样本外的预测上,OLS 回归算法表现如何呢?

由第一章所介绍的相关内容可知,根据公式 $MSE(f(\hat{x}))=Bias^2+Variance+var(\varepsilon)$,一个模型的预测性能本质上是由偏差(的平方)和方差共同决定的。偏差和方差越小,模型预测值的均方误差越小,则预测能力越强。但在实际应用过程中,随着模型设定方式的不同,偏差和方差二者之间往往存在此消彼长的权衡关系:提高模型的复杂程度虽然能够降低偏差,但是也会提高方差。

具体到本节所介绍的 OLS 回归算法,由于其是将最小化残差平方和作为目标函数,因此可以推出 $\hat{\beta}=(X'X)^{-1}X'y$,则偏差 $Bias_{ols}=E(\hat{\beta})-\beta=0,Var_{ols}=\sigma^2$。由此可以看出,采用 OLS 回归算法预测的优点在于估计系数是无偏估计量,偏差较小,但由此会带来方差较大的代价,从而可能导致 OLS 回归算法的预测能力不佳。

例如,若采用多组随机样本进行 OLS 回归,无偏性能够使多次回归系数的均值接近于真实值,但较大的方差意味着具体某一次回归分析得出的估计系数会离均值较远(王芳等,2020)。正如第一章所探讨的,就样本外预测性能而言,模型的稳定性(方差)也会起到非常重要的作用。因此 OLS 回归算法在样本外的预测上,表现并不突出。通过对 OLS 回归模型的复杂程度进行惩罚,我们可以降低模型的复杂程度,减少模型的预测方差,从而提高模型的泛化性能,这将是本章第二节岭回归算法和第三节 Lasso 回归算法所要讲述的内容。

(三)OLS 回归算法的优缺点

虽然 OLS 回归算法在样本外预测的表现并不突出,但仍然非常值得我们学习,究其原因,OLS 回归算法也有其突出的优点:

(1)简单易用。OLS 回归是一种线性回归方法,实现简单,也容易理解。它不依赖于太多先验知识,适合于快速建模和预测分析。

(2)参数估计无偏性和有效性。OLS 回归在满足一些基本假设条件时,可以获得参数的无偏估计。即回归系数的估计值在样本趋于无穷时会收敛到真实的参数值,能够准确反映特征变量对响应变量的影响。

(3)估计参数易于解释。OLS 回归提供了各个特征变量对响应变量的回归系数估计值,这些参数的大小和方向可以用来解释特征变量对响应变量的影响。在社会科学研究中,OLS 回归的参数可以理解为特征变量对响应变量的"边际影响",这对于理解问题背后的内在关联非常有帮助。

正因为 OLS 回归算法的这些优点,虽然它的样本外预测性能一般,但仍然是各个机器学习教材和视频课程的学习起点。当然,OLS 回归算法也有其缺点,例如,它的假设前提较为严格。OLS 回归在应用前需要满足一些假设前提条件,如误差项的独立性、同方差性和正态性等。当这些假设不成立时,OLS 回归的结果可能会有偏或缺乏效率,对模型的推断和预测结果产生影响。同时,OLS 回归算法对数据的要求也较高。OLS 回归需要大样本和随机抽样来保证参数估计的准确性。此外,OLS 回归对异常值比较敏感,当存在离群点或极端观测值时,模型的稳定性就会下降,对数据的拟合效果产生影响。

从机器学习角度对 OLS 回归模型的更详细讨论,还可以进一步参阅 Hastie *et al.*(2017)、陈强(2021)等的机器学习教材。

二、OLS 回归算法实操代码

在使用 Python 对 OLS 回归算法进行数据分析时,一共会涉及 6 个步骤:

(1)导入模块与加载数据。首先,调入可能使用到的模块 pandas、numpy 和 sklearn。

```
1.  # python 示例代码
2.
3.  # 导入四个可能用到的包: sklearn, scipy , numpy 和 pandas
4.  import sklearn
5.  import scipy
6.  import pandas as pd
7.  import numpy as np
```

然后,从本地电脑中调用所需使用的数据。这里我们以样板数据 ccpp 为例演示。这套循环发电场数据,一共有 9 568 条数据,包括 5 个变量,分别是:AT(温度)、V(压力)、AP(湿度)、RH(压强)、PE(输出电力)。其中,PE 是响应变量,而 AT、V、AP、RH 为 4 个特征变量,机器学习的目的就是得到一个线性回归模型,即:

$$PE = \theta_0 + \theta_1 \times AT + \theta_2 \times V + \theta_3 \times AP + \theta_4 \times RH$$

而我们就是要通过机器学习算法来估计出系数,然后再根据这个模型预测。下面我们将导入数据,并查看数据集的基本特征:

```
1. # 设置路径名称
2. path="D:/python/机器学习与社会科学应用/演示数据/02 经典回归算法/CCPP/"
3.
4. # 导入存储在上述路径中的数据 ccpp.csv,并将这份数据命名为 data
5. data = pd.read_csv(path+'ccpp.csv', encoding='utf8', header=0)
```

```
1. # 查看数据结构:行数和列数
2. print(data.shape)
3.
4. # 预览数据(默认查看前 5 行数据)
5. data.head()
```

(9568, 5)

	AT	V	AP	RH	PE
0	14.96	41.76	1024.07	73.17	463.26
1	25.18	62.96	1020.04	59.08	444.37
2	5.11	39.40	1012.16	92.14	488.56
3	20.86	57.32	1010.24	76.64	446.48
4	10.82	37.50	1009.23	96.62	473.90

(2)指定特征变量与响应变量。在 Python 中定义特征变量和响应变量。以上述数据为例,我们将 AT、V、AP 和 RH 这 4 列数据定义为特征变量,将 PE 这列数据定义为响应变量,并分别预览特征变量和响应变量的前 5 行数据。

```
1. # 特征变量为X,我们用AT, V, AP和RH这4个列作为样本特征
2. X = data[['AT', 'V', 'AP', 'RH']]
3.
4. # 预览特征变量
5. X.head()
```

	AT	V	AP	RH
0	14.96	41.76	1024.07	73.17
1	25.18	62.96	1020.04	59.08
2	5.11	39.40	1012.16	92.14
3	20.86	57.32	1010.24	76.64
4	10.82	37.50	1009.23	96.62

```
1. # 定义响应变量为 y，我们用 PE 作为响应变量。
2. y = data[['PE']]
3.
4. # 预览响应变量
5. y.head()
```

	PE
0	463.26
1	444.37
2	488.56
3	446.48
4	473.90

（3）划分训练集与测试集。对预测性能的高度重视是机器学习算法区别于传统计量经济学的显著特征。为了强化所构建模型的外部有效性和预测性能，机器学习算法一般会将全部样本划分成训练集和测试集两大类，首先在训练集中训练模型，得到参数估计值，然后将训练后的模型应用到测试集中，以观察模型的预测能力是否符合要求。

在划分训练集和测试集时，我们首先需要设定一个随机状态（random_state，这里我们设置为 1），以保证后续分析时能够得到相同的样本划分结果。其次，关于训练集和测试集样本规模的划分，没有客观一致的标准。我们可以通过设置 test_size 的值调节。例如，在这个例子的数据中，我们将 test_size＝0.3（即全部样本的 30%）作为测试集，剩余的 70% 样本则作为训练集。如果不额外指定 test_size，则训练集和测试集的占比默认为 3∶1。

```
1. # 从 sklearn 中进一步调用 train_test_split，用来划分训练集和测试集
2. from sklearn.model_selection import train_test_split
3.
4. #  划分训练集和测试集,并将训练集和测试集的样本规模比例定义为 0.7:0.3(默认为 3:1)
5. X_train, X_test, y_train, y_test = train_test_split(X, y, test_si
ze=0.3, random_state=1)
6.
7. # 分别打印训练集和测试集中的特征变量和响应变量的数据结构
8. print(X_train.shape,y_train.shape)
9. print(X_test.shape,y_test.shape)
```

(6697, 4) (6697, 1)
(2871, 4) (2871, 1)

(4)使用训练集训练模型。在划分完训练集和测试集之后,我们需要使用训练集来构建模型。我们首先定义一个算法,使用专业术语来讲,就是实例化一个对象。也就是定义一个我们所需要用到的模型类型,在这里则属于线性回归模型。然后利用训练集数据(X_train 和 y_train)来训练这个线性模型。当运行完模型之后,我们可以打印出各参数和截距项的估计值。

```
1. # 从 sklearn 中调用 LinearRegression,并用这一线性模型来拟合我们的问题
2. from sklearn.linear_model import LinearRegression
3. from sklearn import metrics
4.
5. # 所有超参都用默认的
6. # 实例化对象
7. linreg = LinearRegression()
8.
9. # 调用实例方法 fit()
10. linreg.fit(X_train, y_train)    # 对应着 stata 中的 reg y x
11.
12. # 打印计算的结果：模型估计的参数和截距项
13. print("参数: ",linreg.coef_)
14. print("截距项: ",linreg.intercept_)
```

参数: [[-1.97137593 -0.23772975 0.05834485 -0.15731748]]
截距项: [458.39877507]

(5)评估模型预测性能。在模型训练完毕后,我们需要评估模型的预测性能,来观察该模型的预测效果。对于线性回归来说,我们一般用测试集上的均方误差(Mean

Squared Error,MSE)或者均方根差(Root Mean Squared Error,RMSE)来评价模型的好坏。其中,均方误差等于预测值与实际值之间差值的平方和的期望,即 $MSE(\hat{y}) = E(\hat{y}-y)^2$,而 $RMSE = \sqrt{MSE}$。RMSE 和 MSE 的值越小,表明预测值越接近真实值,模型的预测性能也就越好。

我们首先根据训练集和测试集中的特征变量分别计算出相应的预测值:

```
1. # 模型拟合测试集,并打印模型预测结果的前五行
2. y_pred = linreg.predict(X_test)
3. y_pred1 = linreg.predict(X_train)
4. print(y_pred[0:5])
5. print(y_pred1[0:5])
```

```
[[457.24239918]
 [466.64519538]
 [440.29758932]
 [482.5962629 ]
 [474.90745943]]
[[432.35619008]
 [446.55110965]
 [443.6554758 ]
 [439.4390834 ]
 [427.57261316]]
```

然后,计算相应的 MSE 和 RMSE:

```
1. # 用 scikit-learn 计算 MSE (Mean Squared Error,预测值与真值之差平方和的平均)
2. # 为什么要用 MSE 而不用 SSE (经济学常用),是因为可以规避样本数量带来的总量上不可比较问题
3. # 打印训练集和测试集所计算的均方误差
4. print("MSE for train sample:",metrics.mean_squared_error(y_train, y_pred1))
5. print("MSE for test sample:",metrics.mean_squared_error(y_test, y_pred))
6.
7. # 用 scikit-learn 计算 RMSE (MSE 的平方根)
8. print("RMSE for test sample:",np.sqrt(metrics.mean_squared_error(y_test, y_pred)))
```

```
MSE for train sample: 20.766119761450938
MSE for test sample: 20.77747810688439
RMSE for test sample: 4.558231905781494
```

(6)调整参数选择最优模型。为了能够得到预测性能最佳的模型，一般而言，我们需要多次调整超参训练模型，每次调整都会得到一个 *MSE* 或者 *RMSE*。将 *MSE* 或 *RMSE* 最小时对应的模型作为最终训练得到的模型。这里我们以调整特征变量的个数为例来选择最优模型。上述模型分析中，一共包括了 4 个特征变量，我们这里选择将 *RH* 剔除后，重新训练，以观察模型的预测性能是否得到提升。

为此，我们首先需要重新定义 *X*，并重新划分训练集和测试集，然后再计算新模型设定下的 *MSE* 和*RMSE*。

```
1. from sklearn.linear_model import LinearRegression
2. from sklearn import metrics
3.
4. # 这里我们用 AT, V, AP 这 3 个列作为样本特征。不要 RH, 输出仍然是 PE。代码如下
5. X = data[['AT', 'V', 'AP']]
6. y = data[['PE']]
7.
8. # random_state 用于复现结果，计算机实现过程是伪随机数
9. X_train, X_test, y_train, y_test = train_test_split(X, y, random_state=1)
10. linreg = LinearRegression()
11. linreg.fit(X_train, y_train)
12.
13. # 模型拟合测试集
14. y_pred = linreg.predict(X_test)
15.
16. # 用 scikit-learn 计算 MSE
17. print("MSE:",metrics.mean_squared_error(y_test, y_pred))
18.
19. # 用 scikit-learn 计算 RMSE
20. print( "RMSE:",np.sqrt(metrics.mean_squared_error(y_test, y_pred)))
21.
22. # 去掉 RH 后，模型拟合得没有加上 RH 的好，MSE 变大了
```

```
MSE: 23.90565379952779
RMSE: 4.889340834870054
```

通过对比上面不同模型的均方误差，我们可以得到结论：包含四个特征变量的模型优于包含三个特征变量的模型。

三、OLS 回归算法社会科学应用案例

在实证研究中,普通最小二乘法由于具有无偏性、一致性等优良性质,较多用于估计和解释变量之间的因果关系。但由于其所构建的模型在样本外的预测能力相对不足,因此,在针对预测类的相关研究中,很少专门使用普通最小二乘法去进行预测研究。一般是将普通最小二乘法作为一个基准方法,将其与其他机器学习算法的预测结果相对比,从中挑选预测能力最佳的机器学习模型。这种研究思路在实证资产定价的相关文献中尤为常见,具体应用案例介绍如下:

如何挖掘不同因子对股票风险溢价的影响是实证资产定价领域的经典问题,风险溢价的影响因子众多,但现有文献所采用的传统计量方法难以从中捕捉有效特征。例如,Gu et $al.$(2020)基于美国 1957—2016 年 30 000 只股票的数据,共计使用了 920 个预测因子,包括每只股票的 94 个统计特征、每个统计特征分别与 8 个宏观经济变量的交互项以及 74 个行业虚拟变量,作者采用 OLS 回归算法作为基准方法,并将其预测结果与其他多种机器学习算法所得出的预测效果进行详细对比。研究结果表明,在特征数量庞大的条件下,OLS 回归算法的预测能力表现一般,而神经网络和回归树的预测性能表现最佳,且影响资产风险溢价最重要的预测指标是价格趋势指标,流动性指标和波动性指标也会产生重要影响。该论文的深度解析,可以查阅本书作者团队公众号"机器学习与数字经济实验室"的推文,链接为 https://mp.weixin.qq.com/s/8af0_eBblR36BUv6iJuowg。

推文

机器学习之
实证资产定价

将机器学习算法应用到中国实证资产定价领域,也是学界的研究热点。Leippold et $al.$(2022)采用与 Gu et $al.$(2020)相类似的研究思路,考察了中国资产风险溢价的问题。他们基于中国沪深 A 股 2000 年 1 月—2020 年 6 月超过 3 900 只股票的数据,一共收集了 1 160 个预测变量(由 90 个股票层面的特征、11 个宏观经济变量和一组行业虚拟变量组成),同样将 OLS 回归算法的预测结果作为基准,并将其与其他机器学习算法的预测结果进行了对比分析。研究结果表明:OLS 回归算法的样本外预测能力表现一般,而神经网络和回归树的预测性能表现最佳。此外,与基于美国数据所得出的研究结论不同,他们发现流动性是影响中国股票收益最重要的预测因子,基本因素(如估值比率)是第二关键的因素类别。

第二节　岭回归算法

第一节所介绍的 OLS 回归算法,虽然较为简单易懂,但是在实践中会产生一些问

题。例如,在特征变量较多的情况下,即使这些特征变量与响应变量的相关性比较弱,可能仍会在训练集中呈现出较好的拟合效果,但将训练出的模型应用到测试集中时,模型的预测性能又会大幅下降,从而产生所谓的"过拟合"问题。另外,在传统数据中,样本量一般会远大于变量个数,例如,在上市公司的相关研究中,上市公司的个数会大于回归中使用的特征变量个数,这种情况下使用 OLS 回归算法不会出现问题。但正如第一章所阐述的,在数字经济时代,技术进步使得数据来源和数据种类更为丰富,越来越多的研究需要使用高维数据进行实证分析,也就是数据中变量个数有可能远远大于样本个数。例如,某研究收集了 100 个病人的信息,其中每个病人均有 2 万条基因(即 2 万个特征变量),需要研究哪些基因导致了某种疾病。在这种高维数据情况下,如果沿用 OLS 回归算法分析,就非常容易导致变量之间出现严重多重共线性问题,进而导致系数估计时出现矩阵 $(X'X)^{-1}$ 不可逆的问题,从而模型的参数估计不存在唯一解。在这种情况下,我们需要在原来最小化残差平方和这一目标函数的基础上,施加一些"惩罚项"来规避上述问题。根据惩罚类型的不同,模型也会有不同的分类。因此在本节和下一节,我们将分别介绍两种最常见的惩罚回归机器学习算法:岭回归和 Lasso 回归。

一、岭回归算法原理

(一)岭回归算法概念与原理

不同于 OLS 回归算法中将最小化残差平方和作为目标函数,岭回归算法在这一目标函数的基础上会添加一种"惩罚项",进而构造出新的目标函数,通过对这一新的目标函数求最小化,来得到最终的估计系数,并进行后续的预测分析。具体而言,岭回归的目标函数设定如下:

$$f = \sum_{i=1}^{n} (y_i - X\hat{\beta})^2 + \lambda \sum_{j=1}^{p} \beta_j^{\ 2} \tag{2.5}$$

由公式(2.5)可知,等式右边的第一项即为 OLS 回归算法中的目标函数,将残差平方和求最小化,等式右边的第二项对所有估计系数 β 求平方和(也被称为"L2 范数惩罚项"),并乘以一个调节参数 λ,两项相加即构成岭回归算法的目标函数。其中,调节参数 $\lambda \geqslant 0$。若 λ 越大,表明对模型复杂程度的惩罚力度越大,就会更大程度地收缩系数 β 的估计值。当 $\lambda \to \infty$ 时,对模型的复杂程度惩罚力度充分大,使得模型所有参数 $\beta \to 0$,模型预测值为一个水平值(截距项);当 $\lambda = 0$ 时,相当于对模型复杂程度没有惩罚,岭回归算法退化为 OLS 回归算法。

根据公式(2.5)的目标函数分别对 β 求一阶导数,并令其为 0。公式整理后,即可得到系数 β 的估计值:

$$\hat{\beta}_{ridge}(\lambda)=(X'X+\lambda I)^{-1}X'y \tag{2.6}$$

　　我们可以通过几何图形（图2—2）的方式来更直观地理解岭回归中惩罚项的意义。与 OLS 回归算法相比，岭回归算法通过在最小化残差平方和的基础上加入 L2 范数[①]惩罚项的方式，以达到收缩估计系数的目的，为了从几何角度更为直观、形象地理解岭回归收缩系数的功能，我们将公式（2.5）等价改写成如下形式：

$$\min\sum_{i=1}^{n}(y_i-X\hat{\beta})^2 \tag{2.7}$$

$$\text{s. t. }\beta_j^2\leqslant t \tag{2.8}$$

其中，$t\geqslant 0$。公式（2.7）和（2.8）相当于是在系数估计值平方和不大于 t 这一约束条件下，根据最小化残差平方和来求解参数。基于这种求解逻辑，我们可以绘制如图2—2进行形象化理解。公式（2.8）这一约束条件所对应的几何图形是以 $\sqrt{t}$ 为半径的圆的边界及内部区域。第一象限中的 $\hat{\beta}_{ols}$ 为估计得到的 β 系数，而围绕 $\hat{\beta}_{ols}$ 所形成的一圈椭圆线就是残差平方和为一固定常数的集合，离 $\hat{\beta}_{ols}$ 这一点距离越近，则相应残差平方和越小。从图2—2中可以比较直观地看出，如果想要在由圆形组成的可行解中将残差平方和最小化，那么最优解 $\hat{\beta}_{ridge}$ 一定产生于圆形曲线和椭圆曲线的交点，这一交点所对应的值即为基于岭回归所得到的系数估计值。同时，从图2—2中可以看出，与 OLS 回归算法相比，使用岭回归算法进行系数估计，可以使得系数向 0 收缩，但又不会完全收缩至 0。

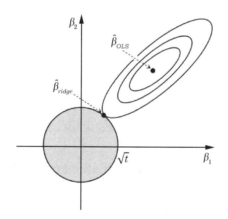

图2—2　岭回归算法的几何解释

　　[①]　范数有些类似于"距离"的概念。在机器学习中，范数经常被用于正则化，以降低模型复杂度、防止过拟合。

（二）岭回归算法预测能力的解释

与 OLS 回归算法保持一致，我们继续从偏差和方差的视角讨论岭回归算法的预测能力。若将基于岭回归的估计值与基于 OLS 回归的估计值进行对比分析，即可得到 $\hat{\beta}_{ridge}=\hat{\beta}_{ols}/(1+\lambda)$。我们知道，在高斯马尔科夫假定下，基于 OLS 回归得到的 β_{ols} 系数为无偏估计量，因而基于岭回归得到的估计系数 $\hat{\beta}_{ridge}$ 一定是有偏估计量。具体而言，其偏差为 $Bias(\hat{\beta}_{ridge})=E(\hat{\beta}_{ridge})-\beta\neq0$。不过，虽然岭回归牺牲了系数估计的无偏性，但其系数估计的方差 $\sigma^2/(1+\lambda)^2$ 也要明显小于基于 OLS 回归估计得到的方差 σ^2，即岭回归算法有更小的预测方差，模型的稳定性更好。因此，岭回归算法通过牺牲模型的无偏性，降低了模型的方差，从而有更好的样本外预测能力。

下面从图形角度对岭回归与 OLS 回归得到的参数估计性质予以解释。由图 2—3 可知，与 OLS 回归所得到的估计系数相比，岭回归估计系数的期望与系数真实值存在一定偏差，表明岭回归的估计结果存在偏差。然而，与 OLS 回归不同，岭回归的系数分布在一个相对较小的区间内，表明岭回归得到的系数估计结果会更加稳定，方差较小，从而拥有相对更好的预测能力。尤其是在变量之间存在较为严重的多重共线性的条件下，虽然 OLS 估计能够得到无偏估计量，但是此时方差会特别大；与之相比，岭回归算法虽然会产生一定偏差，但是也能大幅降低方差，使得总体预测效果要好于 OLS 回归算法。

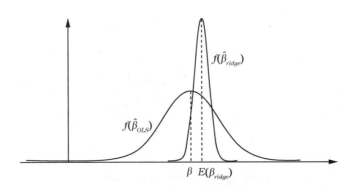

图 2—3　岭回归算法和 OLS 回归算法的估计系数性质比较

因此，从无偏性和有效性的权衡角度看，岭回归算法通过牺牲部分无偏性，换取了估计稳定性的提升，从而提高模型的预测或泛化性能。而具体要对模型的复杂程度施加多大的惩罚力度，即公式（2.5）中的超参数 λ 应该设置为多大，则可以通过调参的方式获取，对此我们将在本章的第四节再行阐述。

（三）岭回归算法的优缺点

基于上述介绍，岭回归算法具有如下几个突出优点：

（1）解决多重共线性问题。岭回归通过在目标函数中添加 L2 范数惩罚项，可以有效地解决数据中的多重共线性问题。岭回归通过约束参数的大小，减小了参数的方差，提高了模型的稳健性。当样本数量少于特征数量时，岭回归能够给出较为可靠的结果。

（2）防止过拟合。惩罚项在目标函数中起到了限制模型复杂度和控制参数大小的作用，因此可以有效地抑制过拟合问题。我们通过调节正则化系数可以进一步提高模型的泛化能力，减少预测误差。

（3）能够处理高维数据集。岭回归对于高维数据集具有较好的适应性。当特征数远远大于样本数时，普通最小二乘法无法得到稳定的参数估计，而岭回归通过加入正则化项可以有效解决此问题，并给出合理的参数估计。

（4）易于实现和计算。岭回归的求解可以使用闭式解或者数值优化方法，计算速度较快。相比普通的线性回归模型，岭回归算法虽然增加了一个调整超参的任务，但是通过交叉验证等方式可以得到较好的结果。

当然，岭回归算法也有一些不容忽视的缺点：

（1）调节参数选择困难。岭回归中的调节参数需要手动选择。选择合适的调节参数是一个不大不小的挑战，过小的调节参数可能导致模型仍存在多重共线性和过拟合的问题，过大的调节参数则可能使模型过于简单而欠拟合。

（2）假设线性关系。岭回归作为一种线性模型，假设特征变量与响应变量之间存在线性关系，并在此基础上进行参数估计和预测。如果实际问题中存在非线性关系，使用岭回归就可能无法准确建模和预测。

（3）不能自动选择变量。正如上文所述，岭回归使得模型参数向 0 收缩，但不会严格等于 0，因此，岭回归无法通过正则化项自动选择对目标变量预测有贡献的变量，它只是对参数估计进行约束，从而不具备变量选择功能。下一节将要学习的 Lasso 算法则具有筛选变量的功能。

二、岭回归算法实操代码

这一部分，我们介绍岭回归算法的具体操作步骤：

（1）导入模块与加载数据。首先，调入可能使用到的模块 pandas、numpy 和 sklearn 及相关数据，并查看相关数据的特征。

```
1. # 设置路径名称，导入数据ccpp.csv，并将其命名为data
2. import pandas as pd
3. path-"D:/python/机器学习与社会科学应用/演示数据/02 经典回归算法
/CCPP/"
4. data = pd.read_csv(path+'ccpp.csv', encoding='utf8', header=0)
5.
6. # 打印数据结构，并预览数据前5行
7. print(data.shape)
8. data.head()
```

(9568, 5)

	AT	V	AP	RH	PE
0	14.96	41.76	1024.07	73.17	463.26
1	25.18	62.96	1020.04	59.08	444.37
2	5.11	39.40	1012.16	92.14	488.56
3	20.86	57.32	1010.24	76.64	446.48
4	10.82	37.50	1009.23	96.62	473.90

（2）指定特征变量与响应变量。与之前操作 OLS 回归算法时的操作相类似，在这份演示数据中，我们同样将 AT、V、AP 和 RH 这四个变量定义为特征变量，将 PE 这一变量定义为响应变量。

```
1. # 定义特征变量为X，我们用AT， V, AP和RH这4个列作为样本特征
2. X = data[['AT', 'V', 'AP', 'RH']]
3.
4. # 定义响应变量为y，以PE作为响应变量
5. y = data[['PE']]
```

（3）划分训练集与测试集。在这则示例中，我们采用默认（3∶1）方式来设定训练集和测试集的个数，并将随机状态（random_state）设定为0，以方便后续结果复现。

```
1. # 划分训练集和测试集，并将训练集和测试集的样本规模比例定义为3∶1
2. X_train, X_test, y_train, y_test = train_test_split(X, y, random_
state=0)
3.
4. # 分别打印训练集和测试集中的特征变量和响应变量的数据结构
5. print(X_train.shape,y_train.shape)
6. print(X_test.shape,y_test.shape)
```

```
(7176, 4) (7176, 1)
(2392, 4) (2392, 1)
```

　　（4）使用训练集训练模型。我们在使用岭回归机器学习算法时,需要设定调节参数的取值,才能进行系数估计。我们暂将调节参数的取值设定为 2,然后再用训练集数据训练模型。最后,输出岭回归的测试性能得分、系数估计值和常数项。

```
1.  # 从 sklearn 中进一步调用 train_test_split,用来划分训练集和测试集
2.  from sklearn.model_selection import train_test_split
3.
4.  # 指定一个正则化参数,此处将正则化参数设定为 2;然后用岭回归算法对数据进行拟合
5.  # 正则化强度;必须是正浮点数。正则化改善了问题的条件并减少了估计的方差。较大的值指定较强的正则化。
6.  ridge = Ridge(alpha=2)
7.  ridge.fit(X_train, y_train)
8.
9.  # 打印使用岭回归算法的得分,参数估计值和常数项
10. print(ridge.score(X_train, y_train))
11. print(ridge.coef_)
12. print(ridge.intercept_)
```

```
0.9274522755105813
[[-1.96945074 -0.2376927   0.06475439 -0.15781621]]
[451.93403013]
```

　　（5）评估模型预测性能。与 OLS 回归算法相类似,我们同样通过均方误差（MSE）和均方根差（$RMSE$）来判定所训练模型的预测性能。若 MSE 或 $RMSE$ 的数值越小,表明所训练模型的预测能力越强。

```
1. from sklearn import metrics
2.
3. y_pred = ridge.predict(X_test)
4.
5. # 用 scikit-learn 计算 MSE
6. print("MSE:",metrics.mean_squared_error(y_test, y_pred))
7.
8. # 用 scikit-learn 计算 RMSE
9. print("RMSE:",np.sqrt(metrics.mean_squared_error(y_test, y_pred)))
```

```
MSE: 19.832190988996633
RMSE: 4.453334816628616
```

　　(6)调整参数选择最优模型。为了能够得到预测性能最佳的模型,一般而言,我们需要多次调整超参来训练模型,每次调整都会得到一个 MSE 或者 $RMSE$。需要选择模型时,就用 MSE 或 $RMSE$ 最小时所对应的模型。在岭回归算法的调参过程中,我们选择通过调整调节参数 λ 的方式调参。

　　在设定完训练集、测试集的样本规模和随机状态后,在示例数据集中,我们设置了一个调节参数 λ 可能取值的列表(列表中的具体取值范围可根据个人研究情形调整),然后观察计算每一个调节参数 λ 所对应的 MSE 或 $RMSE$,选择 MSE 或 $RMSE$ 最小时所对应的调节参数 λ 即为最优参数,并以这一最优参数为基础来训练模型,并根据训练出的模型来进行预测。关于调参,在本章的第四节我们还会更详细地讨论。

```
1. from sklearn import linear_model
2.
3. # 划分测试集和训练集,并定义随机状态
4. X_train, X_test, y_train, y_test =train_test_split(X, y, test_size=0.25, random_state=0)
5.
6. # 建立一个备选参数的列表
7. alphas = [0.01, 0.02, 0.05, 0.1, 0.2, 0.5, 1, 2, 5, 10, 20, 50, 100, 200, 500, 1000]
8. scores = []
9.
10. # 循环计算每一个参数对应的预测结果,并将其一一打印
11. for i, alpha in enumerate(alphas):
12.     ridgeRegression = linear_model.Ridge(alpha=alpha)
13.     ridgeRegression.fit(X_train, y_train)
14.     scores.append(ridgeRegression.score(X_test, y_test))
15. print(scores)
```

```
[0.9323789099059505, 0.9323789093384492, 0.9323789076359149, 0.9323789047982555, 0.932378899122553,
0.932378882092378, 0.9323788536985271, 0.9323787968724815, 0.9323786260876463, 0.9323783404242787,
0.9323777652677715, 0.9323760092127364, 0.9323729808527592, 0.9323665457385069, 0.9323442647606576,
0.9322975452902467]
```

三、岭回归算法社会科学应用案例

(一)利用岭回归算法的预测性能

　　岭回归通过在 OLS 回归算法中加入 L2 范数惩罚项的形式,以牺牲系数估计无

偏性的代价减少了系数估计的方差,从而有助于提升模型的泛化性能。因此,岭回归经常被用来预测。岭回归算法的预测功能在资本市场的相关研究中较为常见。李斌等(2019)基于1997年1月至2018年10月A股市场的月度频率数据,采用包括岭回归在内的12种机器学习算法,从96项异象因子中挖掘出影响股票风险收益的基本面因素。研究结果表明,岭回归等线性机器学习算法均能够获得较基准OLS回归更高的多空组合收益。姜富伟等(2022)基于2002年2月—2020年1月的月度频率数据,使用岭回归、Lasso回归和弹性网等惩罚算法,从70个财务特征因子中考察财务基本面信息对股票超额收益的预测能力。研究结果表明,在岭回归的方法下,A股市场的最优定价模型具有较好的样本外拟合表现,且能够得到较高的夏普比[①]。

(二)岭回归同传统的合成控制法相结合

合成控制法(Synthetic Control Method, SCM)将对照组进行加权的方式来得到处理组的反事实估计结果,但如果处理组和合成处理组在政策前的变化趋势相近程度较低,则合成控制法可能无法提供有意义的估计。Ben-Michael *et al.*(2021)从理论上提出将岭回归和传统合成控制法相结合的扩展型合成控制法(Augmented Synthetic Control Method),这种新算法将岭回归的惩罚函数加入传统的合成控制法,放松了原始合成控制法的非负权重限制,以提高政策评估结果的可靠性。后续也有文献使用这种扩展型合成控制法进行政策评估。例如,Cole *et al.*(2020)应用扩展型合成控制法,评估了新冠疫情期间武汉封城对空气污染的影响。作者将2020年1月21日作为武汉实际封城的政策冲击时间,将武汉作为处理组,选择其他29个城市作为对照组,采用扩展型合成控制法评估了武汉封城对NO_2、SO_2、PM10和CO这四种污染物的影响。研究结果显示,使用扩展型合成控制法能够很好地在这29个城市中生成武汉的"合成对照组",且发现武汉封城能够显著降低NO_2和PM10的浓度,但对SO_2和CO并未产生显著影响。

第三节 Lasso回归算法

在处理传统数据尤其是高维数据时,有时我们总想在大量的特征变量中筛选出那些最能解释响应变量变动的特征变量。例如,在医学领域,我们总想从成千上万的基因中找出真正影响疾病产生的几个少数基因。在这种情况下,无论是OLS回归算法还是岭回归算法,均无法满足这一要求,而Lasso回归算法则可以通过巧妙地设置惩

---

① 夏普比(Sharpe Ratio),又被称为夏普指数,是一种投资绩效评价标准化指标。

罚项来解决这一问题。

一、Lasso 回归算法原理

(一)Lasso 回归算法内涵与原理

Tibshirani(1996)最早提出了 Lasso 回归算法,其关键点在于将目标函数中的 L2 范数惩罚项替换为 L1 范数惩罚项,具体公式如下所示:

$$f = \sum_{i=1}^{n} (y_i - X\hat{\beta})^2 + \lambda \sum_{j=1}^{p} |\beta_j| \tag{2.9}$$

从公式(2.9)可以看出,与岭回归相比,Lasso 回归是将等式右边的第二项惩罚项由岭回归的系数平方和,替换为估计系数 β 绝对值求和,然后再同样乘以一个调节参数 $\lambda(\geq 0)$。λ 越大,表明模型的惩罚力度越大,就会更大程度地收缩系数 β 的估计值。当 $\lambda = 0$ 时,Lasso 回归算法则会退化为 OLS 回归算法。

Lasso 回归中的惩罚项是一种 L1 惩罚项,使得目标函数在优化过程中受到约束,导致一些变量系数的估计值变为零。这个约束性质可以用来自动选择对目标变量预测有显著影响的特征。Laaso 回归算法之所以能够起到筛选变量的功能,是因为其目标函数的设置会使得残差平方和的等值线与 L1 范数惩罚项的菱形线在角点处相切以达到最优化,即产生所谓的角点解。这种情况下,一些影响程度不大或微弱的特征变量的估计系数则会收缩为 0,从而起到筛选变量的目的。而在岭回归中,即使一些特征变量的影响不会太大,它的系数很小,但也不会完全收缩到 0,从而难以像 Lasso 回归算法一样起到筛选变量的效果。

为了能从几何角度更为直观地展示 Lasso 回归算法的变量筛选功能,我们将公式(2.9)等价改写成公式(2.10)和(2.11)。

$$\min \sum_{i=1}^{n} (y_i - X\hat{\beta})^2 \tag{2.10}$$

$$\text{s. t. } |\beta_j| \leqslant t \tag{2.11}$$

这相当于在系数估计值绝对值之和不大于 t 这一约束性条件下,求解最小化残差平方和。基于这种求解逻辑,我们可以绘制图 2—4 进行形象化理解。公式(2.11)这一约束条件所对应的几何图形是以边长为 $\sqrt{2}t$ 的正方形边界及内部区域。第一象限中的 β_{ols} 为估计得到的 β 系数,而围绕这一点所形成的一圈椭圆线就是残差平方和为一固定常数的集合,离 β_{ols} 这一点距离越近,则相应残差平方和越小。可以比较直观地看出,如果想要在由正方形所组成的可行解中将残差平方和最小化,那么最优解一定产生于正方形顶点和椭圆曲线的交点,这一交点所对应的值即为基于 Lasso 回归所得到的系数估计值。从中可以看出,与 OLS 回归算法和岭回归算法相比,使用 Lasso

回归算法进行系数估计时,可以使得一些变量的系数估计值直接等于 0,从而使得 Lasso 回归算法具备筛选变量的功能。实际上,Lasso 的全称最小绝对值收敛和选择算子(Least Absolute Shrinkage and Selection Operator)就隐含了这个算法筛选变量的功能。

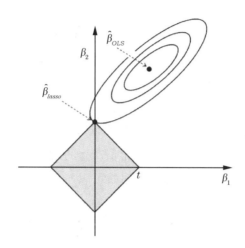

图 2—4　Lasso 回归算法的几何解释

在对公式(2.9)所示的目标函数进行最优化求解时,由于其目标函数不可微,因此一般情况下不存在解析解。此时,我们一般采用迭代的方法求解。最常用的方法是坐标下降算法(Coordinate Descent Algorithm)和最小角回归算法(Least Angle Regression),对此更详细的介绍可以参考陈强(2021)。这些算法能够高效地找到使得目标函数最小化的最优系数向量。

(二)Lasso 回归算法预测能力的解释

本节继续从偏差和方差的视角切入,分析 Lasso 回归算法的预测能力。从偏差的角度看,与岭回归算法的分析逻辑相同,Lasso 回归算法在目标函数中加入 L1 惩罚项,这降低了模型复杂度和过拟合程度,导致估计系数不再满足 OLS 回归下的无偏性,从而提高预测的偏差。然而,从方差的角度看,正则化方法通过限制模型参数的大小,相比不使用正则化的算法,Lasso 算法的方差会相对更小,这意味着模型在不同的数据集上的预测结果更加稳定。总体而言,Lasso 回归算法的逻辑与岭回归算法较为一致,均是通过在模型中加入惩罚项的方式,通过牺牲偏差来降低方差,进而提升模型整体的预测性能。

(三)Lasso 回归算法的优缺点

相对于与 OLS 回归和另一种岭回归算法,Lasso 回归算法有自己的一些优点:

(1)特征选择。Lasso 回归通过 L1 正则化项实现特征选择,能够自动剔除对目标变量无关或冗余的特征。这使得模型更简洁、解释性更强,并减少了过拟合的风险。在处理高维数据和共线性问题时,Lasso 回归尤为有效。

(2)可解释性强。由于 Lasso 回归将一些特征的系数收缩为零,生成的模型更易于解释。在 Lasso 回归中,只有与目标变量显著相关的特征才会被保留下来,从而提供了更清晰的预测结果解释。

(3)能够处理大规模数据集。Lasso 回归可以有效地处理大规模数据集。其迭代的求解方法(如坐标下降算法)具有较低的计算复杂度,使得它适用大规模数据集和高维特征空间。

(4)稳健性。Lasso 回归对于数据集中存在一些噪声或异常值的情况也具有较好的稳健性。由于 L1 正则化会通过收缩系数降低噪声的影响,因此 Lasso 回归在一定程度上可以减弱噪音数据的干扰,避免异常值产生的过拟合。

(5)可以与其他算法相结合。Lasso 回归可以与其他机器学习算法相结合,用于构建更复杂的模型。例如,可以将 Lasso 回归算法与岭回归算法结合使用,形成弹性网(Elastic Net)算法,从而综合利用 L1 和 L2 正则化的优点。弹性网算法在社会科学研究中也有一些应用,但是其原理跟岭回归和 Lasso 回归并没有本质区别,因此这里不再展开讨论。

当然,Lasso 回归算法也存在一些缺点:

(1)参数调节。Lasso 回归需要调节一个重要的参数 λ。这个超参控制着正则化项的强度。选择合适的 λ 对于取得良好的性能非常关键。但是,确定合适的 λ 值并不是一件容易的事情,通常需要使用交叉验证等技术调参。

(2)只适用于线性关系。Lasso 回归只对线性关系建模,在处理非线性关系时会出现局限性。如果数据集中包含非线性关系,那么 Lasso 回归可能无法捕捉到这种关系,从而导致预测性能下降。

(3)估计系数的偏向。Lasso 回归在变量选择的过程中存在一定的偏向问题。特别是存在共线性的情况下,Lasso 回归倾向于选择其中一个共线性特征,而将其他相关性较强的特征舍弃。这可能导致模型的偏差增加。

(4)注意力不平衡。由于 Lasso 回归对所有特征具有相同的注意力,当数据集中包含大量无关或冗余特征时,模型可能会错误地选择其中一些特征,从而忽略了一些真正重要的特征。

二、Lasso 回归算法实操代码

本部分,我们介绍 Lasso 回归算法的具体操作步骤:

(1)导入模块与加载数据。首先,调入可能使用到的模块 pandas、numpy 和

sklearn 及相关数据。

```
1.  # 导入 numpy、pandas 和 sklearn 等包
2.  import numpy as np
3.  import pandas as pd
4.  from sklearn import datasets, linear_model
5.  from sklearn.model_selection import train_test_split
6.  import matplotlib.pyplot as plt
7.
8.  # 定义路径名称，并导入数据 ccpp.csv，并将其命名为 data
9.  path="D:/python/机器学习与社会科学应用/演示数据/02 经典回归算法/CCPP/"
10. data= pd.read_csv(path+"ccpp.csv", encoding='utf8', header=0)
11.
12. # 打印 data 的数据结构，并展示其前 5 行数据
13. print(data.shape)
14. data.head()
```

(9568, 5)

	AT	V	AP	RH	PE
0	14.96	41.76	1024.07	73.17	463.26
1	25.18	62.96	1020.04	59.08	444.37
2	5.11	39.40	1012.16	92.14	488.56
3	20.86	57.32	1010.24	76.64	446.48
4	10.82	37.50	1009.23	96.62	473.90

（2）指定特征变量与响应变量。与之前 OLS 回归算法时的操作相类似，在这份演示数据中，我们同样将 AT、V、AP 和 RH 这四个变量定义为特征变量，将 PE 这一变量定义为响应变量。

```
1.  # 指定数据中的特征变量和响应变量
2.  X = data[['AT', 'V', 'AP', 'RH']]
3.  y = data[['PE']]
```

（3）划分训练集与测试集。在这则示例中，我们采用默认（3∶1）方式设定训练集和测试集的个数，并将随机状态（random_state）继续设定为 1。

```
1. X_train, X_test, y_train, y_test = train_test_split(X, y, random
   _state=1)
2. print(X_train.shape,y_train.shape)
3. print(X_test.shape,y_test.shape)
```

```
(7176, 4) (7176, 1)
(2392, 4) (2392, 1)
```

（4）使用训练集训练模型。如同岭回归一样，我们在使用 Lasso 回归算法时，也需要设定调节参数的取值，才能进行系数估计。这里，我们仍将调节参数的取值设定为2，然后再用训练集数据进行模型训练。最后，输出 Lasso 回归的测试性能得分、系数估计值和常数项。

```
1. # 指定一个正则化参数，此处我们将正则化参数设定为 2
2. from sklearn.linear_model import Lasso
3. lasso =Lasso(alpha=2)
4.
5. # 用 Lasso 模型进行拟合，并打印 Lasso 模型的得分、参数估计值和常数项
6. lasso.fit(X_train, y_train)
7.
8. print(lasso.score(X_train, y_train))
9. print(lasso.coef_)
10. print(lasso.intercept_)
```

```
0.9273955295336216
[-1.85655651 -0.27596435  0.03172734 -0.12721032]
[483.000868]
```

（5）评估模型预测性能。与 OLS 回归和岭回归算法相类似，我们同样通过均方误差（MSE）和均方根差（RMSE）来判定所训练模型的预测性能。MSE 或 RMSE 的数值越小，表明所训练模型的预测能力越强。

```
1. from sklearn import metrics
2.
3. y_pred =lasso.predict(X_test)
4. # 用 scikit-learn 计算 MSE
5. print("MSE:",metrics.mean_squared_error(y_test, y_pred))
6.
7. # 用 scikit-learn 计算 RMSE
8. print("RMSE:",np.sqrt(metrics.mean_squared_error(y_test, y_pred)))
```

MSE: 21.231486280745436
RMSE: 4.6077636962788615

（6）调整参数选择最优模型。在 Lasso 回归算法的调参过程中，我们选择通过调整调节参数的方式调参。在设定完数据的训练集、测试集的样本规模和随机状态后，在示例数据集中，我们设置了一个调节参数可能取值的列表（列表中的具体取值范围可根据个人研究情形调整）。然后观察计算每一个调节参数对应下的 *MSE* 或 *RMSE*，选择 *MSE* 或 *RMSE* 最小时所对应的调节参数即为最优参数。并以这一最优参数为基础来训练模型，根据训练出的模型来预测。

```
1. # 划分测试集和训练集，并定义随机状态
2. X_train, X_test, y_train, y_test =train_test_split(X, y, test_size=0.25, random_state=0)
3.
4. # 建立一个备选参数的列表
5. alphas = [0.01, 0.02, 0.05, 0.1, 0.2, 0.5, 1, 2, 5, 10, 20, 50, 100, 200, 500, 1000]
6. scores = []
7.
8. # 循环计算每一个参数对应的预测结果，并将其一一打印
9. for alpha in alphas:
10.        lassoRegression = linear_model.Lasso(alpha=alpha)
11.        lassoRegression.fit(X_train, y_train)
12.        scores.append(lassoRegression.score(X_test, y_test))
13. print(scores)
```

```
[0.9323797101284124, 0.9323791656414528, 0.9323772624822333, 0.9323731915557321, 0.9323616784734714,
0.9323001666817217, 0.9321077130210583, 0.9313839911928993, 0.9265124825124199, 0.9111487667557665,
0.8870837484367474, 0.7223458571801442, 0.5419602331279919, -4.5319372194985164e-05,
-4.5319372194985164e-05, -4.5319372194985164e-05]
```

三、Lasso 回归算法社会科学应用案例

由于 Lasso 回归算法中惩罚项的特殊性，在变量比较多的条件下，Lasso 回归算法可以将一些不太重要或影响程度较低的变量的估计系数直接收缩为 0，从而具备筛选变量的功能。针对 Lasso 回归算法这一功能，社会科学实证研究中主要将 Lasso 回归算法应用到筛选工具变量和构造对照组这两个领域中。

（一）利用 Lasso 筛选变量

Gilchrist and Sands(2016)以美国电影消费市场为例，试图考察电影首周票房对

后续票房的影响,但很显然这里面存在非常严重的内生性干扰。因此,作者试图利用天气的随机性,为首映周电影票房的变动构造一个外生的工具变量,进而考察首映周票房的增加对后续票房的因果效应,以此揭示消费行为的跨期溢出效应。但考虑到衡量天气的变量众多,很难先验地确定一个天气变量作为工具变量,因此作者使用 Lasso 回归算法,以数据驱动的方式进行工具变量筛选。具体而言,他们从 52 个备选的和天气相关的变量中,利用 Lasso 算法筛选出最佳的工具变量,然后重新利用两阶段最小二乘法进行因果估计。作者的研究结果表明,由天气导致的首映观影票房会对后续几周的票房造成持续性影响。该文的深度解析可以查阅本书作者团队公众号"机器学习与数字经济实验室"的推文,链接为 https://mp. weixin. qq. com/s/7evzr2Mv8-VjAXWR6QPpfg。

推文
Lasso方法选择工具变量

　　与上述研究思路相类似,方娴和金刚(2020)针对中国的现实场景,同样采用 Lasso 回归算法来挑选工具变量的方式进行实证研究。考虑到在研究电影首映周票房的跨期影响时,很可能是电影质量等混淆因素所导致的结果,作者从天气与空气污染两个角度考虑了共计 54 个备选工具变量,然后采用 Lasso 回归算法在这组变量池中筛选出 1～3 个最佳的工具变量进行因果推断。结果表明,在使用 Lasso 回归算法为电影首映周非预期票房挑选工具变量后,电影首映周非预期票房变化对于后续周票房存在显著的正向跨期溢出效应。

　　Qiu et al.(2020)在研究经济社会因素如何影响新冠疫情传播上,也曾使用过 Lasso 方法来挑选工具变量。具体而言,研究过去病例对现在病例的影响这个问题具有很强的内生性,首先可能存在未观测到的因素导致序列相关,也可能存在遗漏变量等问题。因此,这篇论文使用过去 3～4 周的天气特征作为工具变量进行因果识别,工具变量包括城市前第三周和第四周的日最高气温、总降水量、平均风速以及降水和风速

推文
如何利用机器学习方法寻找工具变量

交乘项的平均值,并使用 Lasso 回归进行工具变量的挑选。该文的深度解析,可以查阅本书作者团队公众号"机器学习与数字经济实验室"的推文,链接为 https://mp. weixin. qq. com/s/xqkVJfwuXQNYaaNOOncgqw。

　　(二)利用 Lasso 更好构造对照组

　　在实证研究中,为处理组寻找一个合适的对照组,是因果识别成败的关键。但在某些情况下,可能不存在理所当然的对照组,此时可以考虑使用多个潜在的对照组,合成一个合适的对照组。而在这个合成中,就可以考虑使用 Lasso 算法或 Lasso 算法与岭回归算法组合而成的弹性网算法,从众多的潜在对照组中,进行数据驱动式的合成。

　　例如,Guo and Zhang(2019)以 2010 年湖北省襄樊市更名为襄阳市为例,研究了城市更名对经济增长的影响。他们将发生更名的襄阳市作为处理组,采用包括 Lasso

回归算法在内的四种算法,从湖北、湖南、河南和江西这四个省份中的城市挑选出合适的对照组后,再评估城市更名的经济增长效应。作者发现使用 Lasso 回归筛选出的对照组数量与面板数据法的结果相类似,且基于 Lasso 回归算法的估计结果表明,城市更名对当地的经济增长具有较为明显的推动作用。

本书的作者团队也曾使用过相关方法,来考察大小城市合并对城市边界地区的影响(郭峰等,2023)。具体而言,他们以"莱芜并入济南"作为一次自然实验,利用细颗粒度的卫星灯光数据和基于机器学习算法的合成控制法,评估了大小两个城市合并对原边界地区经济增长产生的影响。在实操中,他们以济南与莱芜的原边界地区为处理组,以山东省其他两两城市接壤地区为对照组,基于弹性网算法(以及 Lasso 算法),进行合成控制,进而识别济南莱芜合并对其边界地区经济发展的因果影响。结果显示,济南莱芜合并对原边界地区经济增长产生正向影响:边界地区灯光亮度的实际值比基于机器学习算法预测的反事实合成值平均高出 10.8%。进一步研究还发现,城市合并的正向效应主要体现在核心城市济南市边界一侧,而被合并的小城市莱芜市边界一侧则受益甚微。另外,文章也通过预留样本、考察其他案例的方法验证了本文核心结论的外部有效性,表明基于机器学习算法的合成控制法有较为广泛的适用性。

第四节　算法调参

在使用机器学习中的回归算法预测时,由于模型中可能存在多个参数,因此需要调参来选择最优参数,使得模型在测试集中表现出较强的预测能力。这一节中,我们将介绍机器学习模型选择中常见的调参方法,包括验证集法、交叉验证法等。

一、验证集法

验证集法是一种常用的机器学习调参方法,它将数据集随机地划分为训练集和验证集两部分,其中训练集用于训练模型,验证集用于评估模型性能。例如,可以将总样本的 70% 作为训练集,剩余的 30% 则作为验证集。在每次训练时,使用训练集进行模型训练,并使用验证集进行模型评估。根据验证结果,调整模型参数,如学习率、正则化系数等。这个过程重复多次,直到得到满意的模型性能。

虽然验证集法拥有简单易懂、节省计算开销等优势,但它也面临对数据划分的要求较高、数据利用率低的缺点。例如,验证集法的结果取决于随机分组,在划分数据集时,验证集选取的方法和比例可能会对最终模型的性能评估产生一定的影响,不同的划分方式可能导致评估结果的偏差。针对这一问题,衍生出了重复验证集法,通过重复多次验证集法的方式来提高预测性能,但由于重复验证集法依然是从训练集中抽取而来,并不能完全利用所有可用的数据。这样有可能造成训练集数据较少,使得模型无法完全充分地从数据中学习。

二、交叉验证法

交叉验证法则可以有效克服验证集法的上述缺点。交叉验证的基本思想是重复地使用数据:把给定的数据切分,将切分的数据集组合为训练集与测试集,在此基础上反复地进行训练、测试以及模型选择。在机器学习的实践中,大量使用 K 折交叉验证(K-fold Cross-Validation,K-fold CV)来度量测试误差;其中 K 一般为 5 或 10。下面,以 10 折交叉验证法为例,阐述这一方法的使用逻辑。

第一步,将样本数据随机地分为大致相等的 10 个子集。

第二步,将其中 1 个子集留作验证集,剩余 9 个子集作为训练集,进行模型的训练和评估,然后在验证集中预测,并计算验证集均方误差。

第三步,重复第二步 10 次,直到每个子集都被用作验证集。

第四步,将所有验证集均方误差进行平均,即为"交叉验证误差"(Cross-Validation Error),可作为对测试误差的估计。

K 折交叉验证法相对于验证集法的优点是充分利用了数据,很大程度上避免了验证集法的随机性与波动性。增加了模型评估的稳定性和准确性。通过多次划分数据集并进行训练和验证,所有数据均有机会进入训练集,可以更好地评估模型在不同数据子集上的性能,并减少随机因素对结果的影响。

除 K 折交叉验证法外,如果样本容量较小,还可使用留一交叉验证法(Leave One Out Cross-Validation,LOOCV)。事实上,留一交叉验证法本质上就是 n 折交叉验证,即 $K=n$,其中 n 为样本容量。在进行 LOOCV 时,将样本数据等分为 n 折,每折仅包含一个样本点,故其估计结果不再有随机性。由于每次均使用 $n-1$ 个数据去预测留出的 1 个数据,故一共需要估计 n 次。显然,如果样本容量 n 很大,则留一交叉验证法的时间开销也将很大。

此外,考虑到 K 折交叉验证法的结果仍可能依赖于随机分组,在实践中也有可能使用重复 K 折交叉验证法。以重复 10 折交叉验证法为例,可将 10 折交叉验证重复 10 次(每次使用不同的随机种子分组),然后将这 10 次 10 折交叉验证的结果再次平均。这意味着,总共对 100 个验证集误差进行平均,这种方法称为重复 K 折交叉验证。如果原始样本较小,即使用 10 折交叉验证,在训练时,也会进一步损失 1/10 的宝贵数据。

总体而言,在机器学习的实际应用中,相对于其他调参方法,K 折交叉验证法是应用非常广泛的一种调参方法。

三、岭回归和 Lasso 回归的调参

这一部分以本章所介绍的岭回归和 Lasso 回归这两大经典机器学习回归算法为例,介绍机器学习算法调参的基本步骤。由前文介绍可知,岭回归和 Lasso 回归目标函数是在最小二乘回归目标函数的基础上,进一步分别加入了 L2 范数惩罚项和 L1 范数惩罚项,而这两种不同类型惩罚项的引入均会产生新的参数 λ。因此,λ 的设定就会影响模型的预测能力,此时就需要使用交叉验证法调参,以挑选出使得预测能力最强的 λ。

根据公式(2.5)和(2.9)可知,当参数 λ＝0 时,岭回归或 Lasso 回归算法会退化为 OLS 回归算法,而当 λ 足够大时(λ_{max}),估计参数 β 会收敛于 0。因此,理论上说,最优参数 λ 应该会分布在 $[0, \lambda_{max}]$ 中。我们可以将 $[0, \lambda_{max}]$ 进行网格等分(比如 100 等分),然后在每个等分点上计算 λ 所对应的交叉验证误差 $CV(\lambda)$,能使得 $CV(\lambda)$ 最小化的 λ 即为最优。具体而言,将 λ 设定为 λ_1 且采用 10 折交叉验证法时,将全样本随机分为相等的 10 个子样本,然后以其中的 9 折作为训练集,进行岭回归或 Lasso 回归,并以所得模型预测作为验证集的其余 1 折,得到该折的均方误差。如此重复,确保每一折均曾被作为测试集进行估计,得到每一折的均方误差,将这 10 折的均方误差进行平均,即可得到交叉验证误差,即 $CV(\lambda_1) = \dfrac{1}{10}\sum_{i=1}^{10} MSE_i(\lambda_1)$。 在 $[0, \lambda_{max}]$ 中进行网格等分后计算各等分点的 $CV(\lambda)$,能够使得 $CV(\lambda)$ 达到最小的点即为最优超参 λ。一般来说,$CV(\lambda)$ 属于凸函数,λ 太大或太小均不利于使 $CV(\lambda)$ 达到最小化,所以最优 λ 一般分布在中间区域,具体如图 2－5 所示。

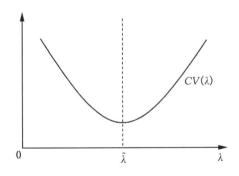

图 2－5　$CV(\lambda)$ 分布图

四、算法调参实操代码

本部分,我们将介绍以上几种算法调参的具体操作步骤:

1. 循环寻找最优超参

(1)导入可能用到的模块。

```
1. %matplotlib inline
2. import matplotlib.pyplot as plt
3. import numpy as np
4. from sklearn import datasets
5. from sklearn.linear_model import Lasso
6. from sklearn.model_selection import train_test_split
7. from sklearn.linear_model import LinearRegression
```

(2)加载数据 diabetes,并定义特征变量和响应变量,打印特征变量的数据结构和响应变量的前 10 个值,定义训练集和测试集。

```
1. # 加载数据
2. diabetes = datasets.load_diabetes()
3.
4. # 指定特征变量与响应变量
5. X = diabetes.data
6. y = diabetes.target
7. print(X.shape)
8. print(y[0:10])
9. dir(diabetes)
10.
11. # 划分训练集和测试集
12. X_train, X_test, y_train, y_test=train_test_split(X,y, test_siz
e=0.25, random_state=0)
```

```
(442, 10)
[151.  75. 141. 206. 135.  97. 138.  63. 110. 310.]
```

(3)先使用默认超参,观察模型的预测性能。

```
1. # 默认超参
2. lassoRegression = Lasso()
3. lassoRegression.fit(X_train, y_train)
4. print("权重向量:%s, b的值为:%.2f" % (lassoRegression.coef_,
   lassoRegression.intercept_))
5. print("损失函数的值:%.2f" % np.mean((lassoRegression.predict(X_
   test)- y_test) ** 2))
6. print("预测性能得分: %.2f" % lassoRegression.score(X_test, y_test))
```

```
权重向量:[  0.          -0.         442.67992538    0.           0.
   0.          -0.           0.         330.76014648    0.        ], b的值为:152.52
损失函数的值:3583.42
预测性能得分: 0.28
```

（4）设置一系列备选的参数集，然后通过循环的方式计算每个参数所对应的预测性能。

```
1. # 通过循环，寻找最优参数
2. X_train, X_test, y_train, y_test =train_test_split(diabetes.data,
   diabetes.target, test_size=0.25, random_state=0)
3. alphas = [0.01, 0.02, 0.05, 0.1, 0.2, 0.5, 1, 2, 5, 10, 20, 50,
   100, 200, 500, 1000]
4. scores = []
5. for alpha in alphas :
6.     lassoRegression = Lasso(alpha=alpha)
7.     lassoRegression.fit(X_train, y_train)
8.     scores.append(lassoRegression.score(X_test, y_test))
9. print(scores)
```

（5）将每个参数对应的预测解出，以图形的方式展现出来。

```
1. figure = plt.figure()
2. ax = figure.add_subplot(1, 1, 1)
3. ax.plot(alphas, scores)
4. ax.set_xlabel(r"$\alpha$")
5. ax.set_ylabel(r"score")
6. ax.set_xscale("log")
7. ax.set_title("Lasso")
8. plt.show()
```

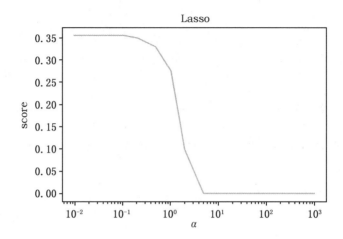

2. 交叉验证选择超参

(1)导入可能用到的模块。

```
1. import matplotlib.pyplot as plt
2. %matplotlib inline
3. import numpy as np
4. from sklearn import datasets
5. from sklearn.linear_model import Lasso
6. from sklearn.model_selection import KFold
7. from sklearn.linear_model import LassoCV
```

(2)加载数据 diabetes,采用 10 折交叉验证,并将随机状态设为 20;并设置一组备选的参数集(初始为 0.01、终值为 100、共包含 100 个数的等比数列),打印这个参数集的前 10 个数和倒数 10 个数。

```
1. diabetes = datasets.load_diabetes()
2. kfold = KFold(n_splits=10, shuffle=True, random_state=20)
3. alphas=np.logspace(-2, 2, 100)
4. print(alphas[0:10])
5. print(alphas[-10:])
```

```
[0.01       0.01097499 0.01204504 0.01321941 0.01450829 0.01592283
 0.01747528 0.0191791  0.02104904 0.0231013 ]
[ 43.28761281  47.50810162  52.14008288  57.22367659  62.80291442
  68.92612104  75.64633276  83.02175681  91.11627561 100.        ]
```

(3)采用 10 折交叉验证的方法,在备选参数集中选择最优参数。

```
1. # 交叉验证寻找最优参数
2. diabetes = datasets.load_diabetes()
3. kfold = KFold(n_splits=10, shuffle=True, random_state=20)
4. alphas=np.logspace(-2, 2, 100)
5. model = LassoCV(alphas=alphas, cv=kfold)
6. model.fit(diabetes.data, diabetes.target)
7. model.alpha_
```

0.0533669923120631

3.重要特征选择

(1)导入可能用到的包。

```
1. %matplotlib inline
2. import matplotlib.pyplot as plt
3. import numpy as np
4. from sklearn import datasets
5. from sklearn.linear_model import Lasso
6. from sklearn.model_selection import KFold
7. from sklearn.linear_model import LassoCV
8. import pandas as pd
9. from sklearn.preprocessing import StandardScaler
```

(2)加载 diabetes 数据集。

```
1. diabetes = datasets.load_diabetes()
2. scaler = StandardScaler()
3. X = scaler.fit_transform(diabetes["data"])
4. Y = diabetes["target"]
5. names = diabetes["feature_names"]
```

(3)设置 10 折交叉验证,并设置备选参数集(初始为 0.01、终值为 100、共包含 100 个数的等比数列),打印这个参数集的前 10 个数和倒数 10 个数。

```
1. kfold = KFold(n_splits=10, shuffle=True, random_state=30)
2. alphas = np.logspace(-2, 2, 100)
3. print(alphas[0:10])
4. print(alphas[-10:])
```

```
[0.01        0.01097499  0.01204504  0.01321941  0.01450829  0.01592283
 0.01747528  0.0191791   0.02104904  0.0231013 ]
[ 43.28761281  47.50810162  52.14008288  57.22367659  62.80291442
  68.92612104  75.64633276  83.02175681  91.11627561 100.        ]
```

（4）通过交叉验证，在上述备选参数集中选择最优参数。

```
1. # 交叉验证寻找最优参数
2. model = LassoCV(alphas=alphas, cv=kfold)
3. model.fit(X, Y)
4. model.alpha_
```

1.384886371393873

（5）查看模型最终选择了几个特征向量，剔除了几个特征向量。

```
1. # 输出看模型最终选择了几个特征向量，剔除了几个特征向量
2. import pandas as pd
3. coef = pd.Series(model.coef_, index = names)
4. print("Lasso picked " + str(sum(coef != 0)) + " variables and el
iminated the other " +  str(sum(coef == 0)) + " variables")
```

Lasso picked 7 variables and eliminated the other 3 variables

（6）画图展示各变量的重要程度。

```
1. # 画出特征变量的重要程度
2. import matplotlib
3. imp_coef = pd.concat([coef.sort_values().head(3),
4.                   coef.sort_values().tail(3)])
5.
6. matplotlib.rcParams['figure.figsize'] = (8.0, 10.0)
7. coef.plot(kind = "barh")
8. plt.title("Coefficients in the Lasso Model")
9. plt.show()
```

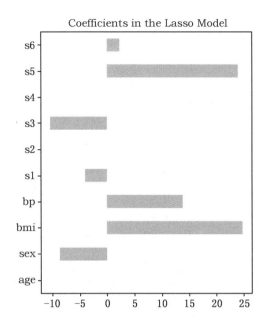

思考题

1. 如何看待计量经济学强调的无偏性和机器学习算法强调的预测性二者之间的关系?

2. 在社会科学的实证研究中,何时更应该关注无偏性? 何种场景下又更应该关注预测能力?

3. OLS 回归算法和岭回归算法、Lasso 回归算法的本质差异是什么? 为什么OLS 回归算法的预测性能相对后两者偏弱?

4. 在何种研究场景下,Lasso 回归算法能够帮助我们匹配对照组,从而采用双重差分来识别某种政策的因果关系?

参考文献

[1]陈强(2021),《机器学习及 Python 应用》,北京:高等教育出版社。

[2]方娴、金刚(2020),"社会学习与消费升级——来自中国电影市场的经验证据",《中国工业经济》,第 1 期,第 43-61 页。

[3]郭峰、吕斌、熊云军(2023),"大小城市合并与行政边界地区经济增长:基于机器学习算法的合成控制评估",上海财经大学公共经济与管理学院工作论文。

[4]姜富伟、薛浩、周明(2022),"大数据提升了多因子模型定价能力吗?——基于机器学习方法对我国 A 股市场的探究",《系统工程理论与实践》,第 8 期,第 2037-2048 页。

[5]李斌、邵新月、李玥阳(2019),"机器学习驱动的基本面量化投资研究",《中国工业经济》,第

8 期,第 61—79 页。

　[6]王芳、王宣艺、陈硕(2020),“经济学研究中的机器学习:回顾与展望”,《数量经济技术经济研究》,第 4 期,第 146—164 页。

　[7]Ben-Michael,E. Feller,A. and Rothstein,J.(2021),“The Augmented Synthetic Control Method”,*Journal of the American Statistical Association*,Vol. 116(536),pp. 1789—1803.

　[8]Cole,M. A. Elliott,R. J. R. and Liu,B.(2020),“The Impact of the Wuhan Covid-19 Lockdown on Air Pollution and Health:A Machine Learning and Augmented Synthetic Control Approach”,*Environmental and Resource Economics*,Vol. 76(4),pp. 553—580.

　[9]Gilchrist,D. S. and Sands,E. G.(2016),“Something to Talk About:Social Spillovers in Movie Consumption”,*Journal of Political Economy*,Vol. 124(5),pp. 1339—1382.

　[10]Gu,S. Kelly,B. and Xiu,D.(2020),“Empirical Asset Pricing via Machine Learning”,*The Review of Financial Studies*,Vol. 33(5),pp. 2223—2273.

　[11]Guo,J. and Zhang,Z.(2019),“Does Renaming Promote Economic Development? New Evidence from a City-renaming Reform Experiment in China”,*China Economic Review*,Vol. 57,101344.

　[12]Hastie,T. Tibshirani,R. and Friedman,F.(2017),*The Elements of Statistical Learning:Data Mining,Inference,and Prediction*,Second Edition,Berlin:Springer.

　[13]Leippold,M. Wang,Q. and Zhou,W.(2022),“Machine Learning in the Chinese Stock Market”,*Journal of Financial Economics*,Vol. 145(2),pp. 64—82.

　[14]Tibshirani,R.(1996),“Regression Shrinkage and Selection via the Lasso”,*Journal of the Royal Statistical Society Series B:Statistical Methodology*,Vol. 58(1),pp. 267—288.

　[15]Qiu,Y. Chen,X. and Shi,W.(2020),“Impacts of Social and Economic Factors on the Transmission of Coronavirus Disease 2019 (COVID-19) in China”,*Journal of Population Economics*,Vol. 33,pp. 1127—1172.

　[16]Wooldridge,J. M.(2019),*Introductory Econometrics:A Modern Approach*,Cengage Learning.

第三章　经典分类算法

 **本章导读**

　　上一章介绍了机器学习经典回归算法,而在机器学习领域中,分类算法同样扮演着重要角色,甚至可以说在实操层面,分类算法应用范畴其实更加广泛。作为有监督学习的一种,分类算法同样需要数据集中具有特征变量和目标变量,这对应于经济学中的解释变量和被解释变量。分类算法的目标是通过训练集中的数据特征,构建一个分类模型,用于预测测试集中样本的类别归属。分类算法通过分析训练集中特征变量与目标变量之间的关系,从而学习如何将数据点分配到不同的类别。这种学习过程涉及参数估计和模型构建,以便在模型应用于新数据时能够做出准确的分类预测。不同的分类算法采用不同的策略和数学模型来完成此任务,例如 K 近邻、朴素贝叶斯、决策树、支持向量机等。总体而言,分类算法在机器学习中扮演着关键角色,它们能够从已知数据中学习出规律,然后用于对未知数据的分类预测,这为解决诸如图像识别、垃圾邮件过滤、医学诊断等领域的问题提供了有力的工具和方法。通过本章的机器学习分类算法的学习,读者可以对机器学习原理有更全面的认识,并为后续更"高级"的其他机器学习算法打下基础。

第一节　分类算法简介

　　分类算法是一类用于将数据分为不同类别或标签的算法,是机器学习的重要分支。分类算法的目标是尽可能准确地将新数据映射到它们所属的类别,从而实现自动化的数据分类过程。机器学习分类算法可以分为有监督和无监督机器学习分类算法。其中有监督机器学习分类算法是指在训练过程中,使用带有标签的数据样本进行学习。每个数据样本都有一个已知的标签或类别,例如"是"或"否",数字"0"到"9"等。

　　有监督学习的目标是通过学习数据样本与标签之间的关系,构建预测新数据样本标签的模型。常见的有监督学习分类算法包括逻辑回归、决策树、随机森林、支持向量机、K 近邻算法、朴素贝叶斯等。这些算法根据训练数据的特征和标签之间的关系建立模型,用于预测未知数据的类别。有监督学习的优点在于它可以提供准确的预测结果,尤其在有明确标签的训练数据时效果较好。但是,有监督学习依赖于高质量的标签数据,并且在标签不完整或有错误的情况下可能会出现过拟合的问题。

无监督机器学习分类算法是指在训练过程中,使用没有标签的数据样本学习,算法主要侧重于发现数据中的结构、模式和关系,而不是预测特定的标签。无监督机器学习算法试图在没有明确指导的情况下,自动对数据进行分类或聚类,常见的无监督学习分类算法包括各种聚类算法。无监督学习的优点在于它能够在没有标签的情况下探索数据的内在结构,有助于对数据进行理解和预处理。然而,由于没有明确的标签来指导学习,无监督学习的结果需要人工解释。

有监督机器学习分类算法与无监督机器学习分类算法在不同的问题和数据场景下,各有其应用价值。有时候也可以将有监督和无监督学习结合使用,以发现潜在的模式并进一步提升分类效果。在本章中,我们将重点讲解几个经典的有监督学习分类算法,并在后续章节中介绍无监督学习分类算法。目前经典分类算法的作用主要是分类和预测,其中分类任务包括预测分类标签(或离散值),根据训练数据集和分类标签构建模型来分类现有数据,并用来分类新数据。预测任务包括建立连续函数值模型,比如预测空缺值。

分类算法在商业上有广泛应用,包括但不限于 O2O 优惠券使用预测、市民出行选乘公交预测、待测微生物种类判别、基于运营商数据的个人征信评估、商品图片分类、广告点击行为预测、基于文本内容的垃圾短信识别、中文句子类别精准分析、监控场景下的行人精细化识别、用户评分预测、微额借款用户人品预测、验证码识别和预测客户流失率等。而在社会科学研究中,分类算法也有非常广泛的应用,包括文本分类、图像分类等。

典型的分类模型构建流程如图 3—1 所示,它基于训练集,构建输出变量和特征变量之间的统计规律,然后将这种统计规律应用在测试集上测试。本章介绍的这些经典分类算法,是理解后续集成算法、深度学习算法等其他机器学习算法的前提条件,但这些经典的分类算法,在机器学习实操中已经较少应用,往往只是作为更高级算法的一个对照。因此本章对各个算法的介绍将会比较简略,更详细的介绍可以参阅 Hastie *et al*. (2017)等更传统的机器学习教材。

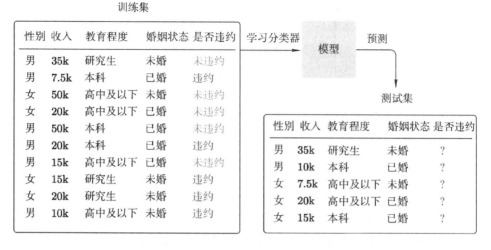

图 3—1　分类模型构建流程

第二节　K 近邻算法

一、K 近邻算法原理

在正式介绍 K 近邻算法之前,我们先举一个现实生活中的例子。假如你去某植物园看花展,看到某种好看的花卉,你是如何将其归到某个品种的。简单来讲,你会将这个花卉与大脑中已知的花卉品种比较,这个新看到的花卉长得像已知的哪种花,就将这个新花的品种判定为哪种花卉,其实这就是我们本节要介绍的 K 近邻算法的思想。

K 近邻算法(K-Nearest Neighbors,KNN)是一种常见的有监督学习算法,可用于分类和回归任务。假定我们现在有一个训练集和一个测试集,对于其中一个测试样本,在训练集中找到与该样本最邻近的 K 个样本,在这 K 个样本中,如果多数样本属于某个类,就把测试样本分为这个类。这就是 K 近邻算法的原理。图 3—2 中更直观地展示了 K 近邻算法的逻辑。例如,我们要预测 a 这个点的类别,然后观察到在它的6 个最近邻样本中,有 4 个为圆形,2 个为三角形,因此,我们就可以判定 a 的标签为圆形。

根据 K 近邻算法的原理,K 近邻算法的具体步骤可以概括如下:

第一步,收集包含已知类别标签的训练数据集。每个数据样本都有一组特征(属性),以及对应的标签或类别。这些标签代表数据样本属于哪个类别。

第二步,选择 K 值。K 是 KNN 算法的一个超参数,它表示在分类时要考虑多少

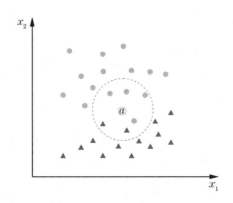

图 3—2　K 近邻算法示意图

个最近邻居的标签。K 值的选择会影响算法的性能,通常需要根据具体问题进行超参数调优。

第三步,计算距离。对于未知类别的新数据样本,在特征空间中计算其与训练数据集中每个样本之间的距离。常用的距离度量方法有欧式距离、曼哈顿距离等。

第四步,确定最近邻。根据计算得到的距离,选择距离新样本最近的 K 个训练样本,这些样本被称为最近邻。

第五步,投票选择类别。根据 K 个最近邻的标签,投票决定新样本的类别。一般来说,K 个最近邻中占多数的类别标签将成为新样本的预测类别。

K 近邻算法在判定最近邻居的过程中,常用的距离公式可以写为:

$$d(x_1,x_2)=\left(\sum_{i=1}^{m}|x_{1i}-x_{2i}|^p\right)^{1/p}$$

这就是闵可夫斯基距离,当 $p=1$ 时,闵可夫斯基距离变为曼哈顿距离:

$$d(x_1,x_2)=\sum_{i=1}^{m}|x_{1i}-x_{2i}|$$

当 $p=2$ 时,闵可夫斯基距离变为欧式距离:

$$d(x_1,x_2)=\sqrt{\sum_{i=1}^{m}(x_{1i}-x_{2i})^2}$$

当 $p\to\infty$ 时,闵可夫斯基距离变为切比雪夫距离:

$$d(x_1,x_2)=\max_i|x_{1i}-x_{2i}|$$

此外,在处理文本型数据时,还可以使用余弦相似度等方法来计算文本之间的距离(相似性),第四章将对文本相似度概念进行更详细的介绍,此不赘述。

在 K 近邻算法的实操过程中,有以下几点注意事项值得我们关注:

第一,有关 K 值的选择。K 值太小可能导致过拟合,而 K 值太大可能导致欠拟合,因此需要通过交叉验证或其他调优方法选择合适的 K 值。

第二,选择距离度量方式。对于不同的数据类型和特征,需要选择合适的距离度量方法,以获得更好的分类性能。

第三,数据归一化。在使用 KNN 算法之前,通常需要对数据进行归一化处理,以避免某些特征对距离计算产生过大的影响。关于数据归一化的方法,将在第八章专门介绍。

第四,处理样本不平衡问题。当某些类别样本数量明显少于其他类别时,KNN可能偏向于多数类,在这种情况下,可以考虑采用加权 KNN 算法,赋予不同的邻居样本不同的权重。

关于 K 的选取对结果产生的影响,如图 3－3 所示,在 K 选取不同数值时,预测结果是不一样的。对此,可以通过极端化的思维来更好地理解。在其中一个极端 K＝1时,则偏差较小,但方差较大。最近邻法(K＝1)虽可使得训练误差为 0(完美解释训练数据),但决策边界通常很不规则,导致过拟合,使得模型的泛化能力较差。在另一极端,如果 K 值很大,则偏差较大,而方差较小。例如 K＝N 时,则使用样本中最常见的类别进行所有预测,决策边界将过于光滑,无法充分捕捉数据中的信号,使得算法的泛化能力下降,导致欠拟合。在实际应用中,K 值一般选择一个较小的数值,3～5 为宜。在具体应用中,K 值的选择可以通过网格搜索等超参数调优技术来确定。

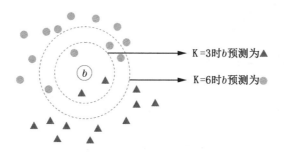

图 3－3　K 值大小与分类结果

值得注意的是,K 近邻算法作为非参数估计,并不依赖于具体的函数形式,故较为稳健,但 KNN 所估计的回归函数或决策边界一般较不规则,这是因为当 x 在特征空间变动时,其 K 个邻居集合可能发生不连续的变化,即加入新邻居而去掉旧邻居,因此如果真实的回归函数或决策边界也较不规则,KNN 效果较好。K 近邻算法的优点是其非常简单直观,容易理解。当然 KNN 算法也具有一些局限性。其一,它是一种懒惰学习算法(Lazy Learning),KNN 算法平时不学习,属于"死记硬背"(Memory-based),并没有估计真正意义上的模型,直到预测时才去找邻居,导致预测较慢,不适用于"在线学习"(Online Learning),即需要实时预测的场景。其二,KNN 在高维空间中可能很难找到邻居,会遇到所谓"维度灾难"(Curse of Dimensionality),此时 KNN 算法的效果可能较差,因此 KNN 算法往往要求 $n \gg p$,即样本容量 n 须远大于特征向量的维度 p。其三,KNN 对于噪音变量(Noise Variable)也不稳健,如果特征向量 x 中包含对 y 的预测毫无作用的噪音变量,那么当 KNN 在计算观测值之间的欧氏距离时,也依然会不加区别地对待这些变量,从而导致估计效率下降。

二、K 近邻算法实操代码

下面是 K 近邻算法的实战案例。在实战案例中,将以鸢尾花分类为示例,介绍 KNN 算法,带领大家探索有趣而实用的 K 近邻算法。

首先,介绍一下本案例中所用到的数据,鸢尾花数据是 Sklearn 自带的数据集,各种教科书都用其作为演示案例,鸢尾花数据集包含 150 个数据样本,分为 3 类,每类 50 个数据,每个数据包含 4 个属性。可通过花萼长度、花萼宽度、花瓣长度、花瓣宽度 4 个属性预测鸢尾花属于三个种类(Setosa,Versicolour,Virginica)中的哪一类。下面的代码用于加载一些必需的第三方库和鸢尾花案例数据。

```
1. # 目标：鸢尾花分类为示例，介绍 KNN 算法
2. # 鸢尾花可以被分为 setosa、versicolor、virginica 三个品种，现在我们要建立
一个模型，输入特定数据判定它属于哪一类。
3.
4. % matplotlib inline
5. # matplotlib notebook # 这两个命令都可以让图片直接显示在本 notebook 上
6.
7. import numpy as np
8. import matplotlib.pyplot as plt
9. from sklearn import datasets
10. plt.rcParams['font.sans-serif']=['SimHei'] # 用来正常显示中文标签
11.
12. # 准备数据集，这是一个 sklearn 自带的数据集，各种教科书都用其作为演示案例
13. iris = datasets.load_iris()
14. X = iris.data    # X 对应样本的四个特征，根据这四个特征，预测花的品种
15. Y = iris.target  # Y 对应样本的分类标签
16.
17. # 为简化处理，处理二分类问题，所以只针对 Y=0,1 的行，然后从这些行中取 X 的前
两列
18. x = X[Y<2,:2]
19. print(x.shape)
20. print('x:\n',x)
21. y = Y[Y<2]
22. print('y:\n',y)
```

接下来,将对原始数据进行可视化展示,将 *target* = 0 的点标为空心点,*target* = 1 的点标为实心点,点的横坐标为 data 的第一列,点的纵坐标为 data 的第二列。如下图所示,我们要对图中三角形的点进行预测,从而判断它属于哪一类,此时我们使用欧氏距离公式计算两个向量点之间的距离。计算完所有点之间的距离后,可以对数据按照从小到大的次序排序,统计距离最近前 *k* 个数据点的类别数,返回票数最多的即为三角形点的类别。

```
23. # 图形展示代码
24. plt.scatter(x[y==0,0],x[y==0,1],color='red')
25. plt.scatter(x[y==1,0],x[y==1,1],color='green')
26. plt.scatter(5.6,3.2,color='blue')
27. x_1=np.array([5.6,3.2])
```

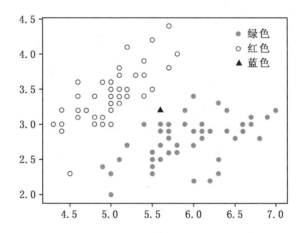

接下来,采用欧式距离计算要预测的点(x_1)到其他所有点的距离,并对距离进行排序,返回票数最多的 1 类元素。从结果可以看出,K = 6 时,距离三角形的点最近的 6 个点中,有 4 个属于实心点,2 个属于空心点,最终三角形点的标签被预测为实心点。

```
28. % matplotlib inline
29. # 采用欧式距离计算要预测的点 (x_1) 到其他所有点的距离
30. distances = [np.sqrt(np.sum((x_t-x_1)**2)) for x_t in x]
31. # 对上述距离数组进行排序,返回的是排序后的索引
32. d = np.sort(distances)
33. nearest = np.argsort(distances)
34. print(nearest)
```

```
[88 66 95 31 20 84 64 70 36 96 61 99 55 28 85 27 94 78 23 10 39 82 91 67
 48  0 17 63 35 49 18 90 79  7 26 25 92 59 73 71 83 43 40 97 69 34  9 21
 56 89  4  1  5 16 44 19 46 51 37 30 80 81 11 14 12 24 45 74 98  2 29 53
 32 54 72 47  3 33  6 75 58 57 22 62 93 65 86 77 87 68 42 15 38  8 76 52
 13 60 50 41]
```

```
35. # 选择的是 6 近邻
36. k = 6
37. topk_y = [y[i] for i in nearest[:k]]
38. print(topk_y)
```

```
[1, 1, 1, 0, 0, 1]
```

```
39. from collections import Counter
40. # 对 topk_y 进行统计返回字典
41. votes = Counter(topk_y)
42. # 返回票数最多的 1 类元素
43. print(votes)
44. predict_y = votes.most_common(1)[0][0]
45. print(votes.most_common(1))  # votes.most_common(1) 返回的结果是票数
的结果以及具体票数
46. print(predict_y)   # 预测结果
47. # 从结果可以看出，k=6 时，距离三角形的点最近的 6 个点中，有 4 个实心点，2 个空心点，
最终三角形点的标签被预测为实心点。
```

```
Counter({1: 4, 0: 2})
[(1, 4)]
1
```

在手动编写代码实现了 K 近邻分类算法后，下面我们将使用第三方模块 Sklearn
自带的 KNN 分类器实现分类算法。这里首先需要调用 Sklearn 自带的 train_test_
split 切分训练集、测试集。

```
1. from sklearn import datasets
2. from sklearn.model_selection import train_test_split
3. from sklearn.neighbors import KNeighborsClassifier
4. iris = datasets.load_iris()
5. 3x = iris.data
6. y = iris.target
7.
8. # sklearn 自带的 train_test_split 进行训练集、测试集的切分
9. x_train,x_test,y_train,y_test = train_test_split(x,y,test_size=0.25,
random_state=666)
```

完成训练集和测试集的切分后，接下来进行 KNN 模型的建立及拟合，首先要声明建立 KNeighborsClassifier 分类器，然后调用 fit 方法训练，最后调用 predict 方法使用模型预测。如果要评价该模型的效果，可以调用 score 方法输出分类准确率。

```
10. knn_classifier = KNeighborsClassifier(n_neighbors=5)
11. # 因为 knn 对算法进行了封装，既包括构建模型的算法，也包括预测的算法，我们只需
要调用 fit 方法来训练数据即可。
12. knn_classifier.fit(x_train,y_train)
13. y_predict = knn_classifier.predict(x_test)
14. scores = knn_classifier.score(x_test,y_test)
15. # 注:scikit-learn 中所有的机器学习模型都在各自的类中实现,统称为 Estimator
类
16. # K 近邻算法是在 neighbours 模块中的 KNeighboursClassifier 类中实现,我
们设置邻居参数为 1
17.
18. print('acc:{}'.format(sum(y_predict==y_test)/len(y_test)),scores)
# 输出分类准确率
```

acc:0.98 0.98

```
19. # 直接使用 sklean 自带的程序，预测某一个点的分类结果
20. X_new = np.array([[5,2.9,1,0.2]])
21. prediction =knn_classifier.predict(X_new)
22. print("Predicted target name:{}".format(iris['target_names'][pr
ediction]))
```

Predicted target name:['setosa']

在得到正确率后，想要进一步提升在测试集上的正确率，我们就需要对模型调参。参数可以分为超参数和模型参数。超参数是在算法运行前需要设定的参数（通过领域知识、经验数值、实验搜索来寻找好的超参数）。而模型参数是算法过程中学习的参数，在 KNN 中没有模型参数。K 近邻算法中的 K 是典型的超参数，我们将采用实验搜索来寻找好的超参数，搜索逻辑是在 K=1 到 10 之间一个个测试，看哪个 K 效果最好。第一部分操作过程与上述代码相似，故不再赘述。

```
1. # KNN 的超参数调优
2.
3. from sklearn import datasets
4. from sklearn.neighbors import KNeighborsClassifier
5. from sklearn.model_selection import train_test_split
6. digits = datasets.load_digits()
7. x = digits.data
8. y = digits.target
9. print(x.shape)
10. print(y.shape)
11. x_train,x_test,y_train,y_test=train_test_split(x,y,test_size=0.25,
random_state=666)
12. knn_clf = KNeighborsClassifier(n_neighbors=5)
13. knn_clf.fit(x_train,y_train)
14. y_pred = knn_clf.predict(x_test)
15. print("测试集准确率:", ((y_test== y_pred).sum())/len(y_test))
```

测试集准确率: 0.9870

接下来通过循环方式,将 K 从 1 到 10 之间循环,来判断哪个 K 能够使得 KNN 的分类效果更好,可以看出,当 K 等于 3 时,KNN 算法的分类准确率达到最优,最优的分类准确率是 98.67%。

```
16. # 寻找最好的 K
17. best_k = -1
18. best_score = 0
19. for i in range(1,10):
20.     knn_clf = KNeighborsClassifier(n_neighbors=i)
21.     knn_clf.fit(x_train,y_train)
22.     scores = knn_clf.score(x_test,y_test)
23.     print(i,scores)
24.     if scores > best_score:
25.         best_score = scores
26.         best_k = i
27. print('最好的 K 为:%d,最好的得分为:%.4f'%(best_k,best_score))
```

```
1 0.98
2 0.9844444444444445
3 0.9866666666666667
4 0.9844444444444445
5 0.9866666666666667
6 0.9866666666666667
7 0.9822222222222222
8 0.9822222222222222
9 0.98
```
最好的k为:3,最好的得分为:0.9867

    最后我们如法炮制,同时寻找 KNN 中最优的超参数 K 和另一个超参数 $weight$,在搜寻两个参数时,为了演示简便,采用了双重循环的方式展示了搜索过程。[①] 最后结果显示,KNN 中最优的 K 值是 3,最好的得分是 0.986 7,对应的 $weight$ 是 uniform。

```
28.
29. # 寻找最优超参数 weights
30. from sklearn import datasets
31. from sklearn.model_selection import train_test_split
32. from sklearn.neighbors import KNeighborsClassifier
33. digits = datasets.load_digits()
34. x = digits.data
35. y = digits.target
36. x_train,x_test,y_train,y_test = train_test_split(x,y,test_size=
0.25,random_state=666)
37. # 寻找最好的 K,weights
38. best_k = -1
39. best_score = 0
40. best_method = ''
41. for method in ['uniform','distance']:
42.     for i in range(1,11):
43.         knn_clf = KNeighborsClassifier(n_neighbors=i,weights=met
hod)
44.         knn_clf.fit(x_train,y_train)
45.         scores = knn_clf.score(x_test,y_test)
46.         if scores > best_score:
47.             best_score = scores
48.             best_k = i
49.             best_method = method
50. print('最好的 K 为:%d,最好的得分为:%.4f,最好的方法%s'%(best_k,best_
score,best_method))
```
最好的 K 为:3,最好的得分为:0.9867,最好的方法 uniform。

---

    ① weights:默认是 uniform,参数可以是 uniform、distance。uniform 是均等的权重,即所有的邻近点的权重都是相等的。distance 是不均等的权重,距离近的点比距离远的点的影响大。

三、K 近邻算法社会科学应用案例

在经济学领域,部分文章应用 KNN 从事分类任务。例如,杨晓兰等(2016)利用东方财富网股吧论坛中关于创业板公司的 90 万条帖子作为研究对象,首先随机抽取 2 000 条帖子作为训练集人工打标签,分为积极、中性、消极三类,随后利用训练集样本训练多种机器学习模型,最终选定正确率最高的 KNN 算法作为泛化模型,随后泛化到 90 万条全样本帖子,以得到每一个帖子的情绪。由此可以看出,有监督机器学习算法主要目的是进行大样本分类。人工将几十万、几百万条帖子分类很难实现,因此需要借助有监督学习算法,例如 KNN 算法分类。其核心步骤是,首先随机选取部分样本打标签,将这部分样本作为训练集训练模型,然后将训练好的模型用于泛化全样本,得到每个样本的分类结果,从而节省了大量人力。根据现有文献的结果,KNN 的分类准确率在 70%~80% 之间。

第三节　朴素贝叶斯算法

一、朴素贝叶斯算法原理

朴素贝叶斯算法(Naive Bayes,NB)是一种基于概率统计的简单且高效的机器学习分类算法。它基于贝叶斯定理和特征条件独立性的假设,用于解决分类问题。

朴素贝叶斯算法的原理可以概括如下:在给定一组特征的情况下,根据已知类别的数据计算每个类别的后验概率,然后选择具有最大后验概率的类别作为预测结果。[1] 它的"朴素"之处在于,假设特征之间相互独立,即给定类别的情况下,特征之间没有关联。朴素贝叶斯算法使得计算后验概率更加简化,因为可以将条件概率分解为各个特征的单独概率。

朴素贝叶斯算法可以用数学公式描述如下:设输入空间 $X \subseteq R^n$ 为 n 维向量的集合,输出空间维类标记集合 $Y=\{c_1,\cdots,c_2,\cdots,c_i,\cdots,c_k\}$,输入特征向量 $x \in X$,输出分类标记 $y \in Y$。训练数据集 $T=\{(x_1,y_1),(x_2,y_2),\cdots,(x_N,y_N)\}$,$P(X,Y)$ 独立同分布产生,外加条件独立性的假设,由于这是一个较强假设,朴素贝叶斯因此得名。具体地,条件独立性假设为:

$$P(X=x \mid Y=c_i)=P(X^{(1)}=x^{(1)},\cdots,X^{(n)}=x^{(n)} \mid Y=c_i)$$

---

① 所谓后验概率(Posterior Probability):指某件事已经发生,想要计算这件事发生的原因是由某个因素引起的概率。先验概率(Prior Probability):指根据以往经验和分析,在实验或采样前就可以得到的概率。

$$= \prod_{j=1}^{n} P(X^{(j)} = x^{(j)} \mid Y = c_i) \tag{3.1}$$

因此朴素贝叶斯法分类时,对给定的输入 x,通过学习到的模型计算后验概率分布 $P(Y=c_k|X=x)$,将后验概率最大的类作为 x 的类输出。根据贝叶斯定理,后验概率的计算为:

$$
\begin{aligned}
P(Y=c_i \mid X=x) &= \frac{P(X=x \mid Y=c_i)P(Y=c_i)}{P(X=x)} \\
&= \frac{P(X=x \mid Y=c_i)P(Y=c_i)}{\sum_k (P(X=x \mid Y=c_i)P(Y=c_i))}
\end{aligned}
\tag{3.2}
$$

进而朴素贝叶斯法分类的基本公式可以写为:

$$P(Y=c_i|X=x) = \frac{P(Y=c_i)\sum_j P(X^{(j)}=x^{(j)}|Y=c_i)}{\sum_i P(Y=c_i)\prod_j P(X^{(j)}=x^{(j)}|Y=c_i)} \tag{3.3}$$

其中,$i=1,2,\cdots,K$。值得注意的是,对于先验概率,需要我们先假设一个事件分布的概率分布方式,主要有三种(高斯分布、多项式分布和伯努利分布),因此也就有了三种常见的朴素贝叶斯算法,包括高斯朴素贝叶斯分类器(默认条件概率、分布概率符合高斯分布,应用于连续数据)、多项式朴素贝叶斯分类器(条件概率符合多项式分布,输入数据为计数数据)以及伯努利朴素贝叶斯分类器(条件概率符合二项分布,输入数据为二分类数据)。

除此之外,在应用朴素贝叶斯分类器时,有时还需进行拉普拉斯修正(Laplacian Correction)。这是因为,朴素贝叶斯的"概率连乘"形式使其具有"一票否决"的特点。比如,某个虚拟变量 x 在训练数据的第 k 类中共有 $k \times n$ 次取值为 0,而取值为 1 的次数为 0。在校准前,概率可能为 0,$P(w_i|c_i) = \dfrac{\text{count}(w_i|c_i)}{\text{count}(c_i)}$,而校准后,概率接近原概率,但不会变成 0,其中 N 为特征值个数 $P(w_i|c_i) = \dfrac{\text{count}(w_i|c_i)+\lambda}{\text{count}(c_i)+N \times \lambda}$。

最后,我们针对朴素贝叶斯算法举个形象的例子予以说明:我们的数据中包括很多动物(猫、狗)样本,每个动物有两个特征:喜欢爬树和有尾巴。我们已经知道一些猫和狗喜欢爬树和有尾巴的情况。现在,我们看到一个新动物,它喜欢爬树,而且有尾巴。我们想知道它是猫还是狗。首先,算法会计算已知猫和狗出现的概率。假设猫占 60%,狗占 40%。然后,它会计算喜欢爬树和有尾巴的猫和狗的概率。假设喜欢爬树的猫的概率是 70%,有尾巴的猫的概率是 80%,喜欢爬树的狗的概率是 60%,有尾巴的狗的概率是 90%。现在,朴素贝叶斯算法会计算这个新动物是猫和狗的概率。对于猫,它喜欢爬树和有尾巴的概率是(70%×80%)=56%,而猫出现的概率是 60%,所以它属于猫的概率是 56%×60%=33.6%。对于狗,它喜欢爬树和有尾巴的概率是(60％×90％)＝54％,而狗出现的概率是 40％,所以它属于狗的概率是 54％×40％＝21.6％。因为 33.6％大于 21.6％,所以朴素贝叶斯算法会预测这个新动物是猫。

二、朴素贝叶斯算法实操代码

为了方便读者实操,这里利用 Sklearn 库直接实现三种贝叶斯算法:高斯朴素贝叶斯、多项分布朴素贝叶斯、伯努利朴素贝叶斯。采用的数据集仍然是讲述 KNN 时所采用的鸢尾花数据集。在实操代码之前,首先列举一下高斯朴素贝叶斯的常用参数,分别是:$alpha$,先验平滑因子,默认等于 1,当等于 1 时表示拉普拉斯平滑;fit_prior,是否去学习类的先验概率,默认是 $True$;$class\_prior$,各个类别的先验概率,如果没有指定,则模型会根据数据自动学习,每个类别的先验概率相同,等于类标记总个数的 $1/N$。

```
1. # 高斯朴素贝叶斯
2. from sklearn import datasets
3. from sklearn.model_selection import train_test_split
4. iris = datasets.load_iris()
```

加载完 iris 数据集后,如同上一部分 KNN 代码中所详细讲述的那样,先利用 Sklearn 中的 train_test_split,将样本分为训练集和测试集,然后按照使用机器学习三步走的方式,先声明 GaussianNB 类,然后调用 fit 方法拟合数据,最后调用 score 方法评价。

```
5. from sklearn.naive_bayes import GaussianNB
6. clf = GaussianNB()
7. x = iris.data # 特征
8. y = iris.target # 标签
9. X_train,X_test,y_train,y_test = train_test_split(x,y, test_size=0.3)
10. clf.fit(X_train,y_train)
11. score = clf.score(X_test,y_test)
12. print("score:", score) # 输出在测试集上的分数
```

score: 0.9556

接下来伯努利朴素贝叶斯的操作过程和高斯朴素贝叶斯的操作过程一致,只是常用参数不同,在此列举一下伯努利朴素贝叶斯的常用参数。其中 $alpha$ 是平滑因子;$binarize$ 是样本特征二值化的阈值,默认是 0,如果不输入,则模型会认为所有特征都已经是二值化形式,如果输入具体的值,则模型会把大于该值的部分归为一类,小于该

值的部分归为另一类；fit_prior 是是否去学习类的先验概率，默认是 $True$；$class\_prior$ 是各个类别的先验概率，如果没有指定，则模型会根据数据自动学习，每个类别的先验概率相同，等于类标记总个数的 $1/N$。

```
13. # 伯努利朴素贝叶斯
14. from sklearn import datasets
15. from sklearn.model_selection import train_test_split
16. iris = datasets.load_iris()
17.
18. from sklearn.naive_bayes import BernoulliNB
19. clf = BernoulliNB()
20. x = iris.data # 特征
21. y = iris.target # 标签
22. X_train,X_test,y_train,y_test = train_test_split(x,y, test_size
=0.3)
23. clf.fit(X_train,y_train)
24. score = clf.score(X_test,y_test)
25. print(score) # 输出在测试集上的分数
```

score: 0.98

接下来是多项式朴素贝叶斯，其常用参数如下。其中 $alpha$ 是浮点型可选参数，默认为 1.0，其实就是添加拉普拉斯平滑，如果这个参数设置为 0，就是不添加平滑；fit_prior 是布尔型可选参数，默认为 $True$，布尔参数 fit_prior 表示是否要考虑先验概率，如果是 $false$，则所有的样本类别输出都有相同的类别先验概率，否则可以自己用第 3 个参数 $class\_prior$ 输入先验概率，或者不输入第 3 个参数 $class\_prior$，让 MultinomialNB 自己从训练集样本来计算先验概率；$class\_prior$ 是可选参数，默认为 $None$。

```
26. # 多项式朴素贝叶斯
27. from sklearn import datasets
28. from sklearn.model_selection import train_test_split
29. iris = datasets.load_iris()
30.
31. from sklearn.naive_bayes import MultinomialNB
32. clf = MultinomialNB()
33. x = iris.data # 特征
34. y = iris.target # 标签
35. X_train,X_test,y_train,y_test = train_test_split(x,y, test_size
=0.3)
36. clf.fit(X_train,y_train)
37. score = clf.score(X_test,y_test)
38. print(score) # 输出在测试集上的分数
```

score: 0.9556

三、朴素贝叶斯算法社会科学应用案例

在社会科学领域,目前已经有不少论文应用朴素贝叶斯进行文本分类。例如本书作者团队就曾使用朴素贝叶斯进行姓名推测性别(Si *et al.*,2023)。在这项研究中,作者团队获得了中国知网上 1998—2017 年的所有 CSSCI 和其他核心期刊的全部论文,全样本论文超过 300 万篇。想要研究作者利用人际关系(社会影响力)在同单位期刊上发文对论文引用率的影响,进而考察男性作者和女性作者在利用人际关系发文上的差异,但知网数据只有作者的姓名,没有作者的性别,因此,课题组就利用朴素贝叶斯算法从姓名中推测作者的性别。在具体实操中,课题组使用 2005 年全国 1‰人口抽样调查数据作为训练集,该数据集同时公布了全国超过 200 万样本的姓名和性别。利用朴素贝叶斯算法对该数据进行训练和测试,随后再将训练结果泛化到知网数据集中进行性别预测。在该案例中,朴素贝叶斯算法对性别判定的准确率达到 85%。

此外,国内外许多学者也使用朴素贝叶斯算法进行文本分类的研究,例如 Antweiler and Frank(2004)采用朴素贝叶斯算法对雅虎财经上的帖子进行分类。这是文本情绪分类的早期开创性学术论文,后续各种文本情绪分类论文,都是在这篇论文基础上的发展。该论文使用机器学习分类算法的原因是作者想要将 150 万条帖子情绪全部提取出来,但是鉴于人工精力有限,无法一一阅读,因此借助机器学习分类算法的模式,通过学习文本和文本情绪之间的规律,将该规律泛化到全部样本,就可以实现只通过人工阅读少量帖子,让机器掌握规律,从而将全部帖子的情绪都提取出来。实际论文中,作者将雅虎财经上的 1 000 条帖子打上买入、持有、卖出三个分类标签,通过朴素贝叶斯算法训练模型,最终利用训练好的模型泛化到其余未分类的帖子,最终实现了提取 150 万条帖子的情绪。

中文期刊中也有使用朴素贝叶斯进行文本分类的论文。吴武清等(2020)利用中国 A 股上市公司 377 644 份分析师研究报告,选取 10 434 份文本人工打标签为积极、中性、消极,利用 11 种机器学习算法训练模型,并横向对比这些机器学习算法的预测准确度,研究发现朴素贝叶斯算法准确率最高,因此最终采用朴素贝叶斯算法衡量分析师文本语调。

综上可以看出,朴素贝叶斯作为一种有监督学习算法,由于具有原理简单,分类准确率较高的特点,广泛应用于文本分类等领域。基本流程是通过人工打少量标签,然后进行朴素贝叶斯模型建模,最终泛化到全部样本中实现分类。一般来说,朴素贝叶斯分类准确率在 70%～80%之间,低于第七章将要介绍的深度学习算法,有渐被替代之势。

第四节　决策树算法

一、决策树算法原理

(一)决策树的概念与基本原理

KNN 算法是一种简便的非参数方法,但对于噪音变量并不稳健,根本原因在于 KNN 在寻找邻居时并未考虑响应变量 y 的信息。而本节要介绍的决策树算法,本质上也是一种近邻方法,可视为"自适应近邻法"(Adaptive Nearest Neighbor)。但决策树算法在节点分裂时考虑了 y 的信息,故更有"智慧",不受噪音变量的影响,且适用于高维数据。

决策树(Decision Tree,DT)是一种基于树形结构的机器学习算法,可以用于解决分类问题,也可以用于回归问题(如图 3—4 所示)。决策树算法从根节点开始,根据特征逐步划分,形成一系列决策节点,最终到达叶节点,从而实现对新数据的分类。从直观例子中理解,这种决策树算法的建模思路实际上也是模拟了我们人类日常决策的常用模式。例如,在就诊时,医生会问很多问题:哪里不舒服? 什么时候开始不舒服? 是否吃了什么不干净的东西? 每一个问题就对应一个特征变量的划分,可能会连续问很多个问题(很多次分裂),才能得出最后的判断(叶子节点)。

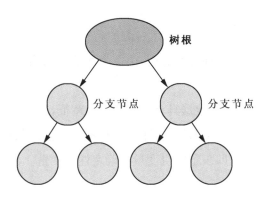

图 3—4　决策树示意图

医生是如何决定先问什么问题,后问什么问题,什么时候停止继续发问,而做出病情判断的呢? 对照到决策树的话语体系下,那就是如何构建一棵决策树。具体而言,决策树的构建是数据逐步分裂的过程,构建的步骤可以总结如下:

步骤 1　将所有的数据看成一个节点,进入步骤 2。

步骤 2　从所有的数据特征中挑选一个数据特征分割节点,进入步骤 3。

步骤3　生成若干子节点,判断每一个子节点,如果满足停止分裂的条件,进入步骤4;否则,进入步骤2。

步骤4　设置该节点为叶子节点,其输出的结果为该节点数量占比最大的类别。

通过上述步骤可以看出,决策树的生成过程的关键在于:第一,如何进行特征选择;第二,数据如何分割(离散化);第三,什么时候停止分裂。下面我们依次阐述。

决策树分裂特征的选择上,会选择可以得到最优分裂结果的属性分裂。那么怎样才算是最优的分裂结果? 最理想的情况当然是能找到一个属性刚好能够将不同类别分开。但是大多数情况下分裂很难一步到位,我们希望每一次分裂之后子节点的数据都尽量"纯",以图3—5为例:

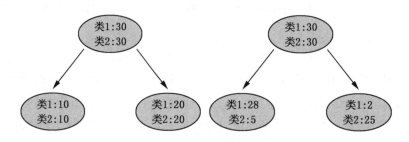

图3—5　决策树分类属性的选择

从图3—5中可以明显看出,右侧属性2分裂后的子节点比左侧属性1分裂后的子节点更纯。属性1分裂后每个节点的两类样本的数量还是相同,与根节点的分类结果相比完全没有信息含量上的提高。而右侧的特征分裂后,两类样本数量相差比较大,可以很大概率认为按照属性2分裂后,第1个子节点的输出结果为类1,第2个子节点的输出结果为类2。

特征选择在于选取对训练数据具有分类能力的特征,通常特征选择的准则是信息增益或信息增益率。欲理解信息增益和信息增益率,还要理解熵(Entropy)的概念。熵代表信息量大小的度量,即表示随机变量不确定性的度量。具体而言,事件 a_i 的信息量 $I(a_i)$ 可如下度量:

$$I(a_i)=P(a_i)\log_2\frac{1}{P(a_i)} \tag{3.4}$$

其中,$P(a_i)$ 表示事件 a_i 发生的概率。假设有 n 个互不相容的事件 $a_1,a_2,\cdots,a_n$,它们中有且仅有一个发生,则其平均的信息量(熵)可如下度量:

$$I(a_1,a_2,\cdots,a_n)=\sum_{i=1}^{n}I(a_i)=\sum_{i=1}^{n}p(a_i)\log_2\frac{1}{p(a_i)} \tag{3.5}$$

熵越大,随机变量的不确定性越大。而信息增益(Information Gain)则表示得知

特征 X 的信息而使得类 Y 的信息不确定性减少的程度。具体而言,特征 A 对训练数据集 D 的信息增益 $g(D,A)$,定义为集合 D 的经验熵 $H(D)$ 与特征 A 给定条件下 D 的经验条件熵 $H(D|A)$ 之差,即:

$$g(D,A)=H(D)-H(D|A) \tag{3.6}$$

换言之,信息增益表示由于特征 A 而使数据集 D 分类不确定性减少的程度。当使用信息增益准则选择决策树算法的特征时,对于数据集 D 而言,信息增益依赖于特征,不同的特征往往具有不同的信息增益。信息增益大的特征具有更强的分类能力。

除信息熵外,也可以使用基尼系数表征样本的纯度。基尼系数计算公式如下所示:

$$Gini=1-\sum_{i=1}^{n} p_i^2 \tag{3.7}$$

其中,p_i 表示类 i 的数量占比。以二分类例子为例,当两类数量相等时,基尼值等于 0.5;当节点数据属于同一类时,基尼值等于 0。基尼值越大,数据越不纯。

而所谓信息增益比,是指特征 A 对训练数据集 D 的信息增益比,定义为信息增益与训练数据集 D 关于特征 A 的值的熵之比:

$$g_R(D,A)=\frac{g(D,A)}{H_A(D)} \tag{3.8}$$

$$H_A(D)=-\sum_{i=1}^{n} \frac{|D_i|}{|D|}\log_2 \frac{|D_i|}{|D|} \tag{3.9}$$

其中,n 是特征 A 取值的个数。

假如我们已经选择了一个分裂的属性,那怎样对数据进行分裂呢?分裂属性的数据类型分为离散型和连续性两种,对于离散型数据,可以按照属性值分裂,每个属性值对应一个分裂节点;对于连续性数据,一般的做法是对数据按照该属性排序,再将数据分成若干区间,如[0,10]、[10,20]、[20,30]……一个区间对应一个节点,若数据的属性值落入某一区间,则该数据就属于其对应的节点。当然,实操中,一般不人工分割,而是由算法自动判断最优分割点,这是树模型的一大特点。在社会科学研究中,这个特点有很大的用武之处,例如可以将其用于异质性因果效应分析中,自动判定异质性变量的分割点,比常用的均值分割、中位值分割,能得出更有价值的异质性因果效应结论,我们将在本书的第十章中再详细阐述。

当然,决策树也不可能无限制生长,总有停止分裂的时候。最极端的情况是当节点分裂到只剩下一个数据点时自动结束分裂,但这种情况下决策树过于复杂,而且样本外预测的精度不高(过拟合)。一般情况下,为了降低决策树复杂度和提高预测精度,会适当提前终止节点的分裂。以下是决策树节点停止分裂的几个常见条件,也是决策树模型中几个需要调参的超参：

（1）最小节点数。当节点的数据量小于一个指定的数量时，不再继续分裂。这是因为一方面数据量较少时，再做分裂容易强化噪声数据的作用；另一方面提前结束分裂也能降低决策树生长的复杂性，从而有利于降低过拟合的可能。

（2）熵或者基尼值小于阈值。由上文可知，熵和基尼值的大小表示数据的复杂程度。熵或者基尼值小于一定程度时，表示数据的纯度相对较大，此时节点就可以停止分裂。

（3）决策树的深度达到指定的条件。节点的深度可以理解为节点与决策树根节点的距离，定义根节点的深度为1，根节点后面一级的子节点深度为2，以此类推不断累加。决策树的深度是所有叶子节点的最大深度，当深度到达指定的上限大小时，停止分裂。

（4）所有特征已经使用完毕，不能继续分裂。这是被动式停止分裂的条件，当已经没有可分的属性时，直接将当前节点设置为叶子节点。

（二）决策树的剪枝

对于任意子树 $T \sqsubseteq T_{max}$，定义其"复杂性"（Complexity）为子树 T 的终节点数目（Number of Terminal Nodes），记为 $[T]$。为避免过拟合，我们不希望决策树过于复杂，在决策树算法的实操中，仿照第二章中回归算法增加惩罚项的做法，这里也可以对决策树的复杂程度进行惩罚：

$$\min_{T} R(T) + \lambda [T] \tag{3.10}$$

其中，$R(T)$ 为原来的损失函数，比如 0—1 损失函数（0—1 Loss），即在训练样本中，如果预测正确，则损失为 0；而若预测错误则损失为 1。λ 为调节参数（Tuning Parameter），也称成本复杂性参数（Cost-complexity Parameter），可通过交叉验证方式确定。

在理解了决策树模型的基本原理以及超参数调优后，我们就可以更好地理解决策树中一个有名的"剪枝"（Pruning）操作。所谓剪枝，可以分为预剪枝和后剪枝。预剪枝是指在决策树生成过程中，每个结点在划分前先评价，若当前结点划分不能带来泛化能力的提升，则停止划分并将当前结点记为叶结点。后剪枝是指在决策树生成后，自底向上对叶结点考察，若该结点对应的子树替换为叶结点可以提高决策树的泛化能力，则将该子树替换为叶结点。即先让决策树尽情生长，记最大的树为 T_{max}，再"剪枝"，以得到一个"子树"（Subtree）T。

（三）回归树

决策树也可以应用在回归问题上，即所谓回归树（Regression Tree）。在回归树中，每一片叶子都输出一个预测值，预测值一般是该片叶子所含训练集元素输出的均值，即仍然是分类问题投票表决，回归问题求平均。对于回归问题，其响应变量 y 为连续变量,故可使用"最小化残差平方和"作为节点的分裂准则。在进行节点分裂时,希望分裂后,残差平方和下降最多,即两个子节点的残差平方和的总和最小。为避免过拟合,对于回归树,也可以使用惩罚项进行剪枝:

$$\min_T \sum_{m=1}^{[T]} \sum_{x_i \in R_m} (y_i - \hat{y}_{R_m})^2 + \lambda[T] \tag{3.11}$$

(四)决策树算法的几个类型

决策树可分为 ID3 决策树、C4.5 决策树和 CART 树。ID3 决策树是建立在奥卡姆剃刀(用较少的东西,同样可以做好事情)的基础上的;越是小型的决策树,越优于大的决策树。ID3 算法的核心思想就是以信息增益来度量特征选择,选择信息增益最大的特征分裂。算法采用自顶向下的贪婪搜索可能的决策树空间,其使用的分类标准是信息增益,它表示在得知特征 A 的信息后而使得样本集合不确定性减少的程度。但是 ID3 决策树也存在许多缺点,例如没有剪枝策略,容易过拟合,且信息增益准则对可取值数目较多的特征有所偏好,只能用于处理离散分布的特征,没有考虑缺失值等。

而 C4.5 决策树在 ID3 决策树的基础上,对信息增益算法进行了调整。C4.5 决策树使用信息增益率划分特征。C4.5 决策树相比 ID3 决策树的改进有如下几点:第一,引入剪枝策略,使用悲观剪枝策略进行后剪枝;第二,使用信息增益率代替信息增益,作为特征划分标准;第三,将连续特征离散化,假设 n 个样本的连续特征 A 有 m 个取值,C4.5 将其排序并取相邻两样本值的平均数共 $m-1$ 个划分点,分别计算以该划分点作为二元分类点时的信息增益,并选择信息增益最大的点作为该连续特征的二元离散分类点;第四,缺失值处理,对于具有缺失值的特征,用没有缺失的样本子集所占比重来折算信息增益率,选择划分特征,对于缺失该特征值的样本,将样本以不同的概率划分到不同子节点。

在介绍完 ID3 决策树和 C4.5 决策树之后,再来介绍一下目前最主流的决策树算法 CART 树(Classification and Regression Tree),CART 树包含的基本过程有分裂、剪枝和树选择。分裂过程是一个二叉递归划分过程,其输入和预测特征既可以是连续型也可以是离散型。CART 没有停止准则,会一直生长下去;剪枝过程采用代价复杂度剪枝,从最大树开始,每次选择训练数据熵对整体性能贡献最小的那个分裂节点作为下一个剪枝对象,直到只剩下根节点。CART 会产生一系列嵌套的剪枝树,需要从中选出一颗最优的决策树;树选择过程则是用单独的测试集评估每棵剪枝树的预测性能(也可以用交叉验证)。CART 在 C4.5 的基础上进行了很多提升。表现为以下几点:第一,C4.5 为多叉树,运算速度慢,CART 为二叉树,运算速度快;第二,C4.5 只能分类,CART 既可以分类也可以回归;第三,CART 使用基尼系数作为变量的不纯度量,减少了大量的对数运算;第四,CART 采用代理测试来估计缺失值,而 C4.5 以不同概率划分到不同节点中;第五,CART 采用基于代价复杂度剪枝方法剪枝,而 C4.5 采用悲观剪枝方法剪枝。

下面对三种算法做一个简要总结。第一,划分标准的差异,ID3 使用信息增益偏向特征值多的特征,C4.5 使用信息增益率克服信息增益的缺点,偏向于特征值小的特征,CART 使用基尼指数克服 C4.5 中对数运算所产生的巨大计算量,偏向于特征值较多的特征。第二,使用场景的差异,ID3 和 C4.5 都只能用于分类问题,CART 可以用于分类和回归问题;ID3 和 C4.5 是多叉树,速度较慢,CART 是二叉树,计算速度很快。第三,样本数据的差异,ID3 只能处理离散数据且缺失值敏感,C4.5 和 CART 可以处理连续性数据且有多种方式处理缺失值;从样本量考虑,小样本建议 C4.5、大样本建议 CART;C4.5 处理过程中需对数据集进行多次扫描排序,处理成本耗时较高,而 CART 本身是一种大样本的统计方法,小样本处理下泛化误差较大。第四,样本特征的差异,ID3 和 C4.5 层级之间只使用一次特征,CART 可多次重复使用特征。第五,剪枝策略的差异,ID3 没有剪枝策略,C4.5 是通过悲观剪枝策略来修正树的准确性,而 CART 是通过代价复杂度剪枝。

二、决策树实操代码

下面是决策树算法的实战案例。在实战案例中,仍然以鸢尾花分类为示例,介绍决策树算法。首先,加载鸢尾花数据集,然后把鸢尾花数据的 data 和 target 部分拆分开,data 部分作为特征矩阵 X,target 部分作为分类标签 Y。

```
1. from sklearn.datasets import load_iris
2. from sklearn.model_selection import train_test_split
3. from sklearn.tree import DecisionTreeClassifier
4. from sklearn.metrics import accuracy_score, classification_report
5.
6. # 加载鸢尾花数据集
7. data = load_iris()
8.
9. # 提取特征和标签
10. X = data.data
11. y = data.target
```

然后调用 Sklearn 自带的 train_test_split 方法,将全部样本分成训练集和测试集,其中训练集用于训练决策树模型,测试集用于评估模型效果。随后,和上述 KNN 和朴素贝叶斯中建立模型方法相同,建立模型分三步走,第一步声明分类器 DecisionTreeClassifier,第二步调用 fit 方法在训练集上训练模型,第三步调用 predict 方法在测试集上预测。

```
12. # 划分训练集和测试集
13. X_train, X_test, y_train, y_test = train_test_split(X, y, test_
size=0.2, random_state=666)
14.
15. # 创建决策树分类器
16. dt_classifier = DecisionTreeClassifier()
17.
18. # 在训练集上训练模型
19. dt_classifier.fit(X_train, y_train)
20.
21. # 在测试集上进行预测
22. y_pred = dt_classifier.predict(X_test)
```

最后一步则是评价模型性能,统计模型在样本外的分类准确率,以及输出简要的分类报告,评价模型性能则调用 accuracy_score 方法,而输出分类报告则调用 classification_report 方法。

```
23. # 评估模型性能
24. accuracy = accuracy_score(y_test, y_pred)
25. print("Accuracy:", accuracy)
26.
27. # 输出分类报告
28. print("Classification Report:")
29. print(classification_report(y_test, y_pred))
```

```
Accuracy: 1.0
Classification Report:
              precision    recall  f1-score   support

           0       1.00      1.00      1.00         8
           1       1.00      1.00      1.00        12
           2       1.00      1.00      1.00        10

    accuracy                           1.00        30
   macro avg       1.00      1.00      1.00        30
weighted avg       1.00      1.00      1.00        30
```

在 KNN 部分,我们介绍了怎么通过循环搜索参数来进行超参数调优,而在决策树算法调参过程部分,我们将展示如何通过网格搜索过程进行超参数调优。其中加载数据集、提取特征和标签、划分测试集、训练集、建模三步法均和第二节 K 近邻部分一致。

```
30. from sklearn.datasets import load_iris
31. from sklearn.model_selection import train_test_split, GridSearchCV
32. from sklearn.tree import DecisionTreeClassifier
33. from sklearn.metrics import accuracy_score, classification_report
34.
35. # 加载鸢尾花数据集
36. data = load_iris()
37.
38. # 提取特征和标签
39. X = data.data
40. y = data.target
41.
42. # 划分训练集和测试集
43. X_train, X_test, y_train, y_test = train_test_split(X, y, test_
size=0.2, random_state=666)
44.
45. # 创建决策树分类器
46. dt_classifier = DecisionTreeClassifier()
```

在决策树的网格搜索方法中，我们首先要定义调参的超参数组合，以字典的形式指定参数和参数范围。这里我们将对四个超参数进行调优，包括 criterion、max_depth、min_samples_split、min_samples_leaf，超参数所能够选取的范围如冒号后的列表所示。在超参数调优过程中，将会对这些超参数进行随机组合，挑选样本外预测结果最好的一组超参数。

```
    # 定义调参的超参数组合，以字典的形式指定参数和参数范围
47. param_grid = {
48.     'criterion': ['gini', 'entropy'],
49.     'max_depth': [None, 5, 10, 15],
50.     'min_samples_split': [2, 5, 10],
51.     'min_samples_leaf': [1, 2, 5]
52. }
53.
54. # 初始化网格搜索对象
55. grid_search = GridSearchCV(estimator=dt_classifier, param_grid=
param_grid, cv=5, n_jobs=-1)
56.
57. # 在训练集上进行网格搜索，寻找最佳参数组合
58. grid_search.fit(X_train, y_train)
59.
```

```
60.  # 输出最佳参数组合和最佳模型
61.  print("Best Parameters:", grid_search.best_params_)
62.  best_model = grid_search.best_estimator_
63.
64.  # 在测试集上进行预测
65.  y_pred = best_model.predict(X_test)
66.
67.  # 评估模型性能
68.  accuracy = accuracy_score(y_test, y_pred)
69.  print("Accuracy:", accuracy)
70.
71.  # 输出分类报告
72.  print("Classification Report:")
73.  print(classification_report(y_test, y_pred))
```

```
Best Parameters: {'criterion': 'gini', 'max_depth': None, 'min_samples_leaf': 1, 'min_samples_split': 2}
Accuracy: 1.0
Classification Report:
              precision    recall  f1-score   support

           0       1.00      1.00      1.00         8
           1       1.00      1.00      1.00        12
           2       1.00      1.00      1.00        10

    accuracy                           1.00        30
   macro avg       1.00      1.00      1.00        30
weighted avg       1.00      1.00      1.00        30
```

三、决策树算法社会科学应用案例

由于决策树算法提出时间较早，分类准确率较低，因此在目前主流文献中很少能见到使用决策树分类的文章，但是基于树模型的梯度提升树（GBDT）、随机森林、XG-BOOST 等集成学习算法在分类和回归任务中具有良好表现，因此本部分不再列举基于决策树的社会科学应用案例，而在集成学习章节再详细讨论相关案例。

第五节　支持向量机算法

一、支持向量机算法原理

支持向量机（Support Vector Machine，SVM），属于有监督学习算法。首先举一个例子，当有一堆空心和实心的小球混在一起。想找一条线能够把这些空心和实心的小球分开。这就像是在画一条界线，一边是空心球，另一边是实心球。但你想要的不仅仅是一条随便的线,你想要一条最好的线,这条线可以最大限度地把空心球和实心球分开,而且两边都不会有太多其他球混进去,那么支持向量机就可以帮助寻找这条最好的线(如图 3—6 所示)。

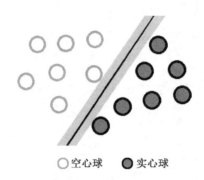

○ 空心球　　● 实心球

图 3—6　支持向量机示意图

在高维数据中,支持向量机就表现空心球为不只是实心球一条线,而是一条"超平面",我们希望找到这个超平面,使得它距离最近的空心球和实心球都尽可能远。这样的好处是,当你有一个新的小球出现时,你可以把它放在这个超平面上,然后根据它在超平面的位置,判断它是空心还是实心。

在这个过程中,支持向量机特别关注离这个超平面最近的几个小球,这些小球就叫"支持向量"。这些支持向量有点像是边界上的哨兵,告诉我们超平面应该放在什么地方才能把小球们分开得最好。但是,现实中的问题往往比简单的空心球实心球复杂很多,可能数据点是混杂在一起的,不能被一条直线完美分开。此时支持向量机可以用一些聪明的数学技巧,把这些数据点拉到更高维的空间里,然后在高维空间里找一个超平面来分开它们。

综上所述,支持向量机就是一个在数据中找出最佳分界线或者分界面的工具,它通过寻找最大间隔来让不同类别的数据点尽量分开。虽然支持向量机的数学内容有些复杂,但是它在解决现实问题中的效果却是非常出色的。无论是在图像识别、金融预测,还是医疗诊断等领域,支持向量机都有出色的表现。

下面,我们将使用严格的数学语言表述支持向量机,支持向量机的本质是解决有约束条件下的最优化问题,其主要原理是给定原始数据 $D=(X_1,Y_1),\cdots,(X_m,Y_m)$,从空间中寻找一个能够分割样本的超平面来将原样本进行分类处理,该超平面需要实现分割出的数据间隔最大化,数学表达为:

$$\min_{w,b} \frac{1}{2} \| w \|^2$$
$$\text{s.t. } y_i(w^T x_i + b) \geqslant 1, i=1,2,\cdots,m \tag{3.12}$$

在具体求解式(3.12)时,可以将全部约束条件与目标函数构成一个拉格朗日函数,通过 KKT 条件(Karush-Kuhn-Tucker)求解得到最优值的必要条件,对此的详细讨论可以参阅陈强(2021)。

随着支持向量机理论的不断发展,支持向量机从最初只能够解决线性可分问题,发展到现如今利用核函数,将低维线性不可分数据投射到高维平面以实现线性可分。其中主要包括训练集线性可分和训练集线性不可分两种情况。

(1)训练集线性可分。当原始样本能够严格被线性函数所分开时,称该原始样本是线性可分的,此时利用硬间隔最大化法,训练出线性可分的支持向量机模型,硬间隔最大化法是 SVM 最初的形式,它适用于数据线性可分的情况,即存在一个完美的超平面可以将不同类别的数据完全分开。在这种情况下,硬间隔最大化法的目标是找到一个超平面,使得距离这个超平面最近的数据点(支持向量)离它足够远,从而在两类数据之间留下尽可能大的间隔。硬间隔最大化法的基本原理如图 3-7 所示。如同最初举的那个例子一样,要将空心球和实心球分类,此时就需要找到一个分割线,最大限度地将空心球和实心球分隔开,而图 3-7 中的实线就是满足要求的分割线。

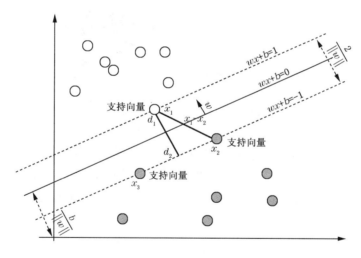

图 3-7　支持向量机原理

然而,现实中的数据往往存在噪声和异常值,且很难找到一个完美的分界线。如果坚持硬间隔,可能会导致模型过于敏感,容易产生过拟合现象。值得注意的是,有的时候训练集并不是严格线性可分,而是近似于线性可分,此时可以利用软间隔最大化法,训练出线性支持向量机模型。软间隔最大化法是为应对现实中的数据情况而产生的,软间隔最大化法引入了容错的概念。它允许一些数据点位于超平面的错误一侧,但会对它们施加一个惩罚,以平衡正确分类和错误容忍之间的权衡。这个惩罚项就是

"惩罚系数",它决定了模型对于错误分类的容忍度。软间隔最大化法的目标是找到一个能够最大化间隔,同时最小化错误容忍的超平面。这意味着它会在一定程度上接受一些错误分类,以求得一个更好的泛化能力,能够在新数据上更好地表现。

　　总而言之,硬间隔最大化法适用于数据线性可分且无噪声的情况,而软间隔最大化法则更适用于数据有一定噪声或者不完全线性可分的情况。软间隔最大化法通过引入惩罚项,更加灵活地处理数据,可以提高模型的稳健性和泛化能力,使得支持向量机在更多的实际问题中能够发挥作用。

　　(2)训练集线性不可分。在这种情况下,通过线性支持向量机模型无法解决分类问题,而需要借助于非线性模型分类。具体方法是通过非线性变换将非线性问题转换为线性问题。换句话说,就是将训练样本所属的原始空间,通过非线性变换的方法,投射到高维空间,使得训练样本在高维空间中线性可分(如图3-8所示),低维不可分的数据在高维中变得可分。

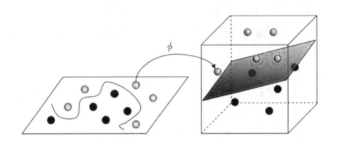

图3-8　支持向量机算法变换过程

　　举个具体例子,在图3-9中,支持向量机是如何对这种数据进行分类的呢? 通过引入新的变量信息:$x^2+y^2=z$,对x和z构建散点图,变量z恒大于零。图3-10中,球形数据分布在原点附近,它们的z值比较小,而星星数据则远离原点区域,它们具有较大的z值。

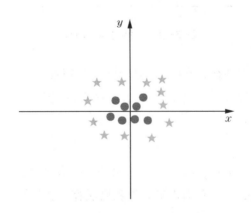

图3-9　支持向量机算法示例

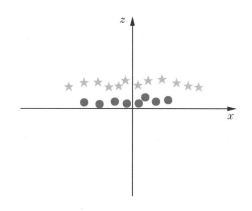

图 3—10 支持向量机算法示例

再来具体介绍一下支持向量机的核函数。核函数是一个对称函数,对所有 x、y $\in X$,满足 $K(x,y)=(\phi(x),\phi(y))$,其中 $\phi(\cdot)$ 是 x 到内积空间 F 的映射。几个常见的核函数包括:d 阶多项式核:$K(x,y)=(x^T y+1)^d$;具有宽度 σ 的径向基数核:$K(x,y)=\exp(-|(|x-y|)|^2/(2\sigma^2))$;具有参数 k 和 θ 的 Sigmoid 核:$K(x,y)=\tanh(kx^T y+\theta)$。

核技巧应用到支持向量机的基本想法是通过一个非线性变换将输入空间(欧式空间 R^n 或离散集合)对应于一个特征空间(希尔伯特空间),使得在输入空间 R^n 中的超曲面模型对应于特征空间中的超平面模型(支持向量机)。这样,分类问题的学习任务通过在特征空间中求解线性支持向量机就可以完成。核函数 K 与映射 $\phi(x)$ 之间的关系是 $K(x,y)=(\phi(x),\phi(y))$,在应用中,指定 K,从而间接地确定 $\phi(\cdot)$ 以代替选取 $\phi(\cdot)$。直观来说,$K(x,y)$ 表示我们对数据 x 和 y 之间相似性的一种描述,其来自先验知识。

最后总结一下支持向量机的优点和缺点。支持向量机的最大优点是它首先比较适用于高维数据;其次,在数据存储方面,支持向量机也比较有效率(Memory Efficient),这是因为在预测时,支持向量机仅需使用一部分数据(即支持向量);再次,支持向量机理论上避开高维空间的复杂性,直接用内积函数(即核函数)来解决决策问题;最后,支持向量机基于小样本统计理论,符合机器学习的目的,因此,比神经网络具有更广的应用范围。

当然,支持向量机也有一些缺点,例如支持向量机对参数调节和核函数的选择敏感,此外由于支持向量机使用分离超平面进行分类,故无法从概率的角度进行解释。

二、支持向量机算法实操代码

在 K 近邻算法和朴素贝叶斯算法的实操中,我们都使用了系统自带的鸢尾花数

据集,而在本案例中,我们更换为 MNIST 手写数据集。MNIST 数据集是由 0 到 9 的
数字图像构成的,Sklearn 自带的数据集总共有 1 797 条,其中数据集的 X 特征是照片
的像素,数据集的 Y 标签是该图片是数字多少。首先展示数据观测值个数、target 以
及图像的构成。

```
1. # 本程序运用 Sklearn 自带的数据集加载方式加载手写数字数据集,并利用 sklearn
库中的 SVM 算法以及 libsvm 中的 SVM 算法演示 Python 中的 SVM 算法实现, 以及各个参数调试
2. import matplotlib.pyplot as plt
3. from sklearn import datasets, svm, metrics
4.
5. # 利用 sklearn.datasets 加载数据集演示
6. digits = datasets.load_digits()
7. images_and_labels = list(zip(digits.images, digits.target))
8. print(len(digits.target))
9. print(digits.target[0:20])
10. print(digits.images.shape)
11. print(digits.images[0])
```

```
1797
[0 1 2 3 4 5 6 7 8 9 0 1 2 3 4 5 6 7 8 9]
(1797, 8, 8)
[[ 0.  0.  5. 13.  9.  1.  0.  0.]
 [ 0.  0. 13. 15. 10. 15.  5.  0.]
 [ 0.  3. 15.  2.  0. 11.  8.  0.]
 [ 0.  4. 12.  0.  0.  8.  8.  0.]
 [ 0.  5.  8.  0.  0.  9.  8.  0.]
 [ 0.  4. 11.  0.  1. 12.  7.  0.]
 [ 0.  2. 14.  5. 10. 12.  0.  0.]
 [ 0.  0.  6. 13. 10.  0.  0.  0.]]
```

以下代码通过数据可视化方式,以图片的方式展示了每个数据的特征。

```
12. %matplotlib inline
13. # 显示数据 0-9, 前 10 个数据正好是 0-9, 方便演示
14. for index, (image, label) in enumerate(images_and_labels[:10]):
15.     plt.subplot(3, 4, index + 1)
16.     # 方便显示, 关闭坐标轴
17.     plt.axis('off')
18.     # 颜色映射, 方便显示
19.     plt.imshow(image, cmap=plt.cm.Greys)
20.     plt.title('Labels: %i' % label)
```

由于原数据是 8×8 的矩阵,代表着像素点,为了训练需要,把数据转换成向量形式,其中每一个像素点代表一个特征,即把二维数据变成一维数据,可以使用 reshape 的方法,给定其中一个维度,第二个维度填写−1 则代表着第二维自动确定。转换后,每一张图片都被拉长成了一个一维向量。

```
21. # 原数据是 8×8 的矩阵,代表着像素点,为了训练需要,需要把数据转换成向量形式
22. # 每一个像素点代表一个特征
23. n_samples = len(digits.images)
24. # 把数据全部变成一维,直接运用 reshape 的方法,-1 代表着第二维自动确定
25. data = digits.images.reshape((n_samples, -1))
26. print(data.shape)
27. print(data[0])

(1797, 64)
[ 0.  0.  5. 13.  9.  1.  0.  0.  0.  0. 13. 15. 10. 15.  5.  0.  0.  3.
 15.  2.  0. 11.  8.  0.  0.  4. 12.  0.  0.  8.  8.  0.  0.  5.  8.  0.
  0.  9.  8.  0.  0.  4. 11.  0.  1. 12.  7.  0.  0.  2. 14.  5. 10. 12.
  0.  0.  0.  0.  6. 13. 10.  0.  0.  0.]
```

以下便是熟悉的分割样本和建模环节,调用 Sklearn 的 train_test_split 方法,将样本分割为训练集和测试集。而建模过程第一步声明模型 svm.SVC,第二步调用 fit 方法拟合数据,第三步预测。在此案例中,我们直接调用 classification_report 方法报告模型的评价结果,以及用 Sklearn-svm 自带评分来评价支持向量机的分类结果。

```
28. # 训练集测试集分割
29. from sklearn.model_selection import train_test_split
30. X_train,X_test,y_train,y_test = train_test_split(data,digits.target,
test_size=0.25,stratify=digits.target)
31.
32. # Sklearn 模型训练
33. svm_classifier = svm.SVC(gamma=0.001)
34. svm_classifier.fit(X_train, y_train)
35.
36. # 评价模型:运用 classification_report 报告
37. from sklearn.metrics import classification_report
38. print(classification_report(svm_classifier.predict(X_test),y_test))
39. # 运用 sklearn-svm 自带评分
40. print('训练集得分:',svm_classifier.score(X_train,y_train))
41. print('测试集得分:',svm_classifier.score(X_test,y_test))
```

	precision	recall	f1-score	support
0	1.00	1.00	1.00	45
1	1.00	0.94	0.97	49
2	1.00	1.00	1.00	44
3	0.98	1.00	0.99	45
4	1.00	1.00	1.00	45
5	0.98	0.98	0.98	46
6	0.98	0.98	0.98	45
7	1.00	1.00	1.00	45
8	0.93	0.95	0.94	42
9	0.98	1.00	0.99	44
accuracy			0.98	450
macro avg	0.98	0.98	0.98	450
weighted avg	0.98	0.98	0.98	450

训练集得分：0.998515219005
测试集得分：0.991111111111

最后，我们再详细介绍一下支持向量机的各个参数，具体包括以下几种：

(1)C(float 参数，默认值为 1.0)，表示错误项的惩罚系数 C 越大，即对分错样本的惩罚程度越大，因此在训练样本中准确率越高，但是泛化能力降低；相反，减小 C，允许训练样本中有一些误分类错误样本，泛化能力强。对于训练样本带有噪声的情况，一般采用后者，把训练样本集中错误分类的样本作为噪声。

(2)Kernel(str 参数，默认为"rbf")，该参数用于选择模型所使用的核函数，算法中常用的核函数有 linear 线性核函数、poly 多项式核函数、rbf 径像核函数/高斯核、sigmod 核函数、precomputed 核矩阵。

(3)Degree(int 型参数，默认为 3)，该参数只对"kernel＝poly"(多项式核函数)有用，是指多项式核函数的阶数 n，如果给的核函数参数是其他核函数，则会自动忽略该参数。

(4)Gamma(float 参数，默认为 auto)，该参数为核函数系数，只对"rbf""poly""sigmod"等有效。如果 gamma 设置为 auto，代表其值为样本特征数的倒数，即 1/n_features，也有其他值可设定。

(5)coef0(float 参数，默认为 0.0)，该参数表示核函数中的独立项，只对"poly"和"sigmod"核函数有用，是指其中的参数 c。

(6)probability(bool 参数，默认为 False)，该参数表示是否启用概率估计。这必须在调用 fit( )之前启用，并且会使 fit( )方法速度变慢。

(7)shrinkintol(bool 参数，默认为 True)，该参数表示是否选用启发式收缩方式。

(8)tol(float 参数，默认为 $1e^{-3}$)，该参数表示 svm 停止训练的误差精度，也即阈值。

（9）cache_size（float 参数，默认为 200），该参数表示指定训练所需要的内存，以 MB 为单位，默认为 200MB。

（10）class_weight（字典类型或者"balance"字符串，默认为 None），该参数表示给每个类别分别设置不同的惩罚参数 C，如果没有给定，则所有类别都给 $C=1$。如果给定参数"balance"，则使用 y 的值自动调整与输入数据中的类频率成反比的权重。

（11）verbose（bool 参数，默认为 False），该参数表示是否启用详细输出。此设置利用 libsvm 中的每个进程运行时设置，如果启用，可能无法在多线程上下文中正常工作。一般情况都设为 False。

（12）max_iter（int 参数，默认为－1），该参数表示最大迭代次数，如果设置为－1 则表示不受限制。

三、支持向量机算法社会科学应用案例

Manela and Moreira（2017）以《华尔街日报》头版报道为数据源，利用支持向量机回归方法（Support Vector Machine Regression），建立了期权隐含波动率和《华尔街日报》新闻报道的关系，训练好模型后，并给定《华尔街日报》的新闻报道，便可以预测出期权隐含波动率。在这篇文章中，作者使用支持向量机回归的好处是，相对于普通最小二乘法而言，支持向量机回归在样本外具有很好的预测结果，均方根误差为 7.48%。因此，利用该机器学习算法可以很好地从《华尔街日报》新闻文本数据中提取隐含波动率。使用支持向量机回归模型还有一个目的，那就是由于《华尔街日报》的存续时间更长，因此可以使用支持向量机回归模型预测出尚不存在期权隐含波动率指标的历史金融市场风险状况。

Chen et al.（2019）利用美国专利商标局在 2003 年 1 月 1 日至 2017 年 9 月 7 日期间公布的 4 680 587 项专利申请的信息，运用机器学习根据基础技术对创新进行识别和分类。具体做法是利用两个公开的词汇表（Campbell R. Harvey's Hypertextual Finance Glossary and online Oxford Dictionary of Finance and Banking）和 487 个独特的金融相关术语构建了一个新字典，通过人工打标签的方式建立训练集，通过提取名单中每家公司所有相关的 Class G&H 专利申请，从中随机抽取 1 000 份，手动将这 1 000 份分为 9 类，其中包括 7 种 FinTech 专利、非 FinTech 金融专利以及与金融服务无关的专利，然后用人工打好标签的数据建立支持向量机模型，随后利用支持向量机对 67 948 个申请进行分类。其研究发现，非金融的创新公司的金融科技专利申请对于行业有着较大的负面作用。

总之，无论是 K 近邻、朴素贝叶斯还是支持向量机算法，都具有共同特点，即均是有监督学习模型。这类算法需要研究者对一部分样本进行人工打标签，打完标签后再

将这些打好标签的样本放入机器学习模型,训练机器学习模型。完成后模型便有了泛化能力,可以帮助预测其余没有标签的样本,从而极大地节约研究者的时间,可以在短时间内对几百万、几千万样本进行标签预测。但是 K 近邻、朴素贝叶斯、支持向量机算法有较大的缺陷,那就是这类算法属于传统机器学习分类算法,算法准确度不高。在文献中,往往只有 70%~80% 的准确率,而在后续章节中介绍的神经网络、集成学习算法将会在准确率方面有较大的提升。

第六节   分类算法评估

一、准确率与错误率

对于有监督学习问题,一般用预测效果来评估其模型的性能。具体到分类问题上,常用指标为准确率(Accuracy),也称为"正确预测的百分比"(Percent Correctly Predicted),等于预测正确的样本数量与全部样本数量的比例。只要将样本数据的预测值与实际值 y 比较,即可计算正确预测的百分比:$\dfrac{\sum\limits_{i=1}^{n} I(\hat{y}_i = y_i)}{n}$。

当然,有时候我们也可能更专注于错误预测的百分比,即错误率(Error Rate)或错分率(Misclassification Rate):$\dfrac{\sum\limits_{i=1}^{n} I(\hat{y}_i \neq y_i)}{n}$,即预测错误的样本数量与全部样本的比例。如果所考虑样本为训练集,则为"训练误差"(Training Error)。如果所考虑样本为测试集,则为"测试误差"(Test Error)。

根据定义可知,准确率与错误率之和为 1。在一般情形下,确实可以直接使用准确率或错误率评判分类算法的性能,例如上文几个实操代码中都是这样来评估模型性能的。但值得注意的是,在某些特殊情形下,准确率或错误率就不再是一个好的模型性能判定标准。例如,准确率或错分率并不适用于"类别不平衡"(Class Imbalance)的数据。假设某种罕见病的发病率仅为 1%,此时样本中的两个类别高度不平衡。即使不用任何机器学习算法,只要一直预测不发病,也能达到 99% 的准确率(1% 的错分率)。因此,在遇到这种不平衡的数据时,传统的准确率和错误率并不是评估算法分类效果的优良指标。

二、假阳性与假阴性

在上文提到的罕见病案例中,我们其实更希望算法能够准确地预测那些发病的个体,即所谓"正例"(Positive Cases,Positives)。为此,根据模型预测的正例(也称"阳性")与反例(也称"阴性"),以及实际观测的正例与反例,可将样本数据分为以下四类,并用一个矩阵来表示,即混淆矩阵(Confusion Matrix),如表 3—1 所示。混淆矩阵的左上角为真阳性或"真正例"(True Positive,TP),即预测正例,而实际也是正例的情形;右上角为假阳性或"假正例"(False Positive,FP),类似于假警报(False Alarm),即预测正例,但实际为反例的情形;混淆矩阵的左下角为假阴性或"假反例"(False Negative,FN),即预测反例,而实际为正例的情形;右下角为真阴性或"真反例"(True Negative,TN),即预测反例,而实际也是反例的情形。

表 3—1 混淆矩阵示例

		实际观测值	
		正例(Positives)	反例(Negatives)
预测值	正例(Positives)	真阳性 (True Positive,TP) $(\hat{y}=1, y=1)$	假阳性 (False Positive,FP) $(\hat{y}=1, y=0)$
	反例(Negatives)	假阴性 (False Negative,FN) $(\hat{y}=0, y=1)$	真阴性 (True Negative,TN) $(\hat{y}=0, y=1)$

根据表 3—1 展示的混淆矩阵的信息,就可以设计更为精细的分类模型评估指标。比如,从纵向角度考察混淆矩阵的第一列,在实际为正例的子样本中,可以定义其预测正确的比例为灵敏度(Sensitivity)或真阳率(True Positive Rate):灵敏度=真阳率=$TP/(TP+FN)$。灵敏度也称为"查准率"(Precision),它反映了在实际为正例的子样本中,正确预测的比例。显然,灵敏度指标可以适用于上文提到的罕见病案例。在这个案例中,我们非常关心的就是真实患病的样本中,有多大比例能被检测出来,这即是灵敏度的含义。在 2020—2022 年的新冠疫情中,我们经常使用核酸筛查来查找阳性病例,但由于病毒存在潜伏期,核酸操作不规范等各种原因,核酸筛查的灵敏度其实并不高,从而需要反复筛查,才能将病人全部找出来。

类似地,考虑混淆矩阵的第二列,在实际为反例的子样本中,定义其预测正确的比例为特异度(Specificity),也称为真阴率(True Negative Rate):特异度=真阴率=$TN/(FP+TN)$。进一步,"1-特异度"则为在实际为反例的子样本中,错误预测的比例,也称为假阳率(False Positive Rate):假阳率=1-特异度=$FP/(FP+TN)$。新冠病例核酸筛查中,也偶有假阳性的报道,因此为了避免这种假阳性,把无病的人当成病人隔离治疗,有关部门一般会对检测为阳性的病例多次复核,才会最终确诊。

三、ROC 与 AUC

迄今为止,我们默认用于分类的"门槛值"(Threshold)为 0.5。而事实上,从决策理论的角度,这未必是最佳选择。从混淆矩阵可知,在做预测时,可能犯两类不同的错误,即"假阳性"与"假阴性"。而在具体的业务中,这两类错误的成本可能差别很大。例如在诊断疾病时(病人=正例),"假阳性"将健康者误判为病人,成本可能只是多做些医疗检查;而"假阴性"将病人视为健康者,则会耽误病情,后果更为严重。而银行在审批贷款申请时(违约=正例),"假阳性"将正常客户视为劣质客户而拒绝贷款,成本只是少赚些利润;而"假阴性"将劣质客户视为正常客户而放贷,会面临因断供而损失本金的巨大成本。因此做预测的两类错误,其成本可能并不对称。

此时,应根据具体的业务需要,考虑使用合适的门槛值分类。比如,为了降低错误放贷的损失,银行可以将分类为劣质客户的门槛值降低到 0.2。这意味着如果客户有 20% 或以上的概率会违约,就判断为违约,并拒绝贷款。如果使用更低的门槛值,将预测更多的正例,而预测更少的反例。此时,在实际为正例的子样本中,预测准确率将上升,即灵敏度上升。而在实际为反例的子样本中,预测准确率将下降,即特异度下降,故"1-特异度"上升。

灵敏度与"1-特异度"均为门槛值的函数,可记为"Sensitivity(c)"与"1-Specificity(c)"。如果将"1-Specificity(c)"放于坐标横轴,而把"Sensitivity(c)"放于纵轴,然后让门槛值的取值从 0 连续地变为 1,则可得到一条曲线,即接收器工作特征曲线(Receiver Operating Characteristic Curve,ROC 曲线),当门槛值取值为 $0 < c < 1$ 时,则可得到整条 ROC 曲线。由于纵轴为实际正例中的准确率(灵敏度),而横轴为实际反例中的错误率(1-特异度),故我们希望模型的 ROC 曲线越靠近左上角越好。因此,为衡量 ROC 曲线的优良程度,可使用 ROC 曲线下面积,即 Area Under the Curve(AUC)来度量。如果 AUC 为 1,则意味着模型对于所有正例与反例的预测都是正确的,这一般是无法达到的理想状态。如果 ROC 曲线与 45 度线[从原点到(1,1)的对角线]重合,则意味着该模型的预测结果无异于随机猜测。比如,样本中正例与负例各占一半,而通过从[0,1]区间的均匀分布随机抽样来预测概率。此时,AUC 为 0.5。AUC 小于 0.5 的情形十分罕见,这意味着模型的预测结果还不如随机猜测。对于二分类问题,在比较不同模型的预测效果时,常使用 AUC。由于 AUC 为衡量预测效果的综合性指标,可使用此单一指标比较不同的算法。图 3—11 是 ROC 曲线的一个示例。

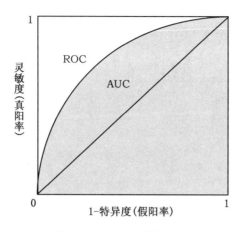

图3—11　ROC 曲线示例

思考题

1. 在 K 近邻算法中,如何选择最佳的 K 值? K 值的选择对算法的性能有何影响? K 近邻算法适用于哪些类型的数据? 拓展思考一下,它在处理大型数据集时可能面临的挑战是什么?

2. 朴素贝叶斯算法基于怎样的假设? 并思考一下,这些假设在实际情况中并不合理,但朴素贝叶斯算法仍然有非常成功的应用,为什么?

3. 决策树算法如何处理连续型和离散型特征? 它们的处理方式有何不同? 介绍一些防止过拟合的方法,特别是针对决策树算法。

4. 什么是支持向量? 在支持向量机算法中,它们的作用是什么? 如何处理支持向量机算法中的非线性可分问题? 可以举例说明吗?

参考文献

[1]凯西·奥尼尔(2018),《算法霸权:数学杀伤性武器的威胁》,马青玲译,中信出版集团。

[2]陈强(2021),《机器学习及 Python 应用》,北京:高等教育出版社。

[3]杨晓兰、沈翰彬、祝宇(2016),"本地偏好、投资者情绪与股票收益率:来自网络论坛的经验证据",《金融研究》,第 12 期,第 143—158 页。

[4]吴武清、赵越、闫嘉文,等(2020),"分析师文本语调会影响股价同步性吗? ——基于利益相关者行为的中介效应检验",《管理科学学报》,第 23 卷第 9 期,第 108—126 页。

[5]Antweiler,W. and Frank,M. Z.(2004),"Is All That Talk Just Noise? The Information Content of Internet Stock Message Boards",*Journal of Finance*,Vol. 59(3),pp. 1259—1294.

[6]Hastie,T. Tibshirani,R. and Friedman,F.(2017),*The Elements of Statistical Learning: Data Mining,Inference,and Prediction*,Second Edition,Springer.

[7]Manela,A. and Moreira,A.(2017),"News implied volatility and disaster concerns",*Journal*

of Financial Economics, Vol. 123(1), pp. 137—162.

[8]Chen, M. A, Wu Q. and Yang, B. (2019), "How Valuable Is FinTech Innovation?," *Review of Financial Studies*, 32(5), pp. 2062—2106.

[9]Si, K. Li, Y. Ma, C. Guo, F. (2023), "Affiliation Bias in Peer Review and the Gender Gap", *Research Policy*, Vol. 52, 104797.

第四章　自然语言处理入门

 本章导读

　　虽然大数据的存储形式有很多,但文本大数据仍然是社会科学中使用最广泛的大数据类型。在本书中,很多代码实操案例和社会科学论文案例,都是基于文本大数据进行演示和介绍。而在处理文本大数据的过程中,还需要对自然语言处理技术有更系统的认识。因此,本章我们将主要介绍一些初级自然语言处理技术,主要包括分词方法、关键词提取、文本相似度等。这些方法本身在社会科学中有很广泛的用处,更重要的是这些方法也是其他文本数据处理方法的基础。掌握这些方法,可以更好地理解本书中的其他相关实操案例和论文案例。而在后续章节中,我们还会介绍一些文本数据处理的其他方法。

第一节　自然语言处理的基本任务

　　自然语言处理(Natural Language Processing,NLP),又被称为计算语言学,是一门运用计算机技术研究人类语言的学科。尽管自然语言处理的历史只有短短六七十年,然而它发展迅猛,并取得了惊人成就。借助自然语言处理,我们能够使计算机理解、解析、生成和处理自然语言,使计算机能够与人类自然而流畅地交互。自然语言处理的应用广泛,包括机器翻译、情感分析、语音识别、信息检索等领域,对社会和科学的发展产生了深远影响。

一、文本大数据的特征

　　我们主要利用自然语言处理技术来处理文本大数据。文本大数据具有以下几个鲜明的特点:

　　(1)文本大数据来源多样化。文本大数据的数据来源非常多样化,随着数字经济的深度渗透,各种生产生活活动都能产生大量文本型数据。一些常见的文本大数据的来源包括社交媒体、新闻和媒体、网页和网站、客户反馈和评论、电子邮件和即时消息、研究论文和学术文献、科技设备和物联网、在线论坛和社区等。

(2)文本大数据体量呈几何级增长。文本的数据量不断增加,文本数据的产生和积累持续增加。例如,随着数字媒体的快速发展,新闻和媒体内容的产生速度不断加快,推动了文本数据量的增长。此外,社交媒体对我们经济社会的渗透也非常广泛,成为我们获取信息、维系关系、表达情绪的重要渠道,每时每刻都产生大量的文本大数据。本书作者团队曾处理过的东方财富网股吧论坛,每天超过 8 万个帖子发布,截至2021 年 1 月就产生了近 10 亿的主帖与跟帖(郭峰等,2023)。

(3)文本大数据时频高。传统数据需要经过系统性的组织和安排来收集,常用的经济和金融领域数据多为年度、季度、月度、周度数据,频率更高的数据可得性不足,难以满足对经济和金融领域高频数据分析的应用需要。而文本大数据的频率可以高达秒级,这为高频研究提供了数据基础。

二、文本大数据在社会科学中的应用

得益于互联网的快速发展和计算机技术的进步,文本大数据在经济学和金融学等社会科学研究领域的应用日益广泛,它可以为研究人员提供丰富的研究数据和场景。

(1)情感与语调分析。通过对社交媒体、新闻和网站上的文本进行情感分析,我们可以了解公众对特定品牌、产品或政策的态度和情感。同时,在金融市场中,情感分析可以帮助投资者了解市场情绪和投资者情绪,从而更好地把握市场波动和风险。Antweiler and Frank(2004)对雅虎金融和 Raging Bull 平台上关于道琼斯工业平均指数和道琼斯互联网指数中的 45 家公司发布的 150 多万条留言进行了研究。作者使用计算语言学方法衡量乐观情绪。研究发现,股票留言可以帮助预测市场波动性和股票回报。本书的作者团队也利用机器学习方法构建了投资者情绪指标,研究发现当上市公司被监管处罚后,短期内受处罚公司的累计超额收益率显著为负,同时与该公司存在社交媒体联结关系的公司的累计超额收益率也显著为负。排除竞争性解释和使用工具变量方法都证明社交媒体联结强度与股价溢出效应之间存在因果关系,同时,进一步分析表明个人投资者负面情绪的传染效应是其中的重要影响机制(郭峰等,2023)。

(2)市场预测。文本信息可以帮助预测经济和金融市场的走势。例如,通过挖掘新闻报道中的关键词和情感,我们可以预测市场的涨跌趋势以及特定事件对市场的影响。文本信息可用于预测资本市场的反应,主要包括股票收益率、股票波动率与交易量等,其中关于预测收益率方面的研究较为丰富。Loughran and McDonald(2011)构建了关于消极词汇、不确定性、强势语调、弱势语调的金融词典,发现用其度量的语调与年报披露后的超额收益显著相关。其他研究也发现股吧评论(如 Seeking Alpha、StockTwits)、新闻报道(如《华尔街日报》)、分析师报告等文本信息对股票未来收益率具有较好的预测功能(Chen *et al*.,2014)。在预测股票波动率方面,Antweiler and Frank(2004)最先关注到股票留言板的讨论具有信息含量并能够有效预测股票波动率;他们以雅虎财经上的 150 万条信息为样本,发现信息数量、景气指数与下一个交易日的股票波动率显著正相关。

(3)衡量经济政策不确定性。通过文本分析法,以新闻媒体报道为信息来源构建经济不确定性指数,其中影响力最大的是 Baker *et al*.(2016)编制的经济政策不确定性指数。Baker *et al*.(2016)基于文本分析法,首次构建了相对全面且科学的经济政策不确定性指数。经济政策不确定性指数由三部分组成,最后通过简单加权平均获得综合指数。一是使用文本法对美国十大代表性新闻报刊中关键词出现的频率进行量化,关键词包括"不确定性""经济""赤字""白宫""美联储""立法""管制"等;二是统计美国国会预算办公室公布的在未来一段时间内即将过期的税法条例;三是基于美联储提供的专业预测者调查报告中对于未来财政和货币政策的意见分歧,计算预测者意见分歧指数。最后,对每部分进行标准化处理,按照 1/2、1/3 以及 1/6 的权重分配,计算加权平均数。为证明经济政策不确定性指数的科学性和合理性,作者通过更换关键词构造证券市场不确定性指数、人工筛选文章并再次匹配关键词、更换新闻来源等方式对该指数的一致性和合理性进行验证。

(4)行业动态分类。Hoberg and Phillips(2016)首次系统规范地提出基于年报文本的行业分类方法,并将其对美国上市公司的计算结果在主页公开。其核心思想包括:一是根据监管部门要求,公司年报中须披露其主要的产品线。他们用分词技术将关于产品的名词提取出来,并根据所有年报中的产品词汇构建产品空间矩阵,最终将每家企业归位到产品空间中的相应位置。从而每家上市公司在产品空间内都有唯一的坐标,进而可以得到每个上市公司的"邻居"——与其产品重叠度高的公司。这与地图中的城市坐标类似:产品相似度越高的公司之间距离越近,产品相似度越低的公司之间距离越远。二是源于社会网络分析法,通过为每个上市公司构建产品词汇向量,可以计算出所有公司两两之间的相似度,构成维数为上市公司总数的相似度方阵,矩阵的构建为后续的数学分析提供了可直接利用的数据形式。

(5)衡量企业融资约束程度。文本分析方法构建融资约束指标的做法起源于 KZ 指数和 SA 指数。随着技术进步,尤其是文本分析技术的发展,学者们开始尝试在大样本中使用文本分析方法构建融资约束指标。同时,由于现有以财务数据为依据的指标存在种种缺陷,因此,以文本分析方法构建企业融资约束指标成为近期融资约束领域的研究热点。Bodnaruk *et al*.(2015)通过单词抓取的方法构建了融资约束词条,并以此构建了公司的融资约束指标。同时,通过使用外生事件检验,作者发现,以文本分析方法构建的融资约束指标能够更好地解释外生事件对公司的影响。Hoberg and Maksimovic(2015)对 1997—2009 年间美国上市公司 10-K 报告中"MD&A"的"流动性说明和投资"部分进行了文本分析,并构建了 4 个针对不同方面的融资约束指标,即由于正常的流动性冲击导致潜在的投资不足以及来源于股权、债权、私募股权融资方面的流动冲击。在构造指标的方法上,Hoberg and Maksimovic(2015)认为,融资约束体现为投资计划或项目的推迟、搁置乃至放弃,于是构造了两组"推迟投资"词语列表,其中一组是有推迟、延期、搁置含义的动词词表,另一组是与投资、项目、计划等意思相近的名词词表。若在待识别文本中,动词词表和名词词表中的词语、词组同时出现,且相隔不超过 12 个词,则将其判定为有推迟投资表示的融资约束文本。通过定义融资约束文本,以及运用余弦相似法,作者构造了基于文本分析的融资约束指标。Buehl-maier and Whited(2016)也采用文本分析的方法构建了融资约束指标,并区分了公司的股权融资约束和债务融资约束。结合中国语言特征,姜付秀等(2017)采用文本分析方法构建了融资约束指标,并且实证检验了多个大股东对企业融资约束的影响以及相应的作用机理,研究发现多个大股东的公司有着较低的融资约束水平。这也为完善中国情景下的融资约束指标构建、更好度量中国企业融资约束提供了有益参考。

除了上述在社会科学中的应用外,自然语言处理在商业上也有非常广泛的成功应用,例如机器翻译、智能问答、文本分类、知识图谱等。这些应用的背后都是基于本章以及本书其他章节介绍的机器学习方法,而且相关的方法还在迅速发展中(沈艳等,2019)。

三、自然语言处理的步骤

文本大数据应用于社会科学研究的核心挑战在于如何准确、有效率地从文本中提取出需要的信息,并考察其对相应问题的解释或预测能力。令 Ψ 代表采用的原始文本库,Y 代表要解释或者预测的经济或金融现象,要考察 Ψ 对 Y 的解释能力,需要经过如图 4—1 所示的 4 个步骤(沈艳等,2019),下面依次阐述。

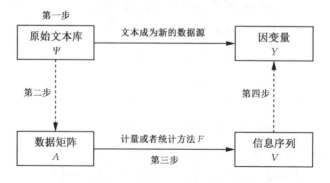

图 4—1　自然语言处理的步骤

第一步,获取文本数据。获取文本数据的途径有很多种,以下是一些常见的方法: (1)网络爬虫。使用网络爬虫技术从网页上获取文本数据。可以通过 Python 的第三方库(如 Beautiful Soup 和 Scrapy)来编写爬虫程序,从各种网站上抓取文本内容。 (2)数据接口(API)。很多网站和服务器提供 API 接口,允许通过 HTTP 请求获取数据。这些 API 可能提供结构化的数据,也可能包含文本字段。(3)数据库查询。如果有权限访问数据库,可以通过查询数据库获取文本数据。(4)文件导入。从本地文件或其他来源导入文本数据。例如,可以从 CSV 文件、JSON 文件、XML 文件等导入文本数据。(5)公开数据集。许多组织和研究机构提供免费的文本数据集,可以在其网站上下载或请求获取。(6)采购商业数据。一些公司提供各种主题和领域的商业文本数据,可以购买这些数据用于研究或商业目的。无论选择哪种途径,都需要遵守相关法律法规和数据使用条款,确保有权获取和使用这些文本数据。此外,保护数据隐私也非常重要,尤其是涉及个人信息的数据。

第二步,将文本库 Ψ 内所有文本转化为数据矩阵 A,即词转换为向量。原始文本库到数据矩阵的结构化转换,即将词转换为向量的方法。目前主要方法有独热表示法、词嵌入技术。

(1)独热表示法(One-Hot Encoding)。独热表示法是一种常用的数据表示方法,通常在机器学习和自然语言处理等领域中使用。它将离散的数据表示成只有一个元素为1,其余元素都为0的向量,即由一个单独的1和其他位置的0组成。这种表示方法主要用于处理分类数据,将其转换成机器学习算法更容易处理的形式。在独热表示法中,每个不同的分类都被表示成一个唯一的向量,向量的长度等于分类的总数。在这个向量中,对应分类的位置被设置为1,而其他位置都被设置为0。举例来说,假设有三种水果:苹果、橘子和香蕉。我们可以用独热表示法将它们转换成向量:苹果为 $[1,0,0]$,橘子为 $[0,1,0]$,香蕉为 $[0,0,1]$。可以看到,每种水果都被表示成只有一个位置为1的向量。

独热表示法明确简单,每个分类都有唯一的表示,不会引入冗余信息,而且适用性广泛,适用于处理分类数据,可以用于多种机器学习算法。当然,独热表示法也有一些局限性,主要体现在向量维度会随着分类数量的增加而增加,可能导致高维稀疏问题。而且,独热表示法没有考虑文本的上下文,使得其对文本数据的刻画存在很大局限。

(2)词嵌入(Word Embedding)。词嵌入是自然语言处理中常用的表示文本数据的技术。它将单词或文本中的词语映射到一个连续的向量空间中,使得词语的语义信息能够在向量空间中得到有效表示。这样的表示方式具有许多优势,包括:(1)语义相似性。在向量空间中,语义相似的词语在空间中的距离也会较近,因此可以更好地捕捉词语之间的语义关系。(2)维度低。相比于独热表示法等高维稀疏向量,词嵌入可以将高维稀疏的词语表示为维度较低的稠密向量,节省了存储和计算资源。(3)泛化能力。词嵌入可以通过大规模语料库的训练,在未见过的词语上泛化,从而得到更加通用的词语表示。目前,有许多方法可以获得词嵌入,其中最常见的是 Word2Vec、GloVe 和 FastText 等方法。在第七章中,我们将具体介绍最具代表性的 Word2Vec 词嵌入算法。

第三步,数据矩阵的信息提取。根据事先是否存在有标签的训练数据,社会科学领域文本相关的问题可以采用有监督学习或无监督学习这两类方法来分析。其中,无监督学习的主要方法包括词典法和主题分类模型等,而支持向量机等机器学习经典方法和深度学习方法更多属于有监督学习。

(1)词典法。词典法是自然语言处理中一种常用的文本分析方法,它基于预先构建的词典或词汇表来处理文本数据。这种方法主要用于情感分析、情感词汇分析、文本分类和情感倾向性等任务。在词典法中,首先需要建立一个词典或词汇表,其中包含了与特定任务相关的词汇或短语,并标注其情感极性(例如,正面、负面、中性)。这个词典可以是人工构建的,也可以是从大规模的语料库中自动构建。常见的情感词典包括 Loughran and Mcdonald(2011)提供的金融情感英文词汇词典,以及姚加权等(2021)提供的金融情感中文词典。接下来,当需要对新的文本数据进行情感分析或情感倾向性判断时,词典法会遍历文本中的每个词语,检查其是否在词典中,并获取其情感极性标注。然后根据词典中词语的情感极性,计算文本的总体情感得分,以判断文本的情感倾向性。

(2)主题分类模型。主题分类问题的代表模型是由 Blei *et al.*(2003)提出的隐含狄利克雷分配(Latent Dirichlet Allocation,LDA)模型,这是一种文档主题生成模型,也称为三层贝叶斯概率模型,包含词、主题和文档三层结构。所谓生成模型由如下假设而来:一篇文章的每个词都是通过这样的过程生成而来,先按某种概率分布选择某个主题,再从该主题中按某种概率分布选择某个词。文档到主题服从多项式分布,主题到词服从多项式分布。LDA 是一种非监督式机器学习技术,可用来识别大规模文档集或语料库中潜在的主题信息。其采用词袋的方法,将每一篇文档看成一个词频向量,从而将文本信息转化为数字信息。每一篇文档代表了一些主题所构成的概率分布,而每一个主题又代表了很多单词所构成的概率分布。在第六章中,我们将对 LDA 主题模型进行更详细的介绍。

(3)有监督机器学习方法。有监督学习是机器学习的一种常见方法,其特点是使用带有标签的训练数据来训练模型,以便模型能够学习输入特征与输出标签之间的映射关系。在有监督学习中,我们旨在构建一个从输入到输出的函数,使得模型在看到新的未标记数据时能够做出准确预测。以下是一些常见的有监督学习方法:支持向量机、随机森林、逻辑回归、K 近邻算法。这些有监督学习方法在不同领域和任务中都有广泛应用。它们可以用于分类问题(如图像分类、文本分类等)、回归问题(如房价预测、销量预测等)、模式识别和异常检测等任务。有监督学习方法需要有标签的训练数据训练模型,因此在数据标注充足的情况下,它们通常能够得到较好的性能。

(4)深度学习。深度学习是机器学习的一个分支,它通过构建深层的神经网络来学习和表示数据的复杂特征。以下是一些常见的深度学习算法:卷积神经网络、循环神经网络、长短期记忆网络、生成对抗网络、自编码器、注意力机制、Transformer 等。这些深度学习算法在计算机视觉、自然语言处理、语音识别和强化学习等领域都取得了巨大成功,并在许多任务上超越了传统的机器学习方法。深度学习算法的强大之处在于它们能够自动学习高层次的特征表示,从而在处理大规模和复杂数据时表现出色。

第二节　分　词

分词是自然语言处理中的一个重要步骤,指将连续的自然语言文本切分成词或者词组的过程。在英文中,通常将单词之间以空格作为分隔符,因此分词相对简单。但是,在许多其他语言(如中文、日文等)中,词语之间没有明确的分隔符,因此分词变得更加复杂。中文分词是自然语言处理中的一个关键任务,其目标是将连续的汉字序列切分成一个个有意义的词语。例如,对于中文句子:"我喜欢自然语言处理",中文分词应该将其切分为:"我/喜欢/自然语言处理"。但如何实现这样的划分? 本节将介绍一些分词的基本原理与方法。

一、中文分词的原理

(一)中文分词基本原理

分词对于中文文本的理解和处理至关重要,它是许多自然语言处理任务的前置步骤,如文本分类、情感分析、机器翻译等。目前,中文分词有以下几种常见的方法:

(1)基于词典的分词。使用预先构建的词典,通过查找词典中的词切分文本。这种方法适用于一些常见的词汇,但无法处理新词或专有名词。

(2)基于统计的机器学习算法分词。基于大规模语料库的统计信息,采用概率模型和机器学习算法切分文本。常见的统计分词算法包括最大匹配法、最大概率法和隐马尔可夫模型等。

（3）基于规则的分词。使用一系列规则切分文本，这些规则可能包括词的前缀、后缀、词性等特征。

（4）混合分词。结合多种方法，例如将词典分词与统计分词相结合，一方面能够提高分词准确率，另一方面能够改善领域适应性。

进一步学习中文分词的数学原理，超出了本教材的定位，可以参阅涂铭等（2018）、张奇等（2023）等自然语言处理的相关专著。不过，目前有许多开源的中文分词工具可供使用。其中，目前最为常用的分词工具为结巴分词（jieba）。这是一款基于 Python 的中文分词工具，简单易用且效果不错。它支持三种分词模式：精确模式、全模式和搜索引擎模式，可以根据需求选择不同的分词方式，而且支持繁体分词和自定义词典。其他的分词工具还包括 HanLP、PKU Segmentation、LTP（Language Technology Platform）、THULAC、NLPIR，等等。这些中文分词工具各有特点，可以根据具体需求选择适合的工具。大多数工具提供 Python 接口或 Java 接口，方便在 NLP 项目中使用。

（二）结巴分词方法比较

结巴分词提供了三种不同的分词模式：精确模式、搜索引擎模式和全模式。这些模式在对文本进行分词时具有不同的特点和应用场景。

（1）精确模式。精确模式是结巴分词的默认模式，它将文本精确地切分成词语，尽可能地将句子分割成语义正确的词语。在精确模式下，结巴分公司会尽量保证分词的准确性，适用于大多数常见的文本处理任务。

（2）搜索引擎模式。搜索引擎模式是结巴分词中的另一种模式，它在精确模式的基础上，对长词再次进行切分，以适应搜索引擎等对分词结果要求较高的场景。搜索引擎模式适用于需要更多分词结果的应用场景。

（3）全模式。全模式将文本中所有可能的词语都切分出来，可能会产生较多的冗余分词结果。全模式适用于对分词结果要求较宽松，需要尽可能多地获取分词结果的场景。

根据实际应用场景，可以选择精确模式、搜索引擎模式或全模式进行分词。精确模式适用于大多数常见文本处理任务（例如，统计词频率），搜索引擎模式适用于要求更多分词结果的场景，而全模式适用于对分词结果要求较宽松的场景。

（三）停用词和自定义词典

结巴分词包可以提供默认的分词结果，但在不同的场景下，我们可能需要删除一些没有实际意义的词汇,或者增加一些自定义的词典。

(1)停用词。停用词(Stop Words)是自然语言处理中的常用概念,它指的是在文本分析过程中被忽略的常见词汇。这些词汇在文本中频繁出现,但通常并不携带特定含义或语义,因此在文本分析和信息检索中往往被过滤掉,以提高处理效率和减少噪声。停用词通常包括"的""是""在""和""了"等常见的虚词、介词、连词等。这些词汇在大多数情况下并不对文本的含义产生重要影响,而且会出现在几乎所有文本中,因此在很多文本处理任务中都被认为是噪声,需要去除。

去除停用词的目的主要有以下几点:①减少处理复杂性。在文本分析中,去除停用词可以减少需要处理的词汇数量,简化分析过程,降低计算复杂性。②提高效率。去除停用词可以减少不必要的计算,加快算法运行速度,提高处理效率。③保持关键信息。去除停用词可以过滤掉一些常见词汇,保留更关键、更有意义的词汇,有助于更好地理解文本含义。对于不同的文本处理任务,停用词列表可能会有所不同。在实际应用中,常常会根据具体任务和数据特点,选择合适的停用词列表进行去除。一些常见的停用词列表是预先定义好的,也可以根据特定任务自定义。

(2)自定义词典。在结巴分词中,可以通过自定义词典来增加、删除或调整分词结果,以适应特定领域或任务的需要。自定义词典允许用户添加自定义的词汇和对应的词性,使结巴分词工具在处理文本时能更准确地识别特定的词语。自定义词典的使用使得结巴分词能够更好地处理特定领域的文本,提高分词的准确性和适用性。需要注意的是,在自定义词典中添加词汇时,要确保词汇和词性的准确性,以获得更好的分词结果。而且在不同的应用场景中,需要使用不同的自定义词典,比如在资本市场的相关研究中,就可以将上市公司名称、简称、常见金融会计专业术语作为自定义词典(郭峰等,2023)。

在 Python 的实操中,自定义词典的格式一般为:每行一个词汇,每行的格式为[词汇 词频 词性]。其中,词汇是必须的,词频和词性为可选项,词频表示该词汇在文本中出现的频率,词性表示该词汇的词性标注。

二、分词的实操代码

下面我们对结巴分词工具的应用进行讲解。假设我们有一段中文文本,要使用结巴中文分词工具对其进行分词。

```
1. # Python 示例代码
2. # jieba 支持多种分词方式，具体对比如下：
3.
4. import jieba
5. seg1 = jieba.cut("我来到南京大学上课")    # 默认精确模式
6. seg2 = jieba.cut_for_search("我来到南京大学上课")   #搜索引擎模式
7. seg3 = jieba.cut("我来到南京大学上课", cut_all=True)  # 全模式
8. # print(seg1)
9. # seg1=list(seg1)
10. # print(list(seg1))
11. print(' '.join(seg1))
12. print(' '.join(seg2))
13. print(' '.join(seg3))
14. wordList = list(jieba.cut("南京市长江大桥视察南京大桥") )
15. print(wordList)
```

我 来到 南京大学 上课

我 来到 南京 大学 南京大学 上课

我 来到 南京 南京大学 大学 学上 上课

['南京市','长江大桥','视察','南京','大桥']

前文中介绍结巴的安装和基本使用方法，介绍了如何调用结巴模块，将中文文本输入分词函数，获得分词结果。同时，依据前文介绍结巴提供的不同分词模式，来选择最适合应用场景的分词方式。下面是结巴中文分词的实例。希望通过结巴中文分词实战，读者能够更加熟练地运用结巴分词工具，为自然语言处理项目奠定基础。

实战案例：政府工作报告的读取

数据读取，我们将政府工作报告的 txt 文本读入 Python 中。我们能够看到展示出的结果。

```
1. # Python 示例代码
2. # 政府工作报告的案例
3. path = 'D:/python/机器学习与社会科学应用/演示数据//04 自然语言处理入门/政府工作报告/'
4. report = open(path+"政府工作报告2018.txt","r").read()
5. report = report[200:400]
6. print(report)
7. seg1 = jieba.cut(report)
8. print('*********************这是一个分割线****************')
9. print(' '.join(seg1))
```

砥砺前行，统筹推进"五位一体"总体布局，协调推进"四个全面"战略布局，改革开放和社会主义现代化建设全面开创新局面。党的十九大确立了习近平新时代中国特色社会主义思想的历史地位，制定了决胜全面建成小康社会、夺取新时代中国特色社会主义伟大胜利的宏伟蓝图和行动纲领，具有重大现实意义和深远历史意义。各地区各部门不断增强政治意识、大局意识、核心意识、看齐意识，深入贯彻落实新发展理念，"十二五"规划胜利完成，"
**********************我这是一个分割线****************
砥砺前行，统筹推进"五位一体"总体布局，协调推进"四个全面"战略布局，改革开放和社会主义现代化建设全面开创新局面。党的十九大确立了习近平新时代中国特色社会主义思想的历史地位，制定了决胜全面建成小康社会、夺取新时代中国特色社会主义伟大胜利的宏伟蓝图和行动纲领，具有重大现实意义和深远历史意义，各地区各部门不断增强政治意识、大局意识、核心意识、看齐意识，深入贯彻落实新发展理念，"十二五"规划胜利完成，"

在结巴分词中，可以通过调用 jieba. posseg 模块来实现中文分词和词性标注的功能。结巴的词性标注中常见的词性包括名词、动词、形容词、副词、连词、介词、代词、助词等。使用 jieba. posseg. cut 函数对文本进行分词和词性标注。pseg. cut 函数返回一个可迭代对象，其中每个元素是一个 pair，包含分词和对应的词性标注。在输出结果中，每个词语后面的字母表示对应的词性。通过词性标注，我们可以进一步了解分词结果中每个词语的语法属性，有助于后续的文本分析和语义理解。需要注意的是，结巴的词性标注并不是完美的，可能会有一些错误，尤其是对于未登录词（词典中没有的新词）的标注可能不准确。因此，在具体应用中，需要根据实际情况进一步处理和验证分词和词性标注的结果。

```python
1.  # Python 示例代码
2.  # 将"省*年份"报告中关于环保的表述片段合成一个文档
3.  # 然后统计词频，并标注词性
4.  import os
5.  from collections import Counter
6.  import jieba.posseg as pseg
7.  import pandas as pd
8.  path = "D:/python/机器学习与社会科学应用/演示数据/04 自然语言处理入门/政府工作报告/环保表述/"
9.  pathn = "D:/python/机器学习与社会科学应用/演示数据/04 自然语言处理入门/政府工作报告/"
10. files = os.listdir(path)  # 得到文件夹下的所有文件名称
11. f_total = open(pathn+"huanbao_total.txt", "w+", encoding='gbk', errors='replace')  # 统计结果读入到一个 txt 文件当中
12. for file in files:
13.     if int(file[-8:-4])<2008:   # 2008 年年后和 2008 年年前的文件编码格式不一样
14.         f = open(path+file,encoding='gbk', errors='replace')
15.     else:
16.         f = open(path+file,encoding='utf-8', errors='replace')
17.     try:
18.         text = f.read()
19.         text = text.replace('\n', '')
20.         text = text.replace(' ', '')
21.         f_total.write(file[0:-4]+'\n')
```

```
22.          f_total.write(text+"\n")
23.      except:
24.          print(file)
25.      f.close()
26. f_total.close()
27. word_list = []
28. flag_list = []
29. df1 = pd.DataFrame(columns=['word', 'type'])
30. f_total = open(pathn+"huanbao_total.txt", "r", encoding='gbk',errors='replace')
31. text = f_total.read()
32. words = pseg.cut(text)  # 默认精确模式，这个用来统计词频率
33. for w in words:
34.     word = w.word
35.     flag = w.flag
36.     word_list.append(word)
37.     flag_list.append(flag)   # 标注词性
38.
39. df1['word'] = word_list
40. df1['type'] = flag_list
41. df3=df1.groupby(['word','type']).size()
42. df3.to_csv(pathn+"huanbao_cut.csv")
43. df3.tail(50)
```

```
Out[6]:  word  type
         频发    d     1
         风光    n     1
         风化    n     1
         风景    n     2
         风沙    n     1
         风电    n     3
         风能    n     1
         风貌    n     2
         风险    n     3
         餐厨    n     3
         餐饮    n     1
         饮用    n     2
         饮用水  n    13
         马河   ns    1
         验收    v     1
         骨干    n     1
         高     a     3
         高压    n     2
         高原   ns    2
         高度重视  l   1
         高效    a    11
         高架    n     1
         高标准   n    2
         高污染   b    1
         高质量   n    2
         高起点   n    1
         高速公路  n    1
         高铁    n     1
         高风险   n    1
         黄     a     7
                nr    1
         黄冈   ns    1
         黄土    n     1
         黄标车   n    2
         黄河   ns    6
         黑     a    15
         黑名单  nr    1
         黑土地  ns    2
         黑臭    n     2
         黑臭河  nr    1
         黑龙江  ns    1
         鼓励    v     4
         齐     a     1
         齐鲁   nr    1
         龙头企业 n     1
         ！     x     1
         （     x     6
         ）     x     6
         ，     x   853
         ；     x    10
         dtype: int64
```

停用词处理：

```
1. # Python 示例代码
2. import jieba
3. path2 = "D:/python/机器学习与社会科学应用/演示数据/04 自然语言处理入门/"
4. with open(path2+"000002_2016.txt", 'r', encoding= 'gbk', errors=
"ignore") as file:
5.     data = file.read()
6. cut = jieba.cut(data)
7. cut_new = (' '.join(cut))
8. print(cut_new[500:700])
```

事 因 公务 原因 未能 亲自 出席 本次 会议 ，
授权 罗君美 独立 董事 代为 出席会议 并 行使 表决权 ； 孙建 — 董事 因 公务 原因 未能 亲自 出席 本
次 会议，授权 郁亮 董事 代为 出席会议 并 行使 表决权 ； 陈鹰 董事 因 公务 原因 未能 亲自 出席 本
次 会议，授权 王文金 董事 代为 出席会议 并 行使 表决权 ； 海闻 独立

```
1. # Python 示例代码
2. # 把停用词做成字典
3. import jieba
4. path= "D:/python/机器学习与社会科学应用/演示数据/04 自然语言处理入门
/tfidf 相似度计算/"
5. stopwords = {}
6. fstop = open(path+'stopword.txt', 'r')
7. for eachWord in fstop:
8.     stopwords[eachWord.strip()] = eachWord.strip()
9. fstop.close()
10. print(list(stopwords.values())[20:40])
11. print(list(stopwords.keys())[20:40])
12.
13.
14. with open (path2+"000002_2016.txt", 'r', encoding= 'gbk' ,errors=
"ignore") as file:
15.     data=file.read()
16. cut = jieba.cut(data)
17.
18. wordList = list(cut)                              # 用 jieba 分词，对每行内
容进行分词
19. cut2= ''
20. for word in wordList:
21.     if word not in stopwords:
22.         cut2 += word
23.         cut2 += ' '
24. print(cut2[400:600])
```

['阿', '哎', '哎呀', '哎哟', '唉', '俺', '俺们', '按', '按照', '吧', '吧哒', '把', '罢了', '被', '本', '本着', '比', '比方', '比如', '鄙人']
['阿', '哎', '哎呀', '哎哟', '唉', '俺', '俺们', '按', '按照', '吧', '吧哒', '把', '罢了', '被', '本', '本着', '比', '比方', '比如', '鄙人']
董事 魏斌 董事 公务 原因 未能 亲自 出席 本次 会议　　孙建 董事 公务 原因 未能 亲自 出席
次 会议 授权 郁亮 董事 代为 出席会议 行使 表决权　陈鹰 董事 公务 原因 未能 亲自 出席
次 会议 授权 王文金 董事 代为 出席会议 行使 表决权　海闻 独立 董事 公务 原因 未能 亲自
出席 本次

添加自定义词典：

```python
1.  # Python 示例代码
2.  # 重新生成关键词词典
3.  # 自定义词典格式：词 词频 词性（可省略）
4.  path= "D:/python/机器学习与社会科学应用/演示数据/04 自然语言处理入门
/cssci/"
5.
6.  keywords = open(path+"keyword.txt", encoding='utf8').read()
7.  keywords = keywords.strip().split('\n')
8.  keywords = dict(Counter(keywords))
9.  keywords.pop('')
10. with open(path+'keywords.txt','w',encoding='utf8') as f:
11.     for key, value in keywords.items():
12.         ele = key + " " + str(value) + '\n'
13.         f.write(ele)
14.
15. path= "D:/python/机器学习与社会科学应用/演示数据/04 自然语言处理入门
/cssci/"
16. # 加载自定义词典
17. jieba.load_userdict(path+"keywords.txt") # 加载自定义词典
18. with open (path2+"000002_2016.txt", 'r', encoding= 'gbk' ,errors
="ignore") as file:
19.     data=file.read()
20. cut = jieba.cut(data)
21. cut_new=(' '.join(cut))
22. print(cut_new[500:700])
```

事 因 公务 原因 未能 亲自 出席 本次 会议 ，
授权 罗君美 独立董事 代为 出席会议 并 行使 表决权 ；　孙建 一 董事 因 公务 原因 未能 亲自 出席 本
次 会议 ，授权 郁亮 董事 代为 出席会议 并 行使 表决权 ；　陈鹰 董事 因 公务 原因 未能 亲自 出席 本
次 会议 ，授权 王文金 董事 代为 出席会议 并 行使 表决权 ；　海闻 独

分词综合练习。下面是一个中文分词的综合练习,这里的综合练习包含了数据读
取、数据清洗、准备自定义词典、加载停用词、分词、结果输出等关键操作步骤。通过综
合练习可以实现将原始文本加工为计算机可以识别、分析的文本,达到自然语言处理

的目的。

```python
1. # Python 示例代码
2. import pandas as pd
3. import numpy as np
4. path = "D:/python/机器学习与社会科学应用/演示数据/04 自然语言处理入门
/cssci/"
5. f = open(path+"cssci_clean.csv",encoding='utf-8')
6. papers = pd.read_csv(f,header=0,sep=',')
7. f.close()
8.
9. # 将标题、关键词和摘要合并
10. papers['keyword'] = papers['keyword'].fillna(";")
11. papers['content'] = papers['title']+";"+papers['keyword']+papers
['abstract']
12. papers = papers[papers['content'].str.len()>100]    #将少于 100 字
的样本删除
13. print("标题+关键词+摘要少于 100 字的样本删除后数量:"+str(len(papers))) #
查看行*列数
14. papers.to_csv(path+'cssci_clean_cut.csv',encoding='utf8')
15. print(papers.shape)
```

标题+关键词+摘要少于100字的样本删除后数量:9391
(9391, 19)

```python
1. # 根据关键词为分词准备自定义词典
2. import jieba
3. import pandas as pd
4. import numpy as np
5. path = "D:/python/机器学习与社会科学应用/演示数据/04 自然语言处理入门
/cssci/"
6. f = open(path+"cssci_clean_cut.csv",encoding='utf-8')
7. papers = pd.read_csv(f,header=0,sep=',')
8. f.close()
9.
10. # 去掉一些关键词较为特殊的样本
11. # 关键词不能为空,且长度不超过 30 字符,早期系统自动识别的关键词数量较多
12. papers = papers[papers['keyword'].str.len()>1]
13. papers = papers[papers['keyword'].str.len()<30]
14. # papers = papers[papers['kwnum']<6]
15.
16. keyword = papers['keyword'].sum()    # 聚合关键词,成为一个字符串
17. print("关键词聚合后: ",keyword[0:100])
```

```
18.
19. keyword = keyword.split(";")   # 关键词分割成一个列表
20. print("关键词分割后: ",keyword[0:10])
21. print("关键词总个数: ",len(keyword))
22.
23. keyword = list(set(keyword)) # 去重复, set 为集合的意思
24. print("去重后关键词个数: ",len(keyword))
25.
26. keyword = [kw for kw in keyword if len(kw) > 1 and len(kw)<7]
27. print("去掉过短过长的关键词后的个数: ",len(keyword))
28.
29. # 保存关键词, 一个词一行
30. fn=open(path+'keyword.txt','w',encoding='utf-8')
31. for kw in keyword:
32.     fn.write(str(kw)+"\n")
33. fn.close()
```

```
关键词聚合后: 关键词：五大发展理念;
中国式分权;
标尺竞争;关键词：海洋生态补偿;
制度建设;
治理实践;关键词：流动人口;
居留意愿;
消费水平;
公共服务;关键词：最低工资;
价格传递;
竞争效应;
自身效应
关键词分割后: ['关键词：五大发展理念', '\n中国式分权', '\n标尺竞争', '关键词：海洋生态补偿', '\n制度建设', '\n治理实践', '关键词：流动人口', '\n居留意愿', '\n消费水平', '\n公共服务']
关键词总个数: 16845
去重后关键词个数: 9821
去掉过短过长的关键词后的个数: 5608
```

```
1. import jieba
2. import jieba.posseg as pseg
3. import pandas as pd
4. import re
5. import numpy as np
6. import datetime
7. starttime = datetime.datetime.now()
8.
9. path = "D:/python/机器学习与社会科学应用/演示数据/04 自然语言处理入门/cssci/"
10. f = open(path+"cssci_clean_cut.csv",encoding='utf-8')
11. papers = pd.read_csv(f,header=0,sep=',')
12. #papers=papers[0:100]
13. papers['index'] = range(papers.shape[0])   # 之前的 index 序号不连贯了,重新整理
14. papers.set_index('index',inplace=True)
15. jieba.load_userdict(path+"keywords.txt") # 加载自定义词典
```

```
16.
17.  # 把停用词做成字典
18.  stopwords = {}
19.  fstop = open(path+'stopword.txt', 'r')
20.  for eachWord in fstop:
21.      stopwords[eachWord.strip()] = eachWord.strip()
22.  fstop.close()
23.  content = papers['content'].astype(str)              # 以读的方式打开文
件
24.
25.  # 切词的函数
26.  def word_cut(x):
27.      line = x.strip()
28.      line = re.sub("[0-9\s+\.\!\/_,$%^*()?;；:-【】+\"\']+|[+——
——！，;:。？、~@#￥%……&*（）]+", "",line)
29.      wordList = list(jieba.cut(line))          # 用结巴分词，对每行内容进
行分词
30.      outStr = ''
31.      for word in wordList:
32.          if word not in stopwords:
33.              outStr += word
34.              outStr += ' '
35.      return outStr
36.
37.  papers['cut_out'] = papers['content'].apply(word_cut)
38.  papers["cutlength"] = papers['cut_out'].str.len()
39.  papers = papers[papers['cutlength'] >10]   # 分词之后，部分出现空值等
异常现象
40.  cut_out = papers['cut_out']
41.  papers.to_csv(path+'cssci_abstract_cut.csv',encoding='utf8',ind
ex=False)
42.  cut_out.to_csv(path+'cut_out.csv')
43.  print(papers.shape)
44.  endtime = datetime.datetime.now()
45.  print((endtime - starttime).seconds)
46.  papers.head()
```

Out[18]:

name	year_period	cited	download	...	fund	class_num	page_num	page_range	author_first	paper_num	aufw	content	cut_out	cutlength
世界;	2017-12-15	0	308	...	基金：国家自然科学基金项目"基于就业促进和生活保护的社会保险制度费率调整与保障功能优化研究" ...	分类号：D61	2	178-179	刘珊珊	1.0	l	中国式分权与新发展理念语境中的标尺竞争;关键词:五大发展理念\n中国式分权\n标尺竞争...	中国式分权 新发展理念语境 关键词 竞争五大发展理念 中国式分权标尺竞争...	323
世界;	2017-12-15	0	292	...	基金：山东省社会科学规划项目"基于政府自然资源资产负债表编制的生物资源价值计量研究"(15B...	分类号：D993.5	2	176-177	朱炜	1.0	z	海洋生态补偿的制度建设与治理实践——基于国际比较视角;关键词:海洋生态补偿\n制度建设...	海洋生态补偿制度建设治理实践 国际比较视角关键词 海洋生态补偿制度建设治理实践 环...	169
世界;	2017-12-15	0	432	...	基金：国家社科基金重点项目"提高户籍人口城镇化率的对策研究"(16ARK001)的支持;	分类号：C924.2;F126.1	2	174-175	李国正	1.0	l	新常态下中国流动人口的居留意愿与家庭消费水平研究;关键词:流动人口\n居留意愿\n消费...	新常态下中国流动人口居留意愿家庭消费 关键词 流动人口居留意愿消费水平公共服务...	249

三、分词的社会科学应用案例

本书作者团队研究了社交媒体联结对公司股价溢出效应的影响(郭峰等,2023)。在构建投资者情绪指标时,考虑社交媒体用语特点,采用结巴分词工具同时加载自定义词典,也加载了停用词词典,并删除词频小于10的罕见词语。其中,自定义词典包括公司简称、股票代码、搜狗词典中的金融词库、灵格斯英汉与汉英会计金融词典、自定义的表情包词典(如大笑、赞、拜神等)。停用词词典为标准的中文停用词词库,同时保留了数字、感叹号和问号,因为标点符号也是情绪的重要表达方式;保留数字则是考虑到666、888之类谐音数字的情绪识别价值。文章的深度解析,可以查看本书作者团队公众号"机器学习与数字经济实验室"的推文,链接为 https://mp.weixin.qq.com/s/7lLWf73TEM6nP-dXDp-PiTA。

推文

池鱼之殃

第三节 TF-IDF

一、TF-IDF 的原理

给定 N 篇文章,要用计算机提取它们的关键词(Automatic Keyphrase Extraction),请问怎样才能正确做到? 取每篇文章出现最多的 M 个词? 显然不是这样。那么什么词才最能代表这篇文章的关键信息呢? 本节介绍一种提取文章关键信息的方法:TF-IDF 算法。

我们可以通过一个直观的例子来解释这一算法。假定现有长文《中国蜜蜂养殖》,准备提取它的关键词。首先,找到文章中出现次数最多的词,如果某个词很重要,它应该在这篇文章中多次出现。其次,我们进行"词频"(Term Frequency,TF)统计。当然要首先去掉"的""是""在"等停用词。假设把它们都过滤掉后,只考虑剩下的有实际意义的词。我们可能发现"中国""蜜蜂""养殖"这三个词的出现次数一样多。这是不是意味着,"中国""蜜蜂""养殖"作为关键词,对于这篇文章它们的重要性是一样的? 显然不是,"中国"是很常见的词,经常出现于各篇中文文章。相对而言,"蜜蜂"和"养殖"不那么常见,如果偶尔在某篇文章出现,则意义重大。如果这三个词在一篇文章的出现次数一样多,有理由认为,"蜜蜂"和"养殖"的重要程度要大于"中国",也就是说,在关键词排序上面,"蜜蜂"和"养殖"应该排在"中国"的前面。因此,需要一个重要性调整系数,衡量一个词是不是常见词。

如果某个词比较少见,但是它在这篇文章中多次出现,那么它很可能就反映了这篇文章的特性,正是我们所需要的关键词。在词频的基础上,要对每个词分配一个"重要性"权重。最常见的词("的""是""在")给予最小的权重,较常见的词("中国")给予较小的权重,较少见的词("蜜蜂""养殖")给予较大的权重。这个权重叫做"逆文档频率"(Inverse Document Frequency,IDF),它的大小与一个词的常见程度成反比。我们知道了"词频"(TF)和"逆文档频率"(IDF)以后,将这两个值相乘,就得到了一个词的 TF-IDF 值。某个词对文章的重要性越高,它的 TF-IDF 值就越大。TF-IDF(Term Frequency-Inverse Document Frequency)是一种常用的文本特征提取方法,用于衡量一个词语在文本集合中的重要性。TF-IDF 主要用于文本挖掘、信息检索和自然语言处理领域。

TF-IDF 算法步骤,可以概括如下:

步骤 1 计算词频。考虑到文章有长短之分,为了便于不同文章的比较,可以进行"词频"标准化。TF 值越大,表示该词语在文本中出现的频率越高,也就是说该词语在文本中更为重要。

$$词频(TF)=\frac{某个词在文章中的出现次数}{文章的总词数}$$

$$词频(TF)=\frac{某个词在文章中的出现次数}{该文出现次数最多的词的出现次数}$$

步骤 2　计算逆文档频率。用一个语料库(corpus)来模拟语言的使用环境。如果一个词越常见,那么分母越大,逆文档频率就越小越接近 0。分母之所以要加 1,是为了避免分母为 0(即所有文档都不包含该词)。log 表示对得到的值取对数。IDF 值越大,表示包含该词语的文档数越少,也就是说该词语在文本集合中更为稀有和重要。

$$逆文档频率(IDF)=\log\left(\frac{语料库的文档总数}{包含该词的文档数+1}\right)$$

步骤 3　计算 TF-IDF。TF-IDF 与一个词在文档中的出现次数成正比,与该词在整个语言中的出现次数成反比。

$$TF\text{-}IDF=词频(TF)\times逆文档频率(IDF)$$

自动提取关键词的算法能很清楚计算出文档的每个词的 TF-IDF 值,然后按降序排列,取排在最前面的几个词。以《中国的蜜蜂养殖》为例,假定该文长度为 1 000 个词,"中国""蜜蜂""养殖"各出现 20 次,则这三个词的"词频"(TF)都为 0.02。然后,搜索 Google 发现,包含"的"字的网页共有 250 亿个,假定这就是中文网页总数。包含"中国"的网页共有 62.3 亿个,包含"蜜蜂"的网页为 0.484 亿个,包含"养殖"的网页为 0.973 亿个。则它们的逆文档频率(IDF)和 TF-IDF 如下:

表 4—1　　　　　　　　　　　　　　　TF-IDF 的案例

	包含该词的文档数(亿份)	IDF	TF-IDF
中国	62.3	0.603	0.012 1
蜜蜂	0.484	2.713	0.054 3
养殖	0.973	2.410	0.048 2

TF-IDF 在自然语言处理和信息检索领域有广泛的应用,它可以用于文本处理和特征提取,提高文本处理的效果和准确性。以下是 TF-IDF 的一些主要应用:(1)关键字提取。用于从文本中提取关键字,识别文本中最重要的词语。(2)文本分类。用于文本分类任务,将文本表示成特征向量,作为输入进行分类。(3)信息检索。用于搜索引擎等信息检索任务,提高检索结果的准确性和相关性。(4)文本相似度计算。用于计算文本之间的相似度,比较文本之间的相似程度。

总体而言,TF-IDF 是一种简单有效的文本特征表示方法,通过计算词语在文本中的重要性,可以提取关键字和表征文本,为文本挖掘和自然语言处理任务提供有用的信息。

二、TF-IDF 的实操代码

首先,需要安装 gensim 包。gensim 是一个用于自然语言处理和文本建模的 Python 库。它提供了一系列用于文本向量化、主题建模、相似度计算和文本聚类等任务的工具和算法。gensim 的目标是处理大规模文本数据,尤其是语料库和语言模型,提供高效地实现和内存友好的算法。gensim 是一个强大的工具,尤其适用于处理大规模文本数据和构建文本相关的模型。它的文档清晰易懂,使用方便,因此在自然语言处理、文本挖掘、主题建模等任务中得到了广泛应用。对于需要处理文本数据的 Python 开发者,gensim 是一个值得尝试的库。

```
1. import gensim
2. print(gensim.__version__)
3.
4. 下面将生成语料文档, 代码如下所示:
5. # Python 示例代码
6. # 语料文档
7. import jieba
8. from gensim import corpora,models,similarities
9. doc0 = "我不喜欢上海"
10. doc1 = "上海是一个好地方"
11. doc2 = "北京是一个好地方"
12. doc3 = "上海好吃的在哪里"
13. doc4 = "上海好玩的在哪里"
14. doc5 = "上海是好地方"
15. doc6 = "上海路和上海人"
16. doc7 = "喜欢小吃"
17. # 测试文档
18. doc_test1 = "我喜欢上海的小吃"
19. doc_test2 = "我不喜欢上海"
20. # 分词
21. # 为了简化操作, 把目标文档放到一个列表 all_doc
22. all_doc = []
23. all_doc.append(doc0)
24. all_doc.append(doc1)
25. all_doc.append(doc2)
26. all_doc.append(doc3)
27. all_doc.append(doc4)
28. all_doc.append(doc5)
29. all_doc.append(doc6)
30. all_doc.append(doc7)
31. print(all_doc)
```

['我不喜欢上海', '上海是一个好地方', '北京是一个好地方', '上海好吃的在哪里', '上海好玩的在哪里', '上海是好地方', '上海路和上海人', '喜欢小吃']

```
1. # 对目标文档进行分词，并且保存在列表 all_doc_list 中
2. all_doc_list = []
3. for doc in all_doc:
4.     doc_list = [word for word in jieba.cut(doc)]
5.     all_doc_list.append(doc_list)
6. all_doc_list
```

```
18
[0, 1, 2, 3, 4, 5, 6, 7, 8, 9, 10, 11, 12, 13, 14, 15, 16, 17]
['上海', '不', '喜欢', '我', '一个', '地方', '好', '是', '北京', '哪里', '在', '好吃', '的', '好玩', '人', '和', '路', '小吃']
上海
不
Dictionary(18 unique tokens: ['上海', '不', '喜欢', '我', '一个']...)
```

将编号与词语之间形成一对一关系，代码如下所示，可以看出，"上海"对应的是"0"。"喜欢"对应的是"2"。

```
1. # 编号与词之间的对应关系
2. dictionary.token2id
```

```
{'上海': 0,
 '不': 1,
 '喜欢': 2,
 '我': 3,
 '一个': 4,
 '地方': 5,
 '好': 6,
 '是': 7,
 '北京': 8,
 '哪里': 9,
 '在': 10,
 '好吃': 11,
 '的': 12,
 '好玩': 13,
 '人': 14,
 '和': 15,
 '路': 16,
 '小吃': 17}
```

```
1. # 使用 doc2bow 制作语料库
2. corpus = [dictionary.doc2bow(doc) for doc in all_doc_list]
3. corpus
```

```
[[(0, 1), (1, 1), (2, 1), (3, 1)],
 [(0, 1), (4, 1), (5, 1), (6, 1), (7, 1)],
 [(4, 1), (5, 1), (6, 1), (7, 1), (8, 1)],
 [(0, 1), (9, 1), (10, 1), (11, 1), (12, 1)],
 [(0, 1), (9, 1), (10, 1), (12, 1), (13, 1)],
 [(0, 1), (5, 1), (6, 1), (7, 1)],
 [(0, 2), (14, 1), (15, 1), (16, 1)],
 [(2, 1), (17, 1)]]
```

```
1. # 使用 TF-IDF 模型对语料库建模
2. tfidf = models.TfidfModel(corpus, dictionary=dictionary)
3. # 测试文档也进行分词，并保存在列表 doc_test_list 中
4. doc_test1_cut = [word for word in jieba.cut(doc_test1)]
5. doc_test2_cut = [word for word in jieba.cut(doc_test2)]
6. print(doc_test1_cut)
7. print(doc_test2_cut)
```

```
['我', '喜欢', '上海', '的', '小吃']
['我', '不', '喜欢', '上海']
```

```
1. # 用同样的方法，把测试文档也转换为二元组的向量
2. doc_test1_vec = dictionary.doc2bow(doc_test1_cut)
3. doc_test2_vec = dictionary.doc2bow(doc_test2_cut)
4. print(doc_test1_vec)
5. print(doc_test2_vec)
```

```
[(0, 1), (2, 1), (3, 1), (12, 1), (17, 1)]
[(0, 1), (1, 1), (2, 1), (3, 1)]
```

```
1. # 计算测试文档的 tfidf 向量表示
2. doc_test1_tfidf = tfidf[doc_test1_vec]
3. print(doc_test1_tfidf)
4. doc_test2_tfidf = tfidf[doc_test2_vec]
5. print(doc_test2_tfidf)
```

```
[(0, 0.08112725037593049), (2, 0.3909393754390612), (3, 0.5864090631585919), (12, 0.3909393754390612), (17, 0.5864090631585919)]
[(0, 0.08814189721744814), (1, 0.6371127720068723), (2, 0.4247418480045816), (3, 0.6371127720068723)]
```

```
1. # 两个测试文档相似度的计算
2. # gensim自带的similarities算法使用方法为计算某一文档（目标文档）与另外一
组文档（对比文档集）的相似度，输出也是一个列表
3. # 先将目标文档集列表化，这里列表只有一个元素
4. doc_test1_list = [doc_test1_vec]
5. doc_test1_tfidf = tfidf[doc_test1_list]
6. print(doc_test1_tfidf[0])
```

[(0, 0.08112725037593049), (2, 0.3909393754390612), (3, 0.5864090631585919), (12, 0.3909393754390612), (17, 0.5864090631585919)]

```
1. # 计算目标文档与对比文档集（这里只有一个文件）的相似度列表
2. sim = tfidf_sim[doc_test2_tfidf]
3. print(sim[0])
```

0.54680777

三、TF-IDF 的社会科学应用案例

Kelly *et al*.（2021）利用专利文件中的高维数据进行文本分析，创建新的专利质量指标。专利相似性指标构建过程中采用了 TF-IDF 算法。专利相似性指标赋予那些与现有知识库不同（具有新颖性）并与后续专利相关（具有影响力）的专利以更高的质量。这些对新颖性和相似性的估计是使用一种新的方法构建的，这种方法建立在文本分析的最新进展之上。同时对专利重要性的测量可以预测未来的引用，并与市场价值的测量密切相关。文章的深度解析，可以查看本书作者团队公众号"机器学习与数字经济实验室"的推文，链接为 https://mp.weixin.qq.com/s/v4-ZTwwrwGq0INDSDMae-A。

推文

文本方法衡量
技术革新

第四节　文本相似度

文本相似度是自然语言处理领域的重要研究方向，它主要关注如何量化和比较不同文本之间的相似程度。在现代信息社会，海量的文本数据充斥着我们的生活，因此了解文本相似度技术对于信息检索、问答系统、推荐系统以及学术研究等应用至关重要。文本相似度旨在解决许多实际问题，例如，在搜索引擎中找到与用户查询最相关

的文档、在社交媒体中推荐朋友或内容、在自动问答系统中找到与问题匹配的答案等。希望通过本节的学习,读者能够掌握文本相似度的基本原理和常用技术,为解决实际问题提供有力的工具和思路。

一、文本相似度的原理

文本相似度是指衡量两个或多个文本之间相似程度的度量标准。在自然语言处理领域,文本相似度是一个重要概念,它用于比较文本之间的相似性,从而识别它们之间的语义或语法关系。

(一)文本相似度常用度量方法

衡量文本相似度的方法可以基于传统的文本匹配算法,也可以基于机器学习和深度学习技术,如词向量表示和神经网络模型。常用的相似度度量方法包括余弦相似度、编辑距离、Jaccard 相似度、相对词频等。需要指出的是,文本相似度并非绝对的概念,而是相对的,因为它取决于所选择的相似度度量方法和表示方式。不同的方法可能在不同的任务和场景中表现出不同效果。因此,在实际应用中,选择合适的文本相似度度量方法是至关重要的。

文本相似度可以应用于多种任务和场景,包括但不限于:(1)信息检索,搜索引擎通过计算查询与文档之间的相似度,返回与用户查询最相关的文档。(2)问答系统,判断用户的问题与知识库中的问题是否相似,从而寻找匹配的答案。(3)推荐系统,比较用户历史行为与其他用户的行为或物品描述,以推荐相似的内容或商品。(4)文本聚类,将相似的文本聚集在一起,形成群组,以便更好地理解文本语义结构。(5)自然语言理解,在理解和解释自然语言文本时,衡量两个句子或段落之间的相似度对于正确理解其含义非常重要。

为了介绍文本相似度的计算方法,首先假定两个文本对象 X、Y,都包含 N 维特征,$X=(x_1, x_2, x_3, \cdots, x_n)$,$Y=(y_1, y_2, y_3, \cdots, y_n)$。

(1)欧式距离。欧式距离(Euclidean Distance)是在数学中常用于度量向量之间距离的一种方法。它是欧几里得空间中两点之间的直线距离,也称为欧几里得范数。在二维平面中,欧式距离可以用勾股定理来计算,而在更高维的空间中,它可以类似地推广。欧式距离广泛应用于数据挖掘、机器学习和模式识别等领域。在文本相似度计算中,可以将文本表示为词向量,然后通过计算词向量之间的欧式距离衡量文本的相似度。需要注意的是,欧式距离对于维度较高的数据,可能会出现所谓的"维度灾难",导致计算开销增加,因此在实际应用中,可能需要结合降维等技术处理高维数据的欧式距离计算。

$$d = \sqrt{\sum_{i=1}^{n}(x_i - y_i)^2}$$

（2）曼哈顿距离。曼哈顿距离也称为城市街区距离或 L1 距离，是一种在数学和计算机科学中常用的度量两点之间距离的方法。它是欧几里得空间中两点之间的距离，但与欧式距离不同，曼哈顿距离是通过沿坐标轴的方向（水平和垂直）计算两点之间的距离。曼哈顿距离在图像处理、路线规划、聚类分析等领域有广泛应用。在文本相似度计算中，它也可以用于衡量两个文本之间的相似度。对于文本表示为词频向量的情况，曼哈顿距离可以计算两个向量各维度之间的差，然后取绝对值并求和衡量文本的相似度。与欧式距离相比，曼哈顿距离更适合用于处理维度较高的数据，因为它不会受到"维度灾难"的影响。

$$d = \sum_{i=1}^{n} |x_i - y_i|$$

（3）余弦相似度。余弦相似度用向量空间两个向量夹角的余弦值作为衡量两个个体间差异的大小。相比距离度量，余弦相似度更加注重两个向量在方向上的差异，而非距离或长度上。余弦相似度的取值范围在[−1,1]，具体含义如下：当余弦相似度接近 1 时，表示两个向量的方向几乎相同，夹角接近 0 度，表明它们非常相似。当余弦相似度接近 0 时，表示两个向量的夹角接近 90 度，表明它们的相似性较低。当余弦相似度接近−1 时，表示两个向量的方向几乎相反，夹角接近 180 度，表明它们完全不相似。

在文本相似度计算中，通常将文本表示为词频向量或词嵌入，然后通过计算词向量之间的余弦相似度衡量文本之间的相似性。余弦相似度在文本数据处理中具有较好的性能，并且能够有效地捕捉文本之间的语义相似性。由于余弦相似度不受向量维度的影响，因此它也适用于处理高维数据。

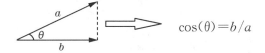

$$\cos(\theta) = b/a$$

计算两个文档的相似度，就是把文档 a 和文档 b 映射为向量，然后通过这个公式计算出相似度。在大数据的应用中，最重要的是"映射"这个过程，这个过程涉及对数据的分词、去重、转换、计算等步骤。

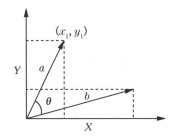

$$\cos(\theta) = \frac{\sum\limits_{i=1}^{n}(x_i \times y_i)}{\sqrt{\sum\limits_{i=1}^{n}(x_i)^2} \times \sqrt{\sum\limits_{i=1}^{n}(y_i)^2}}$$

$$= \frac{a \cdot b}{\|a\| \times \|b\|}$$

$$\cos(\theta) = \frac{\sum\limits_{i=1}^{n}x_i \times y_i}{\sqrt{\sum\limits_{i=1}^{n}x_i^2 \sum\limits_{i=1}^{n}y_i^2}}$$

(二)文本相似度计算过程

首先,介绍当仅考虑词频时的文本相似度计算方法。在这种情况下,我们将文本表示为词频向量,其中向量的每个维度代表对应词在文本中出现的次数。需要注意的是,仅使用词频作为文本表示可能存在一些问题,比如会忽略单词的顺序和上下文信息。在实际应用中,可以考虑使用更加复杂的文本表示方法,如 TF-IDF、词嵌入等,以更好地捕捉文本之间的语义相似性。具体而言,仅考虑词频时,文本相似度计算的步骤可以概括为:

第一步,通过中文分词,把完整的句子根据分词算法分为独立的词集合;

第二步,求出两个词集合的并集(词包);

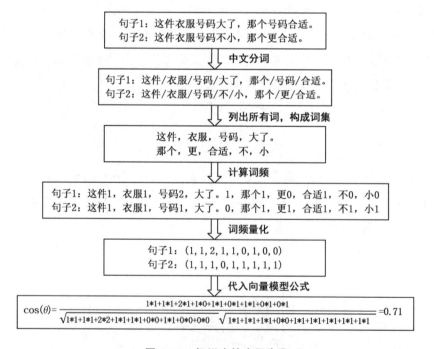

图 4—2   相似度的应用步骤

第三步,计算各自词集的词频并把词频向量化;

第四步,代入向量计算模型就可以求出文本相似度。

其次,考虑 TF-IDF 关键词提取后的文本相似度计算方法。当结合 TF-IDF 表示和相似度时,可以用于衡量两个文本之间的相似程度,而且在信息检索和文本相似度计算中有着广泛应用。TF-IDF 相似度的取值范围也在[−1,1],其解释和计算方法与之前提到的仅考虑词频的相似度类似。使用 TF-IDF 表示和相似度能够更好地衡量文本之间的语义相似性,因为 TF-IDF 考虑了词语的重要性和文档频率,能够降低常见词对相似度的影响,同时突出关键词对相似度的贡献。TF-IDF 文本相似度计算步骤为:

第一步,获取待计算文本内容信息;

第二步,分词(考虑去停用词、自定义词典的问题);

第三步,语料库建立(分词、去非常见词等);

第四步,基于语料库,计算待计算文本的 TF-IDF 关键词向量;

第五步,基于两篇文档的 TF-IDF 向量求文章之间的相似度(如用欧拉距离、余弦相似度、Jaccard 系数等方法)。

二、文本相似度的实操代码

下面是文本相似度的实战案例。在实战案例中,将带读者深入了解文本相似度的各个方面,从导入数据到最终的文本相似度计算,逐步探索这一有趣而实用的自然语言处理技术。

第一步,我们将学习如何导入数据。在文本相似度任务中,数据的质量和规模对于算法的性能至关重要。我们先导入数据,为后续的处理做好准备。

```python
1. # Python 示例代码
2. import pandas as pd
3. import numpy as np
4. path = "D:/python/机器学习与社会科学应用/演示数据/04 自然语言处理入门/tfidf 相似度计算/"
5. cssci = pd.read_csv(path+"cssci_clean_test.csv",encoding='utf-8')
6. print(cssci.shape)
7.
8. # 计算主题模型时，需要将标题、关键词和摘要合并
9. cssci['keyword'] = cssci['keyword'].fillna(";")
10. cssci['content'] = cssci['title']+";"+cssci['keyword']+";"+cssci['abstract']
11. cssci=cssci[cssci['content'].str.len()>100]    # 将标题+关键词+摘要少于 100 字的样本删除
12. print("标题+关键词+摘要少于 100 字的样本删除后数量:"+str(len(cssci))) # 查看行*列数
13. cssci.to_csv(path+'cssci_clean_short.csv',encoding='utf8',index=False)
14. print(cssci.shape)
15. print(cssci.year.min())
16. cssci.head()
```

```
(20000, 38)
标题+关键词+摘要少于100字的样本删除后数量:18727
(18727, 39)
2001
1
```

Unnamed: 0	abstract	author	author_unit	cited	class_num	download	...	funel	gjc	id	...	mag_city	mag_kind	mag_city_code	year	month	ym	page_beg	coauthor	mag_classn	content
0	0	本文采用均值调节的思想和方法测度中国区域市场整合度,在新发展理念指引下比较和比较区域市场整合发展差异的二...	刘继德 马浩旺	上海财经大学公共经济与管理学院	0	D	308		71573176	NaN	1	...	北京市	cssci核心	1100.0	2017	12	2017-12-01	178.0	马浩旺	经济与管理	中国优势分权与政府激励理论研究的发展:参与发展逻辑下的优化标准及参与发展问题
1	1	本文从环境破坏开始,提出重新测度海洋区域补偿量并示义的相关制度的一些探索制度性的海洋生态补偿...	朱环洗 王乐娟 王玷 胡这群	山东财经大学泰山大学	0	D	292		15BGLJ03;CJ-2017-31	NaN	2	...	北京市	cssci核心	1100.0	2017	12	2017-12-01	176.0	王环洗 王玷 胡这群	经济与管理	海洋生态补偿标准的构建与模拟——基于国家级与地方的海洋生态补偿试点的制度实践...
2	2	目前全国流动人口数量已近2.47亿并呈现出上升的趋势,研究这一群体的消费行为对于推动中国经...	李国正 文小姜 颜清溪	北京工业大学经济与管理学院 华北水利水电大学	0	C/F	432		16ARK001	NaN	3	...	北京市	cssci核心	1100.0	2017	12	2017-12-01	174.0	艾小青 颜清溪	经济与管理	影响当前中国流动人口消费的因素分析与政策设计——基于国家卫计委流动人口消费水平公共服务数...

第二步,我们将了解关键词处理成自定义词典的重要性。自定义词典可以用于识别特定领域或任务中的关键词,提高分词准确性和语义理解。我们将学习如何构建自定义词典。

```python
1.  # Python 示例代码
2.  # 根据关键词为分词准备自定义词典
3.  import jieba
4.  import pandas as pd
5.  import numpy as np
6.  path =  "D:/python/机器学习与社会科学应用/演示数据/04 自然语言处理入门/tfidf 相似度计算/"
7.
8.  cssci = pd.read_csv(path+"cssci_clean_short.csv",encoding='utf-8')
9.  # cssci = cssci[0:10000]
10. print(cssci.shape)
11.
12. # 去掉一些关键词较为特殊的样本
13. # 关键词不能为空, 且长度不超过 30 字符, 早期系统自动识别的关键词数量较多
14. cssci = cssci[cssci['kwnum']<6]
15. cssci = cssci[cssci['keyword'].str.len()>1]
16. cssci = cssci[cssci['keyword'].str.len()<30]
17.
18. keyword = cssci[['keyword']]
19. print(keyword[0:20])
20. print("包含正常关键词的论文数量: "+str(len(keyword)))
21.
22. # 一行变多行
```

```python
23. keyword = keyword['keyword'].str.split(';', expand=True).stack()
24. keyword.to_csv(path+'keyword.csv',encoding='utf8',index=False)
25. f2 = open(path+"keyword.csv",encoding='utf-8')
26. keyword = pd.read_csv(f2,header=0,sep=',')
27. keyword.rename(columns={'0':'keyword'}, inplace = True)
28.
29. # 删除空值
30. keyword = keyword.dropna()
31. print(keyword[0:20])
32.
33. print("关键词累计总数量: "+str(len(keyword)))
34. # 去掉一些过长或者过短的关键词
35. keyword = keyword[keyword['keyword'].str.len()>1]
36. keyword = keyword[keyword['keyword'].str.len()<7]
37.
38. print("剔除过长过短关键词后数量: "+str(len(keyword)))
39.
40. # 统计关键词重复出现的次数
41. group1 = keyword.groupby(['keyword'])
42. keyword_count = pd.DataFrame(columns=["keyword_count"])
43. keyword_count['keyword_count'] = group1['keyword'].count()
44. keyword_count.to_csv(path+'keyword_count.csv',encoding='utf8')
45.
46. f = open(path+"keyword_count.csv",encoding='utf-8')
47. keyword_count = pd.read_csv(f,header=0,sep=',')
48. keyword = pd.merge(keyword,keyword_count,how='left')
49.
50. # 删除重复值
51. keyword.drop_duplicates(subset=['keyword'],keep='first',inplace=True)
52. print("删除重复后的关键词个数: ",len(keyword))
53.
54. keyword.to_csv(path+'keyword_count.csv',encoding='utf8',index=False)
55. keyword = keyword[keyword['keyword_count']>1]
56. keyword = keyword[['keyword']]
57. print("剔除仅出现1次的关键词后数量: "+str(len(keyword)))
58. keyword.to_csv(path+'keyword.txt',encoding='utf8',index=False,header=False)
```

```
(18727, 39)
                    keyword
0        五大发展理念;中国式分权;标尺竞争;
1        海洋生态补偿;制度建设;治理实践;
2        流动人口;居留意愿;消费水平;公共服务;
3        最低工资;价格传递;竞争效应;自身效应;
4        多个大股东;监督;融资约束;文本分析;
5    创新驱动发展;新熊彼特主义;科技政策;创新系统;
6            创新;思维定势;众包;
7            激励;晋升;招聘;锦标赛;
8        领导宽恕;抑制性建言;心理安全感;
9        零售企业;商业模式创新;数字技术;
10       环保督察;地方政府;演化博弈模型;
11       社交活动;健康;留守老人;倾向得分匹配;
12       资产价格;货币政策反应函数;模拟分析;
13       行业收入差距;技术差距;技术进步;技术溢出;
14   土地承包经营权流转;劳动力流动;农业生产;扭曲效应;
15           中国女企业家;现状;政策建议;
16           营改增;利润率;创新;
17   企业社会责任;崩盘风险;强制披露;掩饰效应;代理问题;
18       家庭金融;投资决策;借贷决策;学科发展;
19       创新集群;知识网络;环境系统;运行;
包含正常关键词的论文数量：16115
  keyword
0    五大发展理念
1    中国式分权
2    标尺竞争
4    海洋生态补偿
5    制度建设
6    治理实践
8    流动人口
9    居留意愿
10   消费水平
11   公共服务
13   最低工资
14   价格传递
15   竞争效应
16   自身效应
18   多个大股东
19   监督
20   融资约束
21   文本分析
23   创新驱动发展
24   新熊彼特主义
关键词累计总数量：59490
剔除过长过短关键词后数量：55186
删除重复后的关键词个数：23513
剔除仅出现1次的关键词后数量：6357
```

第三步，我们将深入研究分词处理。分词是文本处理的基础步骤，将文本拆分成一个个词语或字符，为后续的语料库构建和相似度计算做准备。通过数据读入，加载自定义词典，加载停用词，我们将文本分词并进行数据导出处理。

```python
1.  # Python 示例代码
2.  # 重新生成关键词词典
3.  # 自定义词典格式：词 词频 词性（可省略）
4.  from collections import Counter
5.  path = "D:/python/机器学习与社会科学应用/演示数据/04 自然语言处理入门
/tfidf 相似度计算/"
6.
7.  keywords = open(path+"keyword.txt", encoding='utf8').read()
8.  keywords = keywords.strip().split('\n')
9.  keywords = dict(Counter(keywords))
10. with open(path+'keywords.txt','w',encoding='utf8') as f:
11.     for key, value in keywords.items():
12.         ele = key + " " + str(value) + '\n'
13.         f.write(ele)
14.
15. # 分词，全部运行要一段时间
16. import jieba
17. import jieba.posseg as pseg
18. import pandas as pd
19. import re
20. import numpy as np
21.
22. path = "D:/python/机器学习与社会科学应用/演示数据/04 自然语言处理入门
/tfidf 相似度计算/"
23. cssci = pd.read_csv(path+"cssci_clean_short.csv",encoding='utf-8')
24. # cssci=cssci[0:100]
25.
26. # 把停用词做成字典
27. jieba.load_userdict(path+"keywords.txt")  # 加载自定义词典
28. stopwords = {}
29. fstop = open(path+'stopword.txt', 'r')
30. for eachWord in fstop:
31.     stopwords[eachWord.strip()] = eachWord.strip()
32. fstop.close()
33.
34. # 切词的函数
35. def word_cut(x):
36.     line = x['content'].strip()
37.     line1 = re.sub("[0-9\s+\.\!\/_,$%^*()?;；:-【】+\"\']+|[+——！，;:。？
~@#￥%……&*（）]+", "",line)
38.     wordList = list(jieba.cut(line1)) # 用结巴分词, 对每行内容进行分词
39.     outStr = ''
40.     for word in wordList:
41.         if word not in stopwords:
42.             outStr += word
43.             outStr += ' '
44.     return outStr
45. cssci['cut_out'] = cssci.apply(word_cut, axis=1)
46.
47. print(cssci['title'][0])
48. print(cssci['cut_out'][0])
49. cssci["cutlength"] = cssci['cut_out'].str.len()
```

```
50. cssci = cssci[cssci['cutlength'] >2] # 分词之后，部分出现空值等异常现象
51.
52. cut_out = cssci[['cut_out']]
53. cssci.to_csv(path+'cssci_title_cut.csv',encoding='utf8',index
=False)
54. cut_out.to_csv(path+'cut_out.csv',encoding='utf8')
55. print(cssci.shape)
```

中国式分权与新发展理念语境中的标尺竞争
中国式分权 新 发展 理念 语境 标尺竞争 五大发展理念 中国式分权 标尺竞争 借用 均值 定理 思路 国 各地 新 发展 理念 语境 社会 经济 民生 福祉 和谐 发展 二元 离散 特征 二元 离散 模型检验 中国式分权 体制 地方政府 财政支出 治理能力 社会 经济 民生 福祉 和谐 发展 实证研究 地级市 和谐 发展 偏离 指数 时间 推移 呈 收敛 态势 标尺竞争 引致 俱乐部 效应 明显 区域 区域 问题 并存 现象 还 十分 普遍 经济发展水平 并非 区 和谐 发展 原 政府 财政支出结构 偏向 关系 密切 五大 发展 全新 理念 语境 地方政府 财政支出结构 调适 社会 经济 民生 福祉 和谐 发展 改进 空间 有望
(18727, 41)

第四步，我们将建立语料库。语料库是文本相似度计算的基础，我们将学习如何从处理过的文本中构建语料库。

```
1. # Python 示例代码
2. from gensim import corpora,models,similarities
3. from collections import  defaultdict
4. import pandas as pd
5. import re
6. import numpy as np
7.
8. # 函数：建立语料库
9. def get_dict(cutwords):
10.     #print(cutwords[0])
11.     texts = [cutword.split() for cutword in cutwords]
12.     frequency = defaultdict(int)
13.     for text in texts:
14.         for token in text:
15.             frequency[token] += 1
16.      texts = [ [ token for token in text if frequency[token] > 5 ]
for text in texts]
17.     dictionary = corpora.Dictionary(texts)
18.     corpus = [dictionary.doc2bow(text) for text in texts]
19.     # print(corpus[0])
20.     return dictionary,corpus
21.
22. # 导入数据，已经完成了分词模式
23. path = "D:/python/机器学习与社会科学应用/演示数据/04 自然语言处理入门
/tfidf 相似度计算/"
24. cssci = pd.read_csv(path+"cssci_title_cut.csv", encoding='utf-8')
25. # cssci=cssci[0:100]
26. print("cssci 样本量: ", len(cssci))
27.
28. # 计算dictionary,corpu
29. cutwords = cssci['cut_out']
30. dictionary,corpus = get_dict(cutwords)
31. tfidf = models.TfidfModel(corpus)
32.
33. print("dictionary 样本量: ", len(dictionary))
34. # 模型结果保存
35. tfidf.save(path+"model.tfidf")
36. dictionary.save(path+'dictionary_tfidf.dict')   # 保存生成的词典
```

cssci样本量：18727
dictionary样本量：16551

第五步，我们将深入探讨文本相似度计算。我们将实践常见的相似度计算方法。同时，实践如何应用它们解决实际问题。

```python
1.  # Python 示例代码
2.  # 这里的相似度是计算某个文章与上年所有 top 5%论文的相似度，求其最大值；
3.  from gensim import corpora,models,similarities
4.  from collections import  defaultdict
5.  import pandas as pd
6.  import re
7.  import numpy as np
8.
9.  def tfidf_sim(text1,text2,dictionary):
10.     # 文档1
11.     # text1 = text1.split()
12.     text1 = [cutword.split() for cutword in text1]
13.     # print(text1[0])
14.     # corpus1 = dictionary.doc2bow(text1)  # 文档转换成 bow
15.     corpus1 = [dictionary.doc2bow(text) for text in text1]  # 文档转换成 bow
16.     # print(corpus1[0])
17.     # corpus1 = [corpus1]
18.     text1_tfidf = tfidf[corpus1]
19.     tfidf_sim = similarities.SparseMatrixSimilarity(text1_tfidf, num_features=len(dictionary.keys()))
20.
21.     # 文档2
22.     text2 = text2.split()
23.     # print(text2)
24.     corpus2 = dictionary.doc2bow(text2)  # 文档转换成 bow
25.     text2_tfidf = tfidf[corpus2]
26.     sim = tfidf_sim[text2_tfidf]
27.     sim2 = sorted(enumerate(sim), key=lambda item: -item[1])
28.     # print(sim2[0])
29.     return sim2[0][0],sim2[0][1]    #sim2 是一个元组组成的列表，第一个
为最大值及其对应的序号，详见上文第一小节
30.
31. # 导入数据，已经完成了分词模式
32. path = "D:/python/机器学习与社会科学应用/演示数据/04 自然语言处理入门/tfidf 相似度计算/"
33. f = open(path+"cssci_title_cut.csv", encoding='utf-8')
34. cssci = pd.read_csv(f,header=0, sep=',')
35. print("样本量: ", len(cssci))
36.
37. # 计算 dictionary,corpu
38. tfidf = models.TfidfModel.load(path+"model.tfidf")
39. dictionary = corpora.Dictionary.load(path+'dictionary_tfidf.dict')
# 加载
40.
```

```
41.  cssci['sim'] = ""
42.  cssci['nearest_title'] = ""
43.
44.  cssci_2001 = cssci[cssci.year==2001]
45.  cssci_new = cssci_2001
46.
47.  for year in range(2002,2018):
48.      cssci_highcited = cssci[cssci['year']==year-1]
49.      cssci_highcited['cp95'] = cssci_highcited['cited'].quantile
(0.95)
50.      cssci_highcited = cssci_highcited[cssci_highcited['cited']>=
cssci_highcited['cp95']]
51.      cssci_highcited['index'] = range(cssci_highcited.shape[0])
# 之前的index序号不连贯了,重新整理
52.      cssci_highcited.set_index('index',inplace=True)
53.      cssci_nextyear = cssci[cssci['year']==year]
54.      cssci_nextyear['index'] = range(cssci_nextyear.shape[0])
# 之前的index序号不连贯了,重新整理
55.      cssci_nextyear.set_index('index',inplace=True)
56.      # cssci_nextyear=cssci_nextyear[0:10]
57.      text1 = cssci_highcited['cut_out']
58.      # 计算某年论文与上一年top5%最相似论文
59.      def fun1(x):
60.          text2 = x['cut_out']
61.          j,sim = tfidf_sim(text1,text2,dictionary)
62.          x['sim'] = sim
63.          x['nearest_title'] = cssci_highcited['title'][j]
64.          return x
65.      cssci_nextyear = cssci_nextyear.apply(fun1, axis=1)
66.      print(cssci_nextyear['sim'][0:10])
67.      print(cssci_nextyear.title[0:10],cssci_nextyear.nearest_title
[0:10])
68.      cssci_new = cssci_new.append(cssci_nextyear)
69.
70.  cssci_new.to_csv(path+'cssci_sim_tfidf.csv',encoding='utf8')
71.
72.  cssci_new_short = cssci_new[['tlength','mag_name','mag_city_cod
e','aunum','author_first','aufw','cited','download','fund01','fundn',
'page_num','year_period','year','month','kwnum','ablength','page_beg',
'sim']]
73.  cssci_new_short.to_csv(path+'cssci_sim_tfidf_short.csv',encoding=
'utf8',index=False)
```

样本量：18727

```
index
0    0.033613
1    0.102776
2    0.244982
3    0.214306
4    0.054006
5    0.025180
6    0.031165
7    0.034505
8    0.040813
9    0.060207
```

```
0              法律制度的信誉基础
1    国有企业人才流失的契约性阻挠与社会福利损失：一种代理理论分析
2        中国经济增长的"俱乐部收敛"特征及其成因研究
3             基金的市场时机把握能力研究
4    模仿行为经济学分析——对经济波动的一种新解释
5           合同与企业理论前沿综述
6         县乡财政解困与财政体制创新
7        当前世界减税趋势与中国税收政策取向
8          论社会主义社会的劳动和劳动价值
9         论风险投资机制的技术创新原理
```

```
0          营养、健康与效率——来自中国贫困农村的证据
1    中国转轨经济中的产权结构和市场结构——产业绩效水平的决定因素
2         货币政策能对股价的过度波动做出反应吗？
3           中国股票市场的渐进有效性研究
4           高水平陷阱——李约瑟之谜再考察
5    征税成本领先性假设与中国税务组织结构优化——兼析中国国税、地税机构是否存在合并趋势
6          论产出分布对团体贷款还款率的影响
7        第一大股东对公司治理、企业业绩的影响分析
8    农地承包经营权市场流转：理论与实证分析——基于农户层面的经济分析
9           中国各地区市场化相对进程报告
```

三、文本相似度的社会科学应用案例

　　Hoberg and Phillips(2016)利用文本数据对行业分类进行新的度量。文章基于对公司 10-K 产品描述的文本分析，使用新的逐年的产品相似性度量方法研究了公司与其竞争对手之间的差异。逐年的产品相似性度量方法使我们能够生成一组新的行业，在这些行业中，企业可以拥有自己独特的竞争对手。新的竞争对手集合可以解释关于激烈竞争的具体讨论、被管理者认定为同行企业的竞争对手以及外生行业冲击后行业竞争对手的变化。文章还发现有证据表明，企业的研发和广告宣传与竞争对手的差异化相关，这与内生产品差异化理论是一致的。文章的深度解析，可以查看本书作者团队公众号"机器学习与数字经济实验室"的推文，链接为 https://mp. weixin. qq. com/s/v4-ZT-wwrwGq0INDSDMae-A。

推文

基于文本大数
据的行业分类
度量

　　卞世博等(2021)对上市公司业绩说明会中投资者与管理层问答互动——管理层

答非所问的现象进行了研究。他们以中小板和创业板上市公司召开的业绩说明会作为研究样本,利用文本相似度方法度量业绩说明会中管理层在回答投资者提问时答非所问的程度,进而实证分析了管理层的答非所问与市场反应和公司未来业绩表现之间的可能关联。他们的逻辑是,管理层回答的文本和投资者提问的文本之间较低的文本相似度,说明管理层答非所问。他们发现在控制其他因素之后,管理层的答非所问与市场反应之间呈现显著的负相关关系,即公司管理层的答非所问程度越高,随后公司股票的市场表现就会越差;而在公司未来业绩表现方面,管理层答非所问的程度越高,则公司未来的业绩表现就会越差。

Florackis *et al*.(2023)利用文本数据对企业网络安全风险进行新的度量。文章基于对公司 10-K 文件中的"项目 1A 风险因素"描述的文本分析,检索出与网络安全风险相关的直接和间接词汇,通过与遭受网络攻击公司的训练样本进行文本对比,最后利用余弦相似度与 Jaccard 相似度计算方法刻画了公司的网络安全风险。该指标能够有效解决有关公司倾向于从同行那里借用披露语言的担忧,以及解决影响公司披露实践的因素。文章发现有证据表明,企业的网络安全风险与其面临的股价崩盘风险、未来遭遇网络攻击概率、投资组合收益密切相关。此外,文章还证明了网络安全风险得分较高的公司在面临黑客攻击时会发生供应链传播效应,关键企业表现出负收益。文章的深度解析,可以查看本书作者团队公众号"机器学习与数字经济实验室"的推文,链接为 https://mp. weixin. qq. com/s/ZZCBBWpHblSd_luuHe7RgQ。

推文

企业网络安全风险的文本法测度

思考题

1. 文本大数据的特征是什么?

2. 文本大数据在社会科学中的应用有哪些? 你认为文本大数据的未来应用有哪些?

3. 请论述对文本数据进行自然语言处理的步骤。

4. TF-IDF 的原理是什么? TF-IDF 的关键步骤包括哪些?

5. 文本相似度的原理是什么? 文本相似度的关键计算步骤是什么?

参考文献

[1]卞世博、管之凡、阎志鹏(2021),"答非所问与市场反应:基于业绩说明会的研究",《管理科学学报》,第 4 期,第 109-126 页。

[2]郭峰、吕晓亮、林致远,等(2023),"上市公司社交媒体联结与股价溢出效应——来自中国监管处罚的证据",《管理科学学报》,第 4 期,第 111-131 页。

［3］姜付秀、王运通、田园,等(2017),"多个大股东与企业融资约束——基于文本分析的经验证据",《管理世界》,第 12 期,第 61－74 页。

［4］沈艳、陈赟、黄卓(2019),"文本大数据分析在经济学和金融学的应用:一个文献综述",《经济学(季刊)》,第 4 期,第 1153－1186 页。

［5］涂铭、刘祥、刘树春(2018),《Python 自然语言处理实战:核心技术与算法》,北京:机械工业出版社。

［6］姚加权、冯绪、王赞钧,等(2021),"语调、情绪及市场影响:基于金融情绪词典",《管理科学学报》,第 5 期,第 26－46 页。

［7］张奇、桂韬、黄萱菁(2023),《自然语言处理导论》,北京:电子工业出版社。

［8］Antweiler,W. and Frank,M. Z. (2004),"Is all that Talk Just Noise? The Information Content of Internet Stock Message Boards",*The Journal of Finance*,Vol. 59(3),pp. 1259－1294.

［9］Baker,S. R. Bloom,N. and Davis,S. J. (2016),"Measuring Economic Policy Uncertainty",*The Quarterly Journal of Economics*,Vol. 131(4),pp. 1593－1636.

［10］Blei,D. M. Ng,A. Y. and Jordan,M. I. (2003),"Latent Dirichlet Allocation",*Journal of Machine Learning Research*,Vol. 3,pp. 993－1022.

［11］Bodnaruk,A. Loughran,T. and McDonald,B. (2015),"Using 10-K Text to Gauge Financial Constraints",*Journal of Financial and Quantitative Analysis*,Vol. 50(4),pp. 623－646.

［12］Buehlmaier,M. M. and Whited,T. M. (2018),"Are Financial Constraints Priced? Evidence from Textual Analysis",*The Review of Financial Studies*,Vol. 31(7),pp. 2693－2728.

［13］Chen,H. De,P. Hu,Y. and Hwang,B. H. (2014),"Wisdom of Crowds:The Value of Stock Opinions Transmitted Through Social Media",*The Review of Financial Studies*,Vol. 27(5),pp. 1367－1403.

［14］Hoberg,G. and Maksimovic,V. (2015),"Redefining Financial Constraints:A Text-Based Analysis",*The Review of Financial Studies*,Vol. 28(5),pp. 1312－1352.

［15］Hoberg,G. and Phillips,G. (2016),"Text-based Network Industries and Endogenous Product Differentiation",*Journal of Political Economy*,Vol. 124(5),pp. 1423－1465.

［16］Florackis,C. Louca,C. Michaely,R. and Weber,M. (2023),"Cybersecurity Risk",*The Review of Financial Studies*,Vol. 36,pp. 351－407.

［17］Kelly,B. Papanikolaou,D. Seru,A. and Taddy,M. (2021),"Measuring Technological Innovation over the Long Run",*American Economic Review:Insights*,Vol. 3(3),pp. 303－320.

［18］Loughran,T. and McDonald,B. (2011),"When is a Liability not a Liability? Textual Analysis,Dictionaries,and 10-Ks",*The Journal of Finance*,Vol. 66(1),pp. 35－65.

第五章　集成算法

本章导读

集成算法是机器学习中的一类重要算法,它通过将多个弱学习器组合成一个强学习器,提高模型泛化性能。集成算法可以用于分类问题集成、回归问题集成、特征选取集成和异常点检测集成等方面。本章首先总体性地介绍集成算法的基本原理,然后分别从原理、实操代码和社会科学应用案例三个角度介绍随机森林算法、梯度提升树算法和 XGBoost 算法这三个代表性的集成算法。通过本章的学习,读者可以对集成算法有一个基本认识,并了解集成算法在社会科学研究中的可能应用。

第一节　集成算法基本原理

一、集成算法的定义

所谓集成算法(Ensemble Learning),就是训练出完成统一任务的多个不同的子模型,并综合这些子模型的预测结果做出最终预测。图 5—1 展示了集成算法的基本逻辑,集成算法中的每一个子模型都称为一个弱模型(基分类器),多个弱模型的综合就称为强模型或集成模型。弱模型的选择是灵活多样的,可以源自不同的机器学习算法,也可以是同一算法。综合弱模型的方式也可以灵活多样,比如可以对预测结果取平均值(回归问题),也可以取众数(分类问题);多个分类器可以是并列平行的(装袋法),也可以将一个弱模型的输出作为另一个弱模型的输入,序贯进行(提升法)。

严格意义上讲,集成算法并不算是一种机器学习算法,而更像是一种优化手段或者策略,它通常是结合多个简单的弱机器学习算法,形成更可靠的决策。集成算法的哲学思想为"三个臭皮匠,赛过诸葛亮"。拿分类问题举例,直观地理解,就是单个分类器的分类结果可能出错,但如果多个分类器投票表决,以多数决定作为整个集成算法的输出结果,那可靠度就会高很多。现实生活中,我们经常会通过投票、开会等方式,做出更加可靠的决策,也是因为多个人的决定比单个个体的决定可能更加可靠、稳定,

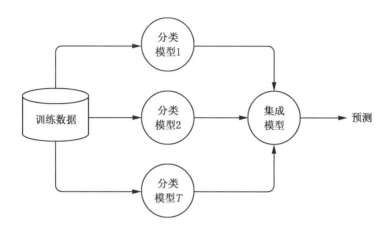

图 5—1　集成算法的基本逻辑

集成算法的思想就与此类似。集成算法就是有策略地生成一些基础模型,并把它们都结合起来做出最终决策。

二、集成算法的原理

每个机器学习算法都构建了一个基于一组假设的某种模型。当假设在数据上不成立时,这种归纳偏倚将导致误差。机器学习是一个不固定的过程,在有限的数据上,每个算法都可能收敛到不同的解。一般来说,我们可以通过性能调节使一个算法尽可能达到最高的准确率,但是调节本身就是一个复杂的任务,并且对最好的算法而言,也存在实例使其不能足够准确的可能。因此,单纯使用一种机器学习算法或参数方法,效果都可能受到限制。为了解决上述问题,可以采用组合不同机器学习算法预测模型的方式。不同的实例有各自匹配适用的机器学习算法,将多个机器学习算法组合起来使用可以克服仅使用单一机器学习算法的弊端,从而在很大程度上提高整个模型的性能。

近年来,随着计算和存储变得更为廉价,组合多个弱的机器学习算法构成一个功能更加强大的集成算法,也随之变得更加流行。用于集成算法的弱学习器,也称为基学习器(Base Learner),它们采取不同的决策并可以相互补充。当然,多个学习器组合在一起,并不必然产生更好的效果,为了达到"1+1>2"的效果,组合的点可在不同的"环节"发力。

首先,最简单的方法是使用不同的学习算法(Different Learning Algorithm)训练,得到不同的基学习器。不同的算法对数据做不同的假设并产生不同的分类器。比如,一个基学习器可能是参数化的,而另一个是非参数的。通过基于多个算法组合学习器,我们将自己从只能接受一个单一决策的境况中摆脱出来,并再也不将所有鸡蛋放在同一个篮子里,从而实现集成算法优于基学习器的效果。

其次,我们可以使用相同的学习算法,但使用不同的超参数(Different Hyperparameter)。这样可供调节的超参数例子包括:多层感知器中的隐藏单元数目,K 近邻中的 K 值,决策树中的误差值等。如果在优化算法中使用诸如梯度下降这样的最终状态依赖于初始状态的迭代过程,如使用向后传播的多层感知器,初始状态(如初始权重)也是另一种超参数。当我们使用不同的超参数值训练多个基学习器时,我们对其取平均值来降低方差,也可以减小整个集成算法的误差。

再者,不同的基学习器也可以使用相同输入对象或事件的不同表示(Different Representation),从而使得集成不同类型的感知器/测量或特征成为可能。不同的表示凸显了对象的不同特征从而产生更好的识别效果。在许多应用中,存在多个信息源,使用所有这些数据提取更多信息,并在预测中得到更高的准确率也是令人期望的。这类似于传感器融合(Sensor Fusion),其中来自不同传感器的数据集成在一起,为特定应用提供更多信息。最简单的方法就是连接所有数据向量并将其当作来自同一数据源的一个大向量,但是这种方法在理论上似乎不太合适,因为这样相当于对取自多元统计分布的数据建模。此外,更高的输入维度使得系统更为复杂,并且需要更大的样本以使估计更准确。使用不同的基学习器在不同的数据源上分别预测,然后组合这些预测结果,也可能取得更好的集成效果。

最后,另一可能的方法是使用不同的训练集(Different Training Set)训练不同的基学习器。这可以通过在给定的样本上随机地抽取训练集来实现,称之为“装袋”(Bagging)。或者我们可以序贯地训练学习器,使得前一个基学习器上预测不准的实例在之后的基学习器的训练中获得更多的重视,这种例子有提升(Boosting)和级联(Cascading)。训练样本的划分也可以基于数据空间的局部性来完成,以使每个基学习器在属于输入空间中某一局部的实例上训练。类似地,可以将主任务定义为由基学习器实现的若干子任务。非常重要的一点是当生成多个基学习器时,只要它们有合理的准确率即可,而不要求它们每个都非常准确,因此不需要对这些基学习器进行单独优化以获取最佳准确率。基学习器的选择并不是由于其准确性,而是由于其简单性。然而,我们的确要求基学习器在不同实例上是准确的,专注问题的子领域。我们所关心的是基学习器在组合后的准确性,而非开始时各基学习器的准确性。

三、集成算法的类型

常用的集成算法可以分为装袋法(Bagging)、提升法(Boosting)和堆叠法(Stacking)三种类型。

(1)装袋法。装袋法是一种简单的集成学习方法,是构建许多独立的学习器,通过模型平均的方式组合使用(如加权平均,按多数票规则投票,归一化平均)。该技术为每个模型使用随机抽样,所以每个模型都不太一样。每个模型的输入使用有放回的抽样,所以模型的训练样本各不相同,进而通过不相关的学习器减少方差来降低误差。随机森林就属于装袋法。

(2)提升法。提升法在对模型进行集成学习时,各个基学习器不是独立的,而是串行的,该方法串行地建立一些学习器,通过一定策略提升弱分类器效果,组合得到强分类器。该技术使用的逻辑是,后面预测器学习的是前面预测器的误差。因此,观测数据出现在后面模型中的概率是不一样的,误差越大,出现的概率越高。所以观测数据不是基于随机有放回的抽样,而是基于误差。梯度提升算法就是这种方式。

(3)堆叠法。堆叠法就是当初始训练数据学习出若干个基学习器后,将这几个学习器的预测结果作为新的训练集,来学习一个新的学习器。堆叠法的基础层通常包括不同的学习算法,可以有效改进预测。

第二节 随机森林算法

在机器学习中,随机森林是一个很有名的算法,它是一个包含多个决策树的分类器,并且其输出的类别是由个别树输出的类别的众数(平均数)而定。Breiman(2001)把分类树组合成随机森林,即在特征(列)的使用和样本(行)的使用上进行随机化,生成很多分类树,再汇总分类树的结果。除此之外,Amit、Gemen 和 Ho Tim Kam (1995)各自独立地介绍了特征随机选择的思想,并且运用了 Breiman(2001)的"套袋"思想构建了控制方差的决策树集合。在此之后,Deitterich(2000)在模型中引入随机节点优化的思想,对随机森林进行进一步完善,这使得随机森林在运算量没有显著增加的前提下提高了预测精度。

一、随机森林算法的原理

由于森林是由一棵棵树组成的,因此在介绍随机森林算法之前,可以先来回顾一下决策树的逻辑。如图 5-2 所示,决策树的每个内部节点选用一个属性分割,每个分叉对应一个属性值,并且每个叶子结点代表一个分类。决策树对训练数据有很好的分类能力,但对未知的测试数据未必有好的分类能力,泛化能力弱,即可能发生过拟合现象。为了防止过拟合情况的发生,通常的解决办法就是剪枝和随机森林。第三章中我们曾经学习过剪枝的逻辑,这一章我们学习随机森林的原理。

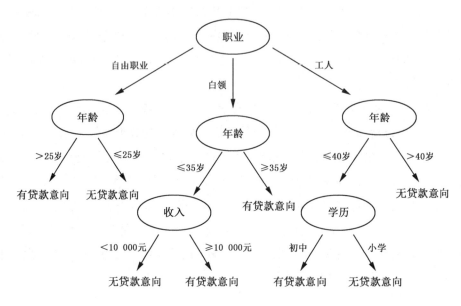

图 5—2　决策树模型

随机森林就是用随机的方式建立一个森林,里面有很多决策树,随机森林的每一棵决策树之间是没有关联的。在得到森林之后,当有一个新的输入样本进入时,森林中的每一棵决策树分别判断样本特征,观测者根据决策树的判断结果预测样本类别。

随机森林的基本逻辑和步骤如下:

第一步,从样本集中用有放回抽样的方式随机选出 n 个样本。

第二步,从所有属性中随机选择 k 个属性(假设总共有 P 个特征变量),选择最佳分割属性作为节点建立决策树,这个过程中不需要剪枝。不剪枝的好处是能够减少偏差。

第三步,重复以上两步 m 次,即建立 m 棵决策树,这 m 棵决策树形成随机森林,通过投票表决结果,决定数据属于哪一类。

在上文中,m 是指循环的次数,n 是指样本的数目,n 个样本构成训练的样本集,而 m 次循环中又会产生 m 个这样的样本集,这些都是随机森林实操中的重要参数。

这里需要特别补充的是,随机森林中子树的每一个分裂过程并未用到所有的待选特征,而是从所有的待选特征中随机选取一部分特征,之后再在随机选取的特征中选取最优特征。每次只随机抽样一部分特征变量,会增大偏差,但不同节被强迫使用不同的特征分裂,可以降低决策树之间的相关性,从而减少方差。在偏差和方差的权衡中,随机森林以牺牲少量偏差为代价,换取更小的方差,从而降低模型总误差,提高分类性能。

图 5—3 中,浅色的方块代表所有可以被选择的特征,深色的方块是分裂特征。左

边是一棵决策树的特征选取过程,通过在待选特征中选取最优的分裂特征(ID3 算法,C4.5 算法,CART 算法等)完成分裂。右边是一个随机森林中子树的特征选取过程。

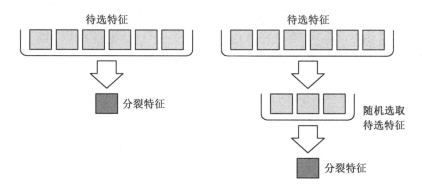

图 5—3　决策树(左)与随机森林子树(右)选取分裂特征过程

随机森林之所以可以取得更好的泛化性能,是因为随机森林是一种集成学习,它是在装袋法的基础上(依然使用自助样本),在决策树的每个节点分裂时,仅随机选取部分变量(比如 m 个变量)作为候选的分裂变量。通过组合多个弱分类器,最终结果通过投票或取均值,整体模型的结果具有较高的精确度和泛化性能。随机森林之所以能取得不错的成绩,主要是因为"随机"和"森林"的作用,前者使它具有抗过拟合能力,后者使它更加精准。森林中的每棵树都是独立的,99.9%不相关的树做出的预测结果涵盖所有的情况,这些预测结果将会彼此抵消。少数优秀树的预测结果将会从"噪音"中脱颖而出,做出好的预测。投票选择若干个弱分类器的分类结果,从而组成一个强分类器,这就是随机森林的思想。

森林中单棵树的分类强度(Strength)能够影响随机森林最后的表现,每棵树的分类强度越大,随机森林的分类性能越好。同时,森林中树之间的相关度(Correlation)也对随机森林最后的表现有重要影响,树之间的相关度越大,则随机森林的分类性能越差。减小特征选择次数 m,树的相关性和分类能力也会相应降低;增大 m,两者也会随之增大。所以关键问题是如何选择最优的 m(或者是范围)。

最后需要说明的是,随机森林可以使用决策树作为基本分类器,同时也可以使用支持向量机、逻辑回归等其他分类器,习惯上,这些分类器组成的集成分类器,仍然叫随机森林。

二、随机森林实操代码

随机森林算法能够处理具有高维特征的输入样本,而且不需要降维。由于随机森林中的子树每一个分裂过程并未用到所有的待选特征,而是从所有的待选特征中随机选取一部分特征,之后再在随机选取的特征中选取最优的特征,因此使得随机森林中的决策树都能够彼此不同,提升模型预测准确率。本部分使用某个竞赛网站的数据,根据姓名预测性别展示。这个数据主要包含两列,name 列是参赛者的姓名,gender 列是参赛者的性别,其中,1 表示男性,0 表示女性。下面,我们使用随机森林算法,根据参赛者的姓名预测性别,最后再与真实的性别比对。

```
1. import pandas as pd
2. import time
3. from collections import defaultdict
4. # from sklearn.externals import joblib
5. import joblib
6. import datetime
7. from sklearn.tree import DecisionTreeClassifier
8. from sklearn.ensemble import RandomForestClassifier
9. from sklearn.model_selection import cross_val_score
10. from sklearn.metrics import accuracy_score
11. # from sklearn.grid_search import GridSearchCV
12. from sklearn.model_selection import GridSearchCV
13. from numpy import *
14. from sklearn.model_selection import train_test_split
15. starttime = datetime.datetime.now()
16.
17. # 导入数据
18. *path = "D:/python/机器学习与社会科学应用/演示数据/05 集成算法/name_and_gender/"
19. f = open(path+'train.txt',encoding='utf-8')
20. data = pd.read_csv(f,header=0,sep=',') # 一个竞赛网站12万份样本
21. data['name'] = data['name'].astype(str)
22. data['gender'] = data['gender'].astype(int)
23.
```

我们提取了前 10 个数据展示。

	id	name	gender
0	1	阆家	1
1	2	玉瑾	0
2	3	于邺	1
3	4	越英	0
4	5	蕴萱	0
5	6	子顾	0
6	7	靖曦	0
7	8	鲁莱	1
8	9	永远	1
9	10	红孙	1

下面对样本数据随机拆分为训练集和测试集。

```
24. # 样本量太大的情况下，运行效率会比较低
25. data = data[0:1000]
26. # 将数据分出一部分，作为测试集，剩下的用于建模
27. data_train, data_test = train_test_split(data, test_size=0.3, r
andom_state=666)
28. print("随机挑选一部分进行建模：", data_train.shape)
29.
```

特征 x 是姓名用字，需要将 x 转换为一个数字化的向量。所有姓名合并在一起，去重，构造一个姓名用字池向量。

```
30. name_vec_total = list(data_train['name'])
31. name_vec_total = list(''.join(name_vec_total))
32. # print(name_vec_total[0:20])
33. print("语料库原始总字数：", len(name_vec_total))
34. print("不重复字样本量：", len(set(name_vec_total)))
35. freq = defaultdict(int)
36. for w in name_vec_total:
37.     freq[w] += 1
38. name_vec_total = [w  for w in name_vec_total if freq[w]>5]
39. name_vec_total = list(set(name_vec_total)) #去重后再转换成列表
40. print("剔除稀缺字后不重复字样本量：",len(set(name_vec_total)))
41. print("不重复姓名用字举例:",name_vec_total[0:20])
42. f = open(path+'name_vec_total_rf.txt','w',encoding='utf8')
43. f.write(';'.join(name_vec_total))
44. f.close()
```

语料库原始总字数：1 390

不重复字样本量：780

剔除稀缺字后不重复字样本量：17

不重复姓名用字举例：['妍','鹏','清','雨','海','文','子','希','雪','明','昭','涵','春','彩','佳','嘉','轩']

```
      # 把具体某个姓名(如"建国")的用字用上述姓名用字池向量来表示
45. def words2vec(inputSet): #inputSet 是待定义姓名,这个函数基于上文得到的
name_total
46.     returnVec = [0] * len(name_vec_total)    # 获得所有单词等长的
0列表
47.     for word in inputSet:
48.         if word in name_vec_total:
49.             returnVec[name_vec_total.index(word)] += 1   # 对应单
词位置加1
50.     return returnVec
51.
52. # 这个方式是在 dataframe 中计算
53. # data_train['name_vec']=data_train['name'].apply(words2vec)
54. # print(data_train['name'][11],data_train['name_vec'][11])
55.
56. # 也可以先转换成 list 后再计算
57. name = list(data_train['name'])
58. print("姓名举例:",name[0:20])
59. name_vec = [words2vec(n) for n in name]    # 特征 x 是用向量表示的姓名,
这是一个嵌套列表, 会占用内存超级多
60. # print(name_vec[0:2])
61.
62. # print(name_vec[0:5])
63. # 相应 y 为 gender,
64. gender_vec = list(data_train['gender'])
65. # print(gender_vec[0:5])
66.
67. # 对 n_estimators 进行网格搜索
68. param_test1 = {'n_estimators':list(range(3,50,2))}
69. gsearch1 = GridSearchCV(estimator = RandomForestClassifier(oob_
score=True, random_state=33),
70.                         param_grid = param_test1, scoring='roc_a
uc',cv=5,n_jobs=-1)
71. gsearch1.fit(name_vec,gender_vec)
82. print(gsearch1.best_params_)
73.
74. # 接着我们对决策树最大深度 max_depth 和内部节点再划分所需最小样本数
min_samples_split 进行网格搜索
75. param_test2 = {'max_depth':list(range(1,14,2)), 'min_samples_sp
lit':list(range(5,201,20))}
76. gsearch2 = GridSearchCV(estimator = RandomForestClassifier(n_es
timators=27,oob_score=True, random_state=33),
77.     param_grid = param_test2, scoring='roc_auc',cv=5,n_jobs=-1)
78. gsearch2.fit(name_vec,gender_vec)
79. print(gsearch2.best_params_)
80.
```

对于内部节点再划分所需最小样本数 min_samples_split,我们暂时不能一起定下来,因为这个还和决策树其他的参数存在关联。下面我们对内部节点再划分所需最小样本数 min_samples_split 和叶子节点最少样本数 min_samples_leaf 一起调参。最

优 min_samples_split 为 10，最优 min_samples_split 为 140。

```
81. param_test3 = {'min_samples_split':list(range(80,150,20)), 'min
_samples_leaf':list(range(10,60,10))}
82. gsearch3 = GridSearchCV(estimator = RandomForestClassifier(n_es
timators=13, max_depth=9,
83.                                  max_features='sqrt', oob_scor
e=True, random_state=10),
84.                                  param_grid = param_test3, sco
ring='roc_auc',cv=5,n_jobs=-1)
85. gsearch3.fit(name_vec,gender_vec)
86. print(gsearch3.best_params_)
87.
88. # 最后我们再对最大特征数 max_features 做调参：基本上也是越大越好，但差别不大，
取 11
89. param_test4 = {'max_features':list(range(3,20,2))}
90. gsearch4 = GridSearchCV(estimator = RandomForestClassifier(n_es
timators=20, max_depth=13, min_samples_split=140,
91.                                  min_samples_leaf=10 ,oob_s
core=True, random_state=10),param_grid = param_test4, scoring='roc_auc',
cv=5,n_jobs=-1)
92. gsearch4.fit(name_vec,gender_vec)
93. print(gsearch4.best_params_)
94.
95. rf_clf = RandomForestClassifier(n_estimators=40, max_depth=13,
min_samples_split=140,
96.                                  min_samples_leaf=10,max_featu
res=11,oob_score=True, random_state=10)
97. rf_clf.fit(name_vec,gender_vec)
98. print("验证集预测准确率:",rf_clf.oob_score_)
99. joblib.dump(rf_clf,path+'random_forest'+'.model')   # 模型的保存
100.
```

验证集预测准确率: 0.5428571428571428

当跑完模型之后，我们可以打印出随机森林测试集正确率。

```
101. # 测试集测试
102. data_test, data_test2 = train_test_split(data_test, test_size=
0.95) # 测试集可能太大了
103. name_new = list(data_test['name'])
104. x_test = [words2vec(n) for n in name_new]
105. y_test = list(data_test['gender'])
106. y_pred_new = rf_clf.predict(x_test)
107. print("随机森林测试集正确率 {:05.2f}%" .format(100*(1-(sum(array
(y_pred_new)!=array(y_test))/len(y_test)))))
```

随机森林测试集正确率 46.67%

三、随机森林社会科学应用案例

Awais and Yang（2019）探究投资者之间的分歧是否会影响股价同步性时,在构造分歧度指标的过程中使用了随机森林算法。由于直接衡量投资者之间分歧是一件非常困难的事,因此作者先选用随机森林算法预测投资者情绪,再根据不同投资者的情绪计算他们之间的分歧程度。具体来说,训练集来自投资者在 StockTwits 上标注的超过 100 万个预分类的讨论,即投资者在发帖后自行标注的看涨、看跌情绪。在得到每个讨论的看涨看跌情绪后,作者遵循 Antweiler and Frank（2004）的方法来计算投资者之间的分歧程度。最后,作者发现投资者之间的意见分歧会影响股价同步性。

Galdo *et al.*（2021）发表在《城市经济学杂志》(*Journal of Urban Economics*）上一篇校准印度官方城市化率的文章中,使用随机森林算法区分一个地区是否属于城市。由于人为判断一个地区是否属于城市存在很大的主观性,因此作者使用机器学习的算法预测。在文章的前半部分,作者采用 10 倍交叉验证的方式分别计算了 Logit、Lasso 和随机森林算法预测城市化率的准确率,结果发现随机森林算法的预测准确性最高。在后文中,作者主要使用随机森林算法验证印度官方的城市化率的准确性。具体来说,作者使用人口规模、人口密度、建成区占比、灯光亮度、NDVI（植被覆盖率）、(NDWI)地表水含量、NDVI 与 NDWI 的二次项、NDVI 与 NDWI 的交互项作为协变量,使用随机森林算法预测该地区为城市地区的可能性,如果预测该地区为城市的可能性大于 0.5,就将该地点归类为城市,否则认为它是农村。作者通过随机森林算法预测发现印度的城市化率为 29.9%,远远低于官方发布的城市化率。该论文的深度解析,可以查看本书作者团队公众号"机器学习与数字经济实验室的推文,链接为 https://mp.weixin.qq.com/s/87T2rNZ8JqjFSwQbbUkEJg。

推文

用机器学习方法校准官方城市化率

第三节　梯度提升树算法

本节我们来探讨梯度提升树算法。梯度提升树（Gradient Boosting Decison Tree,GBDT）,顾名思义,它包含两部分内容:梯度提升（Gradient Boosting）和决策树（Decison Tree）。梯度提升树被认为是当前机器学习中性能最好的算法之一。

一、梯度提升树算法的原理

(一)从决策树到提升树

第三章学习的决策树算法中,我们了解到决策树的基本结构由节点和有向的边组成,节点按所处在决策树的位置可以分为根节点、中间节点和叶子节点。其中每个节点代表一个属性,每个分支代表一个决策(规则),每个叶子代表一个结果。但决策树存在容易过拟合的缺点,因此,有了我们上一节学习的提升模型泛化能力的随机森林算法。作为一个集成学习的典型代表,随机森林也是利用了"三个臭皮匠,赛过诸葛亮"的建模思路。不过,三个臭皮匠,能否真的赛过一个诸葛亮,其实也是有前提条件的。如果这些臭皮匠的优缺点完全相同,则无论有多少臭皮匠,也顶不过诸葛亮。因此,为了取得更好的集成效果,随机森林的策略是尽量让决策树之间不相关。那么,能否更主动地寻找不同(互补)的"臭皮匠"呢? 比如,考虑一个臭皮匠的序列:皮匠1,皮匠2,皮匠3,……能否使得每个皮匠正好弥补之前皮匠的缺点? 这就是我们下面要探讨的提升树算法(Boosting Tree)的精神逻辑。

对于随机森林,每棵决策树的作用完全对称,可随便更换决策树的位置。但对于提升树,每棵决策树的作用并不相同,这些依次而种(Grown Sequentially)的决策树之间的相对位置不能随意变动。随机森林使用自助样本,故可计算袋外误差。而提升法则基于原始样本,故一般无法计算袋外误差,但可使用不同的观测值权重(Observation Weights)。

最早的提升法为 Freund and Schapire(1996,1997)提出的自适应提升法(Adaptive Boosting,AdaBoost)。AdaBoost 适应于分类问题,它的自适应在前一个基分类器分错的样本会得到加强,加权后的全体样本再次被用来训练下一个基分类器。同时,在每一轮中加入一个新的弱分类器,直到达到某个预定的足够小的错误率或达到预先指定的最大迭代次数。如图 5—4 所示,AdaBoost 中有两种权重,一种是数据的权重,另一种是弱分类器的权重,理解了这两个权重,就基本理解了提升法的基本逻辑。

(1)数据权重。具体训练过程中,如果某个样本点已经被准确地分类,那么在构造下一个训练集中,它的权重就降低;相反,如果某个样本点没有被准确地分类,那么它的权重就增加。然后,权重更新过的样本集被用于训练下一个分类器,整个训练过程如此迭代地进行下去。数据的权重主要用于弱分类器寻找其分类误差最小的点。其实,在单层决策树计算误差时,AdaBoost 要求其乘上权重,即计算带权重的误差。这样,在 AdaBoost 中,每训练完一个弱分类器,就都会调整权重,上一轮训练中被误分类的样本的权重会增加,在本轮训练中,由于权重影响,本轮的弱分类器将更有可能把

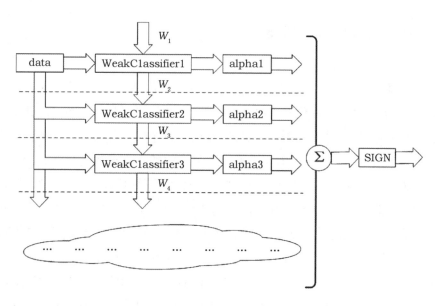

图5-4　提升法中的两个权重

上一轮的误分类样本分对。如果还是没有分对,那么分错的样本的权重将进一步增加,下一个弱分类器将更加关注这个样本,尽量将其分对。通过这种操作,就达到"你分不对的我来分",下一个分类器主要关注上一个分类器没分对的样本,每个分类器都各有侧重,从而实现"三个臭皮匠,赛过诸葛亮"的集成效果。

(2)分类器权重。由于 AdaBoost 中若干个分类器的关系是第 N 个分类器更可能分对第 $N-1$ 个分类器没分对的数据,而不能保证以前分对的数据也能同时分对。所以在 AdaBoost 中,每个弱分类器都有各自最关注的点,每个弱分类器都只关注整个数据集中的一部分数据,所以它们必然是共同组合在一起才能发挥出作用。所以最终投票表决时,需要为每个弱分类器设置一个权重,来进行加权投票。权重大小可以根据弱分类器的分类错误率计算得出,总的规律就是弱分类器错误率越低,该弱分类器的权重就越高。

(二)从提升树到梯度提升树

这一小节再具体介绍梯度提升树的逻辑和数学原理。如果我们选择以决策树为提升法框架的基学习器,那么这便是提升树。提升法实际上采用的是加法模型与前向分布算法。因此,提升树模型的数学表达式可以表示为:

$$f_M(x) = \sum_{m=1}^{M} g_m(x) \tag{5.1}$$

其中, $g_m(x)$ 表示第 m 棵决策树, M 表示为决策树的棵数。

对于数据集 $D = \{(x_i, y_i)\}_{i=1}^{n}, x_i \in R$,提升树训练的目标就是最小化损失函数:

$$\arg \min \sum_{i=1}^{n} L(y_i, f_M(x_i)) = \arg \min \sum_{m=1}^{M} L(y_i, g_m(x)) \qquad (5.2)$$

对于不同问题的提升树算法,主要区别在于使用的损失函数不同。对于分类问题,损失函数一般有对数损失和指数损失等;对于回归问题,损失函数一般有平方误差损失、绝对值损失、Huber 损失等。下面我们以社会科学更熟悉的回归问题解释梯度提升树算法的逻辑。

首先确定初始提升树 $f_0(x) = 0$,根据前向分步算法,第 m 步的模型为:

$$f_m(x) = f_{m-1}(x) + g_m(x) \qquad (5.3)$$

在 m 次迭代中,算法的目标是找到一个基学习器 $g_m(x)$,使得损失最小,即:

$$\arg \min \sum_{i=1}^{n} L(y_i, f_{m-1}(x_i) + g_m(x)) \qquad (5.4)$$

据此,生成第 m 棵决策树 $g_m(x)$。

当采用平方误差损失时,决策树拟合的就是残差:

$$L(y, f_{m-1}(x_i) + g_m(x)) = (y - f_{m-1}(x) - g_m(x))^2 \qquad (5.5)$$

所以,对于回归问题的提升树算法,只需要拟合当前模型的残差。当提升树中的损失函数为平方误差时,残差计算其实很简单。但对于一般损失函数而言(比如对数损失),残差计算就不是很方便了。因此,Freidman(2000)等人提出了利用损失函数的负梯度在当前模型的值作为提升树模型残差的近似值的方法,这便是梯度提升树的思想精髓。损失函数的负梯度用数学语言表达则为:

$$\left[\frac{\partial L(y, f(x_i))}{\partial f(x_i)}\right] f(x) = f_{m-1}(x) = \left[(y - f_{m-1}(x))^2\right] = 2((y - f_{m-1}(x))) \qquad (5.6)$$

此时,损失函数的一阶导和残差一致。

利用 $\{(x_i, r_{m,i})\}_{i=1,2,\cdots,n}$ 训练出第 m 棵回归树 g_m,其中叶节点的区域为 $R_{m,j}$,$j = 1, 2, \cdots, J_m$,J_m 为第 m 棵决策树叶子节点的个数。

利用回归树 g_m 的每一个叶节点,计算最佳拟合值:

$$g_{m,j} = \arg \min \sum L(y_i, f_{m-1}(x_i) + g_m) \qquad (5.7)$$

更新 $f_m(x) = f_{m-1}(x) + \sum_{j=1}^{J} g_{m,j} I(x \in R_{m,j})$。

得到最终的梯度提升树模型:

$$h(x) = f_M(x) = \sum_{m=1}^{M} \sum_{j=1}^{J} g_{m,j} I(x \in R_{m,j}) \qquad (5.8)$$

二、梯度提升树实操代码

梯度提升树是一种性能非常好的机器学习模型框架,在产业界应用十分广泛。梯度提升树在迭代的每一步构建一个能够沿着梯度最陡的方向降低损失的学习器弥补已有模型的不足,在函数空间中利用梯度下降法优化,从而提高模型的泛化能力。本部分以新能源汽车充电桩的故障检测作为案例进行实操。该数据共包含 85 500 条训练数据,主要包含 7 列,S1～S6 表示汽车充电桩的其他参数数据,label 列表示充电桩是否故障,其中,0 代表充电桩正常,1 代表充电桩有故障。

```
1.  # 导入模块
2.  import pandas as pd
3.  import numpy as np
4.  import datetime
5.  import pandas as pd
6.  from sklearn.model_selection import train_test_split
7.  from sklearn.ensemble import GradientBoostingClassifier
8.  starttime = datetime.datetime.now()
9.
10. # 读入数据
11. path = "D:/python/机器学习与社会科学应用/演示数据/05 集成算法
/name_and_gender/"
12. charging_pile = pd.read_csv(path+"charging_pile.csv",encoding='
utf-8')
13. # charging_pile = pd.read_csv(f,header=0,sep=',')
14. print(charging_pile.shape)
15. charging_pile.head()
```

	id	S1	S2	S3	S4	S5	S6	label
0	1	11.802741	12.122681	-0.057440	12.089629	11.809618	11.468398	1
1	2	11.818357	12.135362	-0.055879	12.056373	11.671259	38.840074	1
2	3	11.802741	12.121097	-0.060561	12.038968	12.163057	14.761536	1
3	4	11.844897	12.157545	-0.094915	12.059551	10.682868	16.772367	1
4	5	11.818357	12.121097	-0.087113	12.054791	9.838321	141.752642	1

读取文件,去除 id 和 label 标签项,并把数据分成训练集和验证集。并且,在这则示例中,我们采用默认(3∶1)方式设定训练集和测试集的个数,并将随机状态(random_state)设定为1,以方便后续复现结果。

```
16. # 区分 x 和 y
17. x_columns = []
18. for x in charging_pile.columns:
19.     if x not in ['id', 'label']:
20.         x_columns.append(x)
21. X = charging_pile[x_columns]
22. y = charging_pile['label']
23. x_train, x_test, y_train, y_test = train_test_split(X, y, test_
size=0.3, random_state=1)
24. print(x_train.shape)
25. print(x_test.shape)
26.
27. # 模型训练，使用 GBDT 算法
28. gbr = GradientBoostingClassifier(n_estimators=3000, max_depth=2,
min_samples_split=2, learning_rate=0.1)
29. gbr.fit(x_train, y_train.ravel())
```

GBDT 算法参数设置如上，也可以通过网格搜索寻找最优参数设置，这里不赘述。模型 train_model_result4. m 保存在当前目录下。最后我们打印训练和验证的准确率，结果显示我们的模型对于训练和预测都达到了 100% 的准确率。

```
30. # 训练和验证的准确率
31. y_gbr = gbr.predict(x_train)
32. y_gbr1 = gbr.predict(x_test)
33. acc_train = gbr.score(x_train, y_train)
34. acc_test = gbr.score(x_test, y_test)
35. print(acc_train)
36. print(acc_test)
```

1.0

1.0

三、梯度提升树社会科学应用案例

本书作者团队曾使用梯度提升树评估了新冠疫情对线下微型商户的冲击（Guo et al.，2022）。新冠疫情给国民经济运行，特别是线下微型商户的经营造成严重冲击，但由于数据缺失，相关定量评估分析比较困难。作者团队基于支付宝旗下支付工具"码商"的海量数据，利用梯度提升树推算了如果没有新冠疫情发生，2020 年春节后线下微型商户运行应该具有的"反事实结果"，进而定量估算了疫情造成的冲击。具体而言，作者团队将 2019 年春节后线下微型商户与 2019 年春节前线下微型商户（以及其他特征变量）之间的映射关系，通过梯度下降树（GBDT）回归这一机器学习方法，训练得到一组参数，然后泛化到 2020 年，进而利用 2020 年春节前的线下微型商户数据和

其他特征数据,推测出 2020 年春节后的反事实结果。研究发现在疫情最严重的一段时间,线下微型商户的活跃商户量和营业额下降了约 50%。但从 2020 年 3 月开始,线下微型商户的活跃商户量和营业额都开始迅速恢复,到 3 月底,已恢复到常态的 80% 的水平。

Chetty *et al*.(2020)发表在《自然》(*Nature*)上的一篇文章研究了社会资本如何影响经济流动性。然而,研究人员很难了解何种类型的社会资本对经济流动性有影响。为了解决这方面的问题,Chetty *et al*.(2020)在构建社会经济地位指标中,将美国普查数据(ACS)收集的其所在人口普查区域中的家庭收入中位数与之匹配,作为训练组。然后运用梯度提升回归树模型(GBDT)训练,用于估计其他样本所在区域的家庭收入中位数,其中保留 10% 的样本作为验证集,最后使用多模型广义贝塔估计拟合样本收入等级的参数分布,从而找出社会资本与经济流动性之间的关系。研究发现,在各类社会资本中,跨社会经济地位的社交联系与经济流动性最密切相关。该文的深度解析,可以查阅本书作者团队公众号"机器学习与数字经济实验室"的推文,链接为 https://mp. weixin. qq. com/s/Ml1PUh-6jllg8P_X8OVf3A。

推文

社交媒体网络研究在Nature连载(上)

第四节　XGBoost 算法

XGBoost 的全称是 eXtreme Gradient Boosting,它是经过优化的分布式梯度提升算法,由 Chen and Guestrin(2016)开发。XGBoost 是大规模并行的提升树算法,也是目前最快最好的开源提升树算法,比常见的工具包快 10 倍以上。XGBoost 算法的基本思想可以理解成以损失函数的二阶泰勒展开式作为其替代函数,求解其最小化(导数为 0)来确定回归树的最佳切分点和叶节点输出数值(这一点和 CART 回归树不同)。此外,XGBoost 通过在损失函数中引入子树数量和子树叶节点数值等,充分考虑到了正则化问题,从而能够有效避免过拟合。在效率上,XGBoost 通过利用独特的近似回归树分叉点估计和子节点并行化等方式,加上二阶收敛的特性,建模效率较一般的梯度提升树大幅提升。

一、XGBoost 算法的原理

XGBoost 是提升树算法的其中一种。提升树算法的思想是将许多弱分类器集成在一起形成一个强分类器。XGBoost 算法所用到的树模型是 CART 回归树模型。该算法思想就是不断地添加树,不断地进行特征分裂来生长一棵树,每次添加一个树,其实是学习一个新函数，拟合上次预测的残差。当我们训练完成得到 k 棵树，我们要预测一个样本的分数，其实就是根据这个样本的特征，在每棵树中会落到对应的一个叶子节点，每个叶子节点就对应一个分数，最后只需要将每棵树对应的分数加起来就是该样本的预测值。

XGBoost 的目标函数由两部分构成，第一部分用来衡量预测输出和真实输出的差距，另一部分则是正则化项。正则化项同样包含两部分，T 表示叶子结点的个数，w 表示叶子节点的分数。γ 可以控制叶子结点的个数，λ 可以控制叶子节点的分数不会过大，防止过拟合。具体而言，XGBoost 算法的目标函数可以定义为：

$$Obj = \sum_{i=1}^{n} l(y_i, \hat{y}_i) + \sum_{k=1}^{K} \Omega(f_k) \tag{5.9}$$

其中，$\Omega(f_k) = \gamma T + \frac{1}{2}\lambda \parallel w \parallel^2$。而新生成的树要拟合上次预测的残差，即当生成 t 棵树后，预测分数可以写成：

$$\hat{y}_i^{(t)} = \hat{y}_i^{(t-1)} + f_i(x_i) \tag{5.10}$$

此时，目标函数变为 $\Gamma^{(t)} = \sum_{i=1}^{n} l\left(y_i, \hat{y}_i^{(t-1)} + f_t(x_i) + \Omega(f_t)\right)$。

目标函数的一阶导数与二阶导数分别为：

$$g_i = \partial_{\hat{y}^{(t-1)}} l\left(y_i, \hat{y}^{(t-1)}\right)$$

$$h_i = \partial_{\hat{y}^{(t-1)}}^2 l\left(y_i, \hat{y}^{(t-1)}\right) \tag{5.11}$$

由于每个样本都最终会落到一个叶子节点中，因此我们可以将所有同一个叶子节点的样本重组起来，目标函数变成关于叶子节点分数 w 的一个一元二次函数。因此，最优的 w 和目标函数公式为：

$$w_j^* = -\frac{G_j}{H_j + \lambda}$$

$$Ob_j = -\frac{1}{2}\sum_{j=1}^{T} \frac{G_j^2}{H_j + \lambda} + \gamma T \tag{5.12}$$

接下来，将确定每次特征分裂的最佳分裂点。基于空间切分去构造一棵决策树是一个未解难题，我们不可能去遍历所有树结构。因此，XGBoost 使用了和 CART 回归树一样的想法，利用贪婪算法，遍历所有特征的划分点，不同的是使用上式目标函数值作为评价函数。具体做法就是分裂后的目标函数值比单子叶子节点的目标函数的增益，同时为了限制树生长过深，还加了个阈值，只有当增益大于该阈值才分裂。同时可以设置树的最大深度，当样本权重和小于设定阈值时停止生长防止过拟合。

基于上述介绍，XGBoost 算法有一些非常突出的优点：

（1）精度更高。XGBoost 对损失函数进行了二阶泰勒展开。XGBoost 引入二阶导数一方面是为了增加精度，另一方面也是为了能够自定义损失函数，二阶泰勒展开可以近似大量损失函数。

（2）灵活性更强。GBDT 以 CART 作为基分类器，XGBoost 不仅支持 CART 还支持线性分类器，使用线性分类器的 XGBoost 相当于带正则化项的逻辑斯蒂回归（分类问题）或者线性回归（回归问题）。此外，XGBoost 工具支持自定义损失函数，只需函数支持一阶和二阶求导。

（3）防止过拟合。XGBoost 在目标函数中加入了正则项，用于控制模型的复杂度。正则项里包含了树的叶子节点个数、叶子节点权重的范式。正则项降低了模型的方差，使学习出来的模型更加简单，有助于防止过拟合，这也是 XGBoost 优于传统梯度提升树的一个特性。

（4）Shrinkage（缩减），相当于学习速率，学习速率相当于迭代收敛的速度。XGBoost 在完成一次迭代后，会将叶子节点的权重乘上该系数，主要是为了削弱每棵树的影响，让后面有更大的学习空间。传统梯度提升树的实现也有学习速率。

（5）特征抽样。XGBoost 算法借鉴了随机森林的做法，支持特征抽样（列抽样），这样不仅能降低过拟合，还能减少计算。这也是 XGBoost 异于传统梯度提升树算法的一个特性。

当然，XGBoost 算法也有一些缺点，例如虽然它利用预排序和近似算法可以降低寻找最佳分裂点的计算量，但在节点分裂过程中仍需要遍历数据集。此外，在预排序过程的空间复杂度过高，不仅需要存储特征值，还需要存储特征对应样本的梯度统计值的索引，相当于消耗了两倍的内存。

二、XGBoost 算法实操代码

XGBoost 算法致力于让提升树突破自身的计算极限，以实现运算快速、性能优秀的工程目标。和传统的梯度提升算法相比，XGBoost 进行了许多改进，它能够比其他使用梯度提升的集成算法更加快速，并且已经被认为是在分类和回归上都拥有超高性能的先进评估器。XGBoost 算法一般用于高科技行业和数据咨询等行业。在使用 XGBoost 算法之前，需要安装 xgboost 库，它是一个独立的、开源的、专门提供梯度提升树以及 XGBoost 算法应用的算法库。本部分以某地区的房价数据为例，预测房价的走势。该数据包含影响房价的其他变量，例如住宅面积、住宅形状、销售月份等。最后，该数据也给出了最终的成交价格。

```
1.  # 首先，调入可能使用到的模块
2.  import numpy as np
3.  import pandas as pd
4.  import sklearn
5.  import matplotlib as mlp
6.  import matplotlib.pyplot as plt
7.  import seaborn as sns
8.  import re, pip, conda
9.  import time
10. import os
11.
12. # pip install xgboost # 安装 xgboost 库
13. # pip install --upgrade xgboost #更新 xgboost 库
14. import xgboost as xgb #导入成功则说明安装正确
15. xgb.__version__
16.
17. from xgboost import XGBRegressor
18. from sklearn.model_selection import cross_validate, KFold
19. from sklearn.model_selection import train_test_split
20.
21. # 导入数据
22. path = "D:/python/机器学习与社会科学应用/演示数据/05 集成算法/"
23. data = pd.read_csv(path+"house.csv",index_col=0)
24. data.head()
25.
```

	Id	住宅类型	住宅区域	街道接触面积(英尺)	住宅面积	街道路面状况	巷子路面状况	住宅形状(大概)	住宅现状	水电气	...	泳池面积	泳池质量	篱笆质量	其他配置	其他配置的价值	销售月份	销售年份	销售类型	销售状态	SalePrice
0	0.0	5.0	3.0	36.0	327.0	1.0	0.0	3.0	3.0	0.0	...	0.0	0.0	0.0	0.0	0.0	1.0	2.0	8.0	4.0	208500
1	1.0	0.0	3.0	51.0	498.0	1.0	0.0	3.0	3.0	0.0	...	0.0	0.0	0.0	0.0	0.0	4.0	1.0	8.0	4.0	181500
2	2.0	5.0	3.0	39.0	702.0	1.0	0.0	0.0	3.0	0.0	...	0.0	0.0	0.0	0.0	0.0	8.0	2.0	8.0	4.0	223500
3	3.0	6.0	3.0	31.0	489.0	1.0	0.0	0.0	3.0	0.0	...	0.0	0.0	0.0	0.0	0.0	1.0	0.0	8.0	4.0	140000
4	4.0	5.0	3.0	55.0	925.0	1.0	0.0	0.0	3.0	0.0	...	0.0	0.0	0.0	0.0	0.0	11.0	2.0	8.0	4.0	250000

5 rows × 81 columns

```
26. # 指定特征变量与响应变量
27. X = data.iloc[:,:-1]
28. y = data.iloc[:,-1]
29.
```

划分训练集与测试集，在这则示例中，我们采用默认（3∶1）方式设定训练集和测试集的个数，并将随机状态（random_state）设定为 14，以方便后续复现结果。

```
30. x_train,x_test,y_train,y_test = train_test_split(X,y,test_size=
0.3,random_state=14)
31.
32. # 调用 XGBoost 模型，使用训练集数据进行训练（拟合）
33. xgb = XGBRegressor(random_state=12)
34. xgb.fit(x_train,y_train)
35. xgb.score(x_test,y_test) # 默认指标 R2
36. # XGBoost 交叉验证算法
37. cv = KFold(n_splits=5,shuffle=True,random_state=14)
38.
39. cv_xgb = cross_validate(xgb,X,y,cv=cv,scoring="neg_root_mean_sq
uared_error",return_train_score=True,verbose=True,n_jobs=-1)
40. cv_xgb
```

```
Out[13]: {'fit_time': array([0.58454967, 0.58525181, 0.57658601, 0.80944777, 0.6691277 ]),
          'score_time': array([0.        , 0.        , 0.        , 0.01107335, 0.          ]),
          'test_score': array([-29157.14222694, -24538.23572031, -27931.90062837, -33650.9253063 ,
                 -33756.20769476]),
          'train_score': array([ -919.07456436, -1007.3316458 ,  -931.83631519, -1073.70816363,
                 -925.23989869])}
```

然而，由于 XGBoost 算法不稳定，过拟合的情况非常严重，我们分别计算了训练集和测试集的剩余标准差（Root Mean Squared Error, RMSE）。此后，我们通过限制 Max_depth，缓解欠拟合问题。

```
1. def RMSE(result,name):
2.     return abs(result[name].mean())
3.
4. # 训练集上 RMSE
5. RMSE(cv_xgb,"train_score")
6.
7. # 测试集上 RMSE
8. RMSE(cv_xgb,"test_score")
9.
10.
11. xgb_depth = XGBRegressor(max_depth=5,random_state=14) # 实例化
12. cv_xgb_depth = cross_validate(xgb_depth,X,y,cv=cv
13.                              ,scoring="neg_root_mean_squared_
error" # 负根均方误差
14.                                     ,return_train_score=True
15.                                     ,verbose=True
16.                                     ,n_jobs=-1)
17.
18. RMSE(cv_xgb_depth,"train_score")
19. RMSE(cv_xgb_depth,"test_score")
```

```
20.
21. xgb_depth = XGBRegressor(max_depth=5,random_state=14).fit(X,y)
22. # 查看特征重要性
23. xgb_depth.feature_importances_
24.
25. # 获取每一个参数的取值
26. xgb_depth.get_params()
```

```
{'base_score': 0.5,
 'booster': 'gbtree',
 'colsample_bylevel': 1,
 'colsample_bynode': 1,
 'colsample_bytree': 1,
 'enable_categorical': False,
 'gamma': 0,
 'gpu_id': -1,
 'importance_type': None,
 'interaction_constraints': '',
 'learning_rate': 0.300000012,
 'max_delta_step': 0,
 'max_depth': 5,
 'min_child_weight': 1,
 'missing': nan,
 'monotone_constraints': '()',
 'n_estimators': 100,
 'n_jobs': 8,
 'num_parallel_tree': 1,
 'objective': 'reg:squarederror',
 'predictor': 'auto',
 'random_state': 14,
 'reg_alpha': 0,
```

三、XGBoost 算法社会科学应用案例

凭借预测性能和运行效率上的突出优势,XGBoost 算法在社会科学中也开始得到一些应用。例如,周卫华等(2022)将 XGBoost 集成学习方法应用到上市公司财务舞弊预测分析中,有效提高了上市公司财务舞弊预测准确率。具体而言,他们基于 2000—2020 年中国上市公司数据集为观测样本,通过 Benford 定律、LOF 局部异常法、IF 无监督学习法,解决了机器学习应用于财务舞弊识别研究时普遍面临的灰色样本问题,甄选兼具领域特性和统计特征的特征变量,然后使用 XGBoost 算法,对上市公司财务舞弊行为进行了识别和预测。

思考题

1. 多个弱分类集合在一起就能构成一个更强大的分类器,逻辑是什么?

2. 试述随机森林算法为什么比决策树 Bagging 集成的训练速度快？

3. 在 GBDT 算法中，如果前 N 棵树已经正确分类，在第 N＋1 棵树上会被怎样处理？

4. XGBoost 对损失函数做了二阶泰勒展开，而 GBDT 只用了一阶导数的信息，主要是基于哪些方面的考虑？

参考文献

［1］Zhou,X. and Xie,Y. (2019),"Marginal Treatment Effects from a Propensity Score Perspective",*Journal of Political Economy*,Vol. 127,pp. 3070－3084.

［2］Awais,M. and Yang,J. (2019),"Does Divergence of Opinions Make Better Minds? Evidence from Social Media",Working Paper.

［3］Breiman,L. (2001),"Random Forests",*Machine Learning*,Vol. 45(1),pp. 5－32.

［4］Chen,T. and Gusetrin,C. (2016),"XGBoost: A Scalable Tree Boosting System",arXiv e-prints,arXiv:1603. 02754.

［5］Chetty,R. Jackson,M. O. Kuchler,T. Stroebel,J. ,et al. (2022),"Social capital I: Measurement and Associations with Economic Mobility",*Nature*,Vol. 608(7921),pp. 108－121.

［6］Freund,Y. and Schapire,R. E. (1996),"Experiments with a New Boosting Algorithm",*In Machine Learning: Proceedings ofthe Thirteenth International Conference*. Morgan Kaufman,San Francisco. pp. 148－156.

［7］Freund,Y. and Re,S. (1997),"A Decision-theoretic Generalization of On-line Learning and an Application to Boosting",*Journal of Computer and System Sciences*,Vol. 55,pp. 119－139.

［8］Galdo,V. Li,Y. and Rama,M. (2021),"Identifying Urban Areas by Combining Human Judgment and Machine Learning: An Application to India",*Journal of Urban Economics*,103229.

［9］Guo,F. Huang,Y. Wang,J. and Wang,X. (2022),"The Informal Economy at Times of COVID－19 Pandemic",*China Economic Review*,Vol. 1,101722.

［10］周卫华、翟晓风、谭皓威(2022),"基于 XGBoost 的上市公司财务舞弊预测模型研究",《数量经济技术经济研究》,第 7 期,第 176－196 页。

［11］Breiman, L. (2001), "Random forests", Machine Learning, Vol. 45, pp. 5－32.

［12］Dietterich, T. G. (2000), "An Experimental Comparison of Three Methods for Constructing Ensembles of Decision Trees: Bagging, Boosting, and Randomization", Machine Learning, Vol. 40, pp. 139－157.

［13］Friedman, J. Hastie, T. Tibshirani, R. (2020), "Additive logisticregression: a statistical view of boosting", Annals of Statistics, Vol. 28(2), pp. 337－407.

［14］Ho, T. K. (1995), "Random Decision Forests", International Conference on Document Analysis and Recognition. Washington, DC. IEEE Computer Society.

第六章　无监督学习算法

 本章导读

　　之前我们介绍了机器学习中的有监督学习算法,而在这一章中,我们将深入探讨无监督学习的重要性和相关应用。与有监督学习不一样,在无监督学习中,我们面对的是没有明确目标变量的情况,我们的任务是从数据中发现潜在的结构和模式。无监督学习的目标是通过对数据集进行分析,自动识别数据之间的相似性和差异性,从而进行聚类、降维或异常检测等任务。在无监督学习中,常见的任务包括聚类分析、降维分析[主成分分析(Principal Component Analysis,PCA)]和 LDA 主题模型等。例如,聚类算法可以帮助我们将相似的数据点分组在一起,而无需事先知道这些数据点属于哪个类别。这种技术在市场细分、社交网络分析以及基因组学研究等领域都有广泛应用。另外,主成分分析可以帮助我们降低数据维度,保留最重要的信息,以便更容易进行数据可视化和理解,这在图像处理和特征工程中经常被使用。总体而言,无监督学习为我们提供了探索未标记数据的能力,它有助于发现数据中的模式、规律和隐藏的信息。通过无监督学习,我们可以更好地理解数据并做出更准确的决策,这在市场营销、自然语言处理等各领域中都具有重要意义。深入学习无监督学习算法将为我们在学习机器学习的过程中打下坚实基础,为后续的学习和应用提供强大的工具和方法。

第一节　无监督学习简介

　　在前面章节中我们详细介绍了有监督学习的各个代表性算法,本章将简要介绍无监督学习的基本逻辑和几个代表性算法。无监督学习是一种让计算机从数据中发现模式、结构和关系的方法,但无需提供明确的标签或输出。这意味着在无监督学习中,我们提供给算法的数据只包含输入特征,没有对应的预期输出。算法的目标是自动地找到数据中隐藏的结构,以便对数据进行聚类、降维等操作。

　　虽然有监督学习非常重要而且更加直观,但在很多时候收集并且标记大量样本的花费巨大,甚至难以实现,因此,有时候希望首先在一个较小的、有标记样本集上训练一个粗略的分类器,然后让这个分类器以非监督的方式在较大的样本集上运行;或者,用大量未标记的样本集来训练分类器,让它自动发现数据中的分组,然后用代价更高的办法(如人工)来标记这些分组。此外,在很多应用中,模式的特征会随时间变化,如果这种特征的变化能够被某种无监督学习分类器捕捉到,那么分类性能将得到大幅提高。因此,无监督学习在数据挖掘、特征工程、模式识别等领域有着广泛应用。通过自动发现数据中的模式和结构,无监督学习能够帮助我们更好地理解数据,并且为后续的分析和决策提供有价值的信息。

无监督学习的主要任务包括几种类型:第一是聚类(Clustering)。这是将数据集中的样本分成不同的组或簇的过程,每个簇包含相似的样本,可以帮助我们理解数据的不同部分以及样本之间的相似性。第二是降维(Dimensionality Reduction)。这是将高维数据映射到低维空间,同时尽可能保留原始数据的重要信息,降维有助于减少计算负担,去除噪音,以及更好地可视化数据。第三是密度估计(Density Estimation)。通过学习数据分布的概率密度函数,无监督学习可以用于异常检测、生成新的数据样本,以及理解数据的概率分布。第四是关联分析(Association Analysis)。它的目标是发现数据集中项目之间的关联规则,从而揭示它们之间的相关性和依赖性。本书主要讨论聚类和降维这两种无监督学习方法。

聚类和降维是目前社会科学研究领域中最为常见的无监督学习算法,其中,聚类算法主要包括 K 均值聚类(K-Means Clustering),即将数据分成 K 个簇,使得每个样本属于最近的簇中心;以及层次聚类(Hierarchical Clustering),即构建一个簇层次树,通过逐步合并或分割簇形成聚类。降维算法中,最常用的算法是主成分分析,它通过线性变换将高维数据投影到低维空间,同时保留最大方差的特征,从而能够在尽量保留有效信息的同时降低数据的维度。

虽然在前面章节列示了有监督学习和无监督学习的区别,但是在此还想再强调一遍两者的差异。首先,有监督学习方法必须有训练集与测试集,在训练集中找规律,对测试样本使用这种规律,而无监督学习没有训练集和测试集的划分,只有一组数据,算法直接在该组数据集内寻找规律。其次,有监督学习方法的目的是识别事物,识别的结果表现在给待识别数据加上标签。因此,训练样本集必须由带标签样本组成,而无监督学习方法只有分析数据集本身,无标签。如果发现数据集呈现某种聚集性,则可按自然的聚集性分类,但不以与某种预先的分类标签为目的。在这个过程中,算法直接对数据进行运算,而没有使用什么标签。最后,无监督学习方法在寻找数据集中的规律性,这种规律性不是划分数据集的目的,即不一定要"分类"。

无监督学习在实际生活中有很多应用。例如,一家广告平台需要根据相似的人口学特征和购买习惯将人口分成不同的小组,以便广告客户可以通过有关联的广告接触到他们的目标客户;爱彼迎(Airbnb)需要将自己的房屋清单分组成不同的社区,以便用户能更轻松地查阅这些清单;数据科学团队需要降低一个大型数据集的维度,以便简化建模和降低文件大小;学校期刊数据库需要将1 000篇署名为"Guo,F."的学术论文分给不同作者;新闻报道(央行会议稿、议会议员发言稿等)需要划分为不同的主题;等等。

第二节　聚类算法

一、聚类算法原理

(一)聚类算法一般逻辑

聚类(Cluster)是指将对象自然分组,使每组由相似的对象构成。由于在聚类过程中并没有使用到什么类别标记,因此聚类是无监督学习过程。一个聚类是指在一组样本中,它们与属于同一聚类的样本相似,而与属于其他聚类的样本不相似。例如,在图6—1中展示了无监督学习中的聚类算法,图6—1左图是未经聚类的点,右图包括数字,是聚类后的结果。

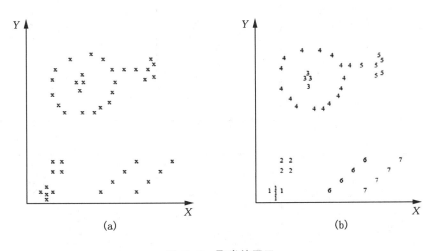

图6—1　聚类的展示

而所谓相似,可以有多种方式度量,要看所研究具体问题的场景。几种主要的相似性度量方法包括:①距离度量,利用适用于不同场景中的距离衡量,如欧式距离等;②相似性测度,主要是对性质相关的聚类,包括余弦相似度、相关系数等;③匹配测度,适用于0、1状态变量的场景。

聚类作为一种无监督学习方法,是许多领域中常用的统计数据分析技术,有时候作为监督学习中稀疏特征的预处理,有时候可以作为异常值检测。聚类算法的应用场景主要包括新闻聚类、用户购买模式(交叉销售)、图像与基因技术等。

(二)K-means 聚类算法

K-means 算法是一种常用的基于距离的聚类算法,该算法用于将数据集划分成 K 个不同的簇(群集),使得每个数据点都属于与之最近的簇的中心点。这种算法基于迭代的方法,通过最小化数据点与其所属簇中心点之间的平方距离之和确定最佳的簇划分。

K-means 聚类算法是一个非常直观的算法,通过介绍其具体实现的步骤,能对其原理有更直观的认识。具体而言,K-means 聚类算法的实现步骤可以概括如下:

步骤一,随机选择 K 个样本作为 K 个聚类的中心;

步骤二,对剩余的每一个样本,将其划入距离该样本最近的聚类;

步骤三,计算每个聚类的均值作为新的中心;

步骤四,如果聚类中心没有任何改变,算法停止,否则回到步骤二。

图 6—2 中展示了 K-means 算法聚类的过程,在该案例中,不管初始样本如何筛选,最后都能收敛到理想聚类状态。

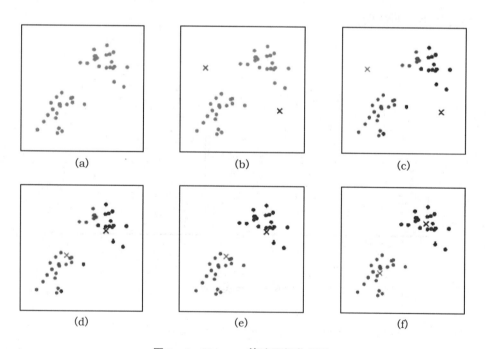

图 6—2　K-means 算法可视化展示

K-means 聚类有许多优势,比如其原理非常简单,很容易理解,同时也容易实现。

在效率方面,K-means 算法时间复杂度为 O(tkn),其中,t 是循环次数,k 是聚类的个数,n 是数据点个数。由于 k 和 t 通常都远远小于 n,所以 K-means 算法的效率相对于数据点的数目来说是线性的,是相对有效率的一种算法。因为这些优点,K-means 算法是聚类算法中最流行的。

当然,K-means 聚类也存在一些劣势:其一,该算法只能用于那些均值能够被定义的数据集上;其二,用户需要事先指定聚类数目 K;其三,算法对于异常值十分敏感,异常值是指数据中那些与其他数据点相隔很远的数据点,异常值可能是数据采集时产生的错误或者一些具有不同值的特殊点。

现在再重点讨论一下 K-means 聚类中的重要参数 K。通常情况下,对于 K 值的选择,人们会根据先验的知识给定一个估计值,或者是利用 Canopy 算法计算出一个大致的 K 值。更多情况下,还是利用后验的方式进行 K 值选择。也就是在给定 K 的范围 $[a,b]$,对不同的 K 值分别进行聚类操作,最终利用聚类效果的评价指标,给出相应的最优聚类结果。这种评价聚类效果的指标有:误差平方和(Sum of the Squared Errors,SSE)、轮廓系数(Silhouette Coefficient)和 CH 指标(Calinski-Harabaz)等。其中轮廓系数应用更为广泛,这里将对其做简要阐述。

轮廓系数是用于评价聚类效果好坏的一种指标,它可以理解为描述聚类后各个类别的轮廓清晰度的指标。轮廓系数包含两种因素——内聚度和分离度。内聚度可以理解为反映一个样本点与类内元素的紧密程度。分离度可以理解为反映一个样本点与类外元素的紧密程度。轮廓系数的公式如下:

$$S(i) = \frac{b(i) - a(i)}{\max\{a(i), b(i)\}} \tag{6.1}$$

其中,$a(i)$ 代表样本点的内聚度,计算方式如下:

$$a(i) = \frac{1}{n-1} \sum_{j \neq i}^{n} \text{distance}(i, j) \tag{6.2}$$

其中 j 代表与样本 i 在同一个类内的其他样本点,$distance$ 代表求 i 与 j 的距离。所以 $a(i)$ 越小说明该类越紧密。$b(i)$ 的计算方式与 $a(i)$ 类似,只不过需要遍历其他类簇得到多个值 $\{b1(i), b2(i), b3(i), \cdots, bm(i)\}$ 从中选择最小的值作为最终的结果。所以 $S(i)$ 的计算公式为:

$$S(i) = \begin{cases} 1 - \dfrac{a(i)}{b(i)} & a(i) < b(i) \\ 0 & a(i) = b(i) \\ \dfrac{b(i)}{a(i)} - 1 & a(i) > b(i) \end{cases} \tag{6.3}$$

由上述计算公式可以发现:当 $a(i) < b(i)$ 时,即类内的距离小于类间距离,则聚

类结果更紧凑。S 的值会趋近于 1,而 S 越趋近于 1,代表轮廓越明显。相反,当 $a(i)$ > $b(i)$ 时,类内的距离大于类间距离,说明聚类结果很松散。S 的值会趋近于 -1,越趋近于 -1 则聚类效果越差。由此可得,轮廓系数 S 的取值范围为 $[-1,1]$,轮廓系数越大,聚类效果越好。

在具体实操中,当需要使用轮廓系数确定 K 值时,我们首先需要将 K 值设定为具体的多个数值,范围可以人为规定,如 2 到 10。每个 K 值下进行聚类,最终计算聚类结果的轮廓系数。然后,将轮廓系数最大的 K 值作为最终的 K 值。但是轮廓系数也有一些不适用的场景,例如,对于簇结构为凸的数据轮廓系数较高,对于簇结构非凸的轮廓系数较低。因此,轮廓系数不能比较不同算法的优劣。

存在异常点可能会对 K-means 算法产生一些危害,我们也再做一个补充阐述。如图 6—3 所示,当存在类似异常点时,K-means 聚类可能就无法收敛到理想的聚类状态。要想解决异常值点有两种办法:其一,在聚类过程中去除那些比其他任何数据点离聚类中心都要远的数据点。安全起见,我们需要在多次循环中监控这些潜在的异常值,随后再决定是否删除它们。其二,随机采样。在采样过程中,我们仅仅只选择很少一部分的数据点,因此选中异常值的概率将会很小。我们可以先用采样点进行预先聚类,然后把其他数据点分配给这些聚类,剩下的数据点分配给那些距离它最近的聚类中心。

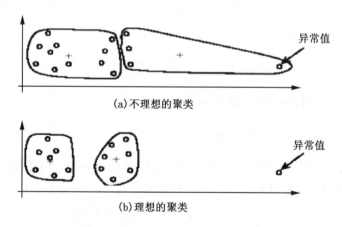

(a) 不理想的聚类

(b) 理想的聚类

图 6—3   Kmeans 算法的劣势——异常值问题

虽然 K-means 算法存在各种各样的不足,但它仍是实践中应用最为广泛的算法。因为其他聚类算法也有其不足,没有直接的证据表明哪一种算法在整体表现上优于 K-means 算法。虽然其他聚类算法在某些特殊数据下的表现优于 K-means 算法,但比较不同聚类算法的优劣是一个很难的任务,在很多情形下没有人知道正确的聚类结果。

二、K-means 聚类算法实操代码

采用 K-means 算法进行聚类是一种常见的无监督学习方法,我们将使用 Python 中的 Scikit-Learn 库演示如何对鸢尾花数据进行聚类。鸢尾花数据是 sklearn 自带的数据集,在前面讲解中,大家想必已经很熟悉这个数据集了。在聚类时,我们无需用到标签,而只需要用到鸢尾花的特征。首先我们加载鸢尾花数据集。

```
1. import numpy as np
2. import matplotlib.pyplot as plt
3. from sklearn.datasets import load_iris
4. from sklearn.cluster import KMeans
5.
6. # 加载鸢尾花数据集
7. iris = load_iris()
8. X = iris.data  # 特征矩阵
9. X[0: 5]
```

```
array([[5.1, 3.5, 1.4, 0.2],
       [4.9, 3. , 1.4, 0.2],
       [4.7, 3.2, 1.3, 0.2],
       [4.6, 3.1, 1.5, 0.2],
       [5. , 3.6, 1.4, 0.2]])
```

在加载完数据后,我们创建 K-means 模型,并利用特征拟合,在本案例中,我们需要将全部的鸢尾花聚类成 3 类,因此在声明 K-means 模型的时候,n_cluster 参数为 3。

```
10. # 创建 K-means 模型
11. kmeans = KMeans(n_clusters=3, random_state=0)
12.
13. # 拟合模型到数据
14. kmeans.fit(X)
```

在拟合完数据中,我们需要获取 3 个聚类中心点的坐标,因此调用 K-means 中的 cluster_centers 方法,输出聚类中心点的坐标。

```
15. # 获取聚类中心点的坐标
16. cluster_centers = kmeans.cluster_centers_
17. print("Cluster centers:")
18. print(cluster_centers)
```

```
Cluster centers:
[[5.9016129  2.7483871  4.39354839 1.43387097]
 [5.006      3.428      1.462      0.246     ]
 [6.85       3.07368421 5.74210526 2.07105263]]
```

接着，我们需要输出每个点所属的聚类类别，调用 K-means 中的 labels_ 属性输出每个数据点的簇标签。

```
19. # 预测每个数据点的簇标签
20. 21labels = kmeans.labels_
21. print("Labels:")
22. print(labels)
```

```
Labels:
[1 1 1 1 1 1 1 1 1 1 1 1 1 1 1 1 1 1 1 1 1 1 1 1 1 1 1 1 1 1 1 1 1 1 1 1 1
 1 1 1 1 1 1 1 1 1 1 1 1 0 0 2 0 0 0 0 0 0 0 0 0 0 0 0 0 0 0 0 0 0 0 0 0 0
 0 0 0 2 0 0 0 0 0 0 0 0 0 0 0 0 0 0 0 0 0 0 0 0 2 0 2 2 2 2 0 2 2 2 2
 2 2 0 0 2 2 2 2 0 2 0 2 0 2 2 0 0 2 2 2 2 2 0 2 2 2 2 0 2 2 2 0 2 2 2 0 2
 2 0]
```

最后，我们输出 K-means 的可视化聚类结果。在此图中，我们可以看出 3 个叉号代表 3 个簇的中心点，而 3 个不同深浅的点则代表 3 个不同的簇，到此为止，我们便完成了 K-means 聚类算法的操作。

```
23. # 可视化聚类结果
24. plt.scatter(X[:, 0], X[:, 1], c=labels)
25. plt.scatter(cluster_centers[:, 0], cluster_centers[:, 1], marke
r='x', s=200, linewidths=3, color='r')
26. plt.xlabel("Feature 1")
27. plt.ylabel("Feature 2")
28. plt.title("K-means Clustering")
29. plt.show()
```

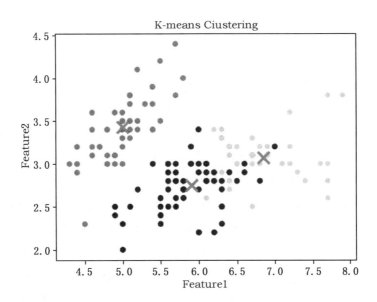

下面详细介绍一下 K-means 算法的参数,其中主要包括以下参数:

(1)n_clusters,整型,缺省值=8,该参数为生成的聚类数。

(2)max_iter,整型,缺省值=300,该参数是执行一次 K-means 算法所进行的最大迭代数。

(3)n_init,整型,缺省值=10,该参数是用不同的聚类中心初始化值运行算法的次数,最终解是在 inertia 意义下选出的最优结果。

(4)init,有三个可选值:'k-means++''random',或者传递一个 ndarray 向量,该参数指定初始化方法,默认值为'k-means++',值得注意的是,k-means++用一种特殊的方法选定初始聚类中心,可加速迭代过程的收敛。random 随机从训练数据中选取初始质心。如果传递的是一个 ndarray,则应该形如(n_clusters,n_features)并给出初始质心。

(5)precompute_distances,3 个可选值,'auto',True 或者 False,该参数是预计算距离,计算速度更快但占用更多内存,当值为 auto 时,如果样本数乘以聚类数大于12millions,则不预先计算距离,当值为 True 时,则总是预先计算距离,当值为 False 时,永远不预先计算距离。

(6)tol,float 类型,默认值=$1e^{-4}$,与 inertia 结合确定收敛条件。

(7)n_jobs,整形数,该参数指定计算所用的进程数,内部原理是同时进行 n_init 指定次数的计算,若值为 −1,则用所有的 CPU 运算。若值为 1,则不并行运算。若值小于−1,则用到的 CPU 数为(n_cpus + 1 + n_jobs)。因此,如果 n_jobs 值为−2,则用到的 CPU 数为总 CPU 数减 1。

三、聚类算法社会科学实证应用案例

在社会科学研究中,当欲处理的数据比较纷乱时,可以考虑使用 K-means 等聚类算法对数据进行一些聚合。例如 Korzeniowska(2021)在研究欧盟国家政府社保支出的异质性时,就利用 K-means 等聚类方法将不同欧盟国家的社保支出进行聚类。El-kins *et al.*(2020)在研究父母对子女认知能力影响时,还将 K-means 聚类与决策树分类效果对比。Oust *et al.*(2020)在基于挪威奥斯陆的一个包含 16 417 笔房地产交易的数据集进行房价的空间分析时,也利用 K-means 聚类算法,构造了一个人为的市场区域,在保持内聚性的同时,使得房产定价过程更加同质化。该论文在实现 K-means 聚类算法时,住宅之间的距离是以经度、纬度和价格的函数衡量。结果表明,K-means 算法中的 k 值在 14～20,最终模型采用 $k=18$ 时,聚类效果最好。在聚类训练之后,作者也利用 K 近邻算法对测试样本中的住宅基于 K-means 新构建的区域进行分类。该论文的深度解析,可以查看本书作者团队公众号"机器学习与数字经济实验室"的推文,链接为 https://mp.weixin.qq.com/s/cSvQTDefmHsoCOtqiHa_-w。

推文

无监督学习算法在房产价格预测中的一个应用

第三节   降维算法

一、降维算法原理

(一)数据降维一般逻辑

大数据时代,随着数据的喷涌式生成以及数据收集量的不断增加,数据维度变得越来越高,数据变得越来越难以直接分析,提取关键信息的难度也在不断上升。因此使用少数几个新的变量代替原有数目庞大的变量,把重复的信息合并起来,把不重要的信息去掉的过程就变得非常重要,既可以降低现有变量的维度,又不会丢失变量信息中的关键内容。这种降低数据维度的操作就被称为"降维"。降维并不是简单地减少数据的维度,而是给数据"健康减肥"。在数据降维中,重复的信息就像是数据的多余脂肪,可以通过某些统计方法减掉,而数据的主体机能不会得到破坏。

降维算法有诸多好处,例如随着数据维度的减少,数据存储所需要的空间将会减少,更少维度的数据在用来计算时会减少计算量及计算时间。此外,降维还可以解决冗余特征带来的多重共线性问题,且降维处理过的数据可以方便使用可视化工具直观查看数据的内在联系。最后,某些算法在高维度特征上的表现一般,而通过降维后,反而可能提高算法性能。

从大的方面看,对数据降维处理主要有两种方法,一种是人工选择或通过算法筛选重要性高的特征(特征选择);另一种是利用原有的变量组合生成一些新的变量,而所包含的信息基本不变,这被称为特征抽取,或特征降维。

对于第一种,特征选择是在所有的特征中通过子集搜索算法寻找和模型最相关的特征子集的过程,简单来说,就是在所有特征中选择和目标最相关的一些特征,丢弃掉一些不太重要的特征。比如可以计算特征的方差,保留方差较大的特征,而删除方差较小的特征。具体而言,特征选择方法又分为三个类型:过滤式、包裹式和嵌入式。但考虑到在社会科学研究实践中这些方法应用都不太广泛,这里就不再展开讨论了。

而对于特征抽取,根据变换的方式,又分为线性和非线性两种。其中,线性降维就是通过某种线性变换,将数据从高维空间映射到低维空间,目前使用最广泛也最常见的一种特征抽取方法就是主成分分析。因此,本节下面将主要介绍主成分分析的原理和实操。下一节将要讨论的 LDA 主题模型也是一种数据降维方法,但并不是简单的线性映射,下一节再具体阐述。

(二)主成分分析

主成分分析(PCA)就是把原有的多个指标转化成少数几个代表性较好的综合指标,这少数几个指标能够反映原来指标大部分信息,并且各个指标之间保持独立,避免出现重叠信息。主成分分析主要起着降维和简化数据结构的作用,其目的是简化分析各变量之间互相关联的复杂关系。

以下是主成分分析的基本数学公式和解释:假设我们有一个包含 N 个样本和 M 个特征的数据集,可以表示为一个 $N \times M$ 的矩阵 X,其中每行代表一个样本,每列代表一个特征。我们的目标是找到一组新的正交基向量,称为主成分,它们可以最大限度地解释数据的方差。

具体而言,在进行主成分分析时,首先要计算均值向量,即计算每个特征的均值,形成一个 $1 \times M$ 的均值向量 μ。然后,我们将每个样本的特征值减去对应的均值,得到零均值的数据集 $Z = X - \mu$,随后计算协方差矩阵,通过计算零均值数据集 Z 的协方差矩阵 C,用来描述数据之间的相关性。协方差矩阵的第 (i, j) 个元素表示第 i 个特征与第 j 个特征之间的协方差 $C = (1/N) \times Z^T \times Z$。随后再计算特征值和特征向量,我们对协方差矩阵 C 进行特征值分解,得到特征值 λ 和对应的特征向量 V。特征向量是单位向量,描述了主成分的方向 $C \times v = \lambda \times v$。随后选择主成分,按照特征值的大小降序排列特征向量。前 k 个特征向量对应的特征值之和占总特征值之和的比例称为"解释方差比"。我们可以根据解释方差比来选择保留的主成分数量,从而实现数据降维。然后是生成投影矩阵,选择前 k 个特征向量作为主成分,构建一个投影矩阵 P。每一列代表一个主成分,用于将原始数据映射到新的主成分空间 $P = [v_1, v_2,$

…,v_k]。最后是降维,将原始数据集 X 映射到主成分空间,得到降维后的数据集 $Y=Z\times P$。

通过这些数学运算,主成分分析算法能够将高维数据降维为低维,同时保留数据的主要信息。降维后的数据集 Y 可以用于可视化、特征选择、数据压缩等任务。主成分分析在社会科学中存在许多应用,例如,为了全面系统地分析和研究社会经济问题,必须考虑许多经济指标,这些指标能从不同的侧面反映我们所研究对象的特征,但在某种程度上存在信息重叠,具有一定的相关性。主成分分析试图在力保数据信息丢失最少的原则下,对这种多变量的截面数据表进行最佳综合简化,也就是说,对高维变量空间进行降维处理。

图 6—4 是对主成分分析的一个数学解释,旋转变换的目的是使得 n 个样本点在 F_1 轴方向上的离散程度最大,即 F_1 的方差最大,变量 F_1 代表了原始数据的绝大部分信息,在研究某社会科学问题时,即使不考虑变量 F_2 也损失不了太多的信息。F_1 与 F_2 除起了浓缩作用外,还具有不相关性。因此,F_1 就被称为第一主成分,F_2 被称为第二主成分。当然,如果有必要,可以继续构造第三主成分、第四主成分等。

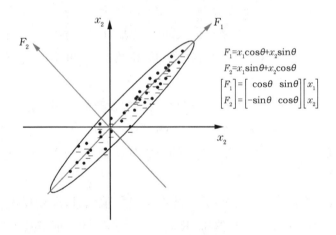

$$F_1 = x_1\cos\theta + x_2\sin\theta$$
$$F_2 = x_1\sin\theta + x_2\cos\theta$$
$$\begin{bmatrix} F_1 \\ F_2 \end{bmatrix} = \begin{bmatrix} \cos\theta & \sin\theta \\ -\sin\theta & \cos\theta \end{bmatrix} \begin{bmatrix} x_1 \\ x_2 \end{bmatrix}$$

图 6—4   主成分分析的数学解释

二、主成分分析算法实操代码

下面是主成分分析算法的实战案例。在实战案例中,将以鸢尾花分类为示例,介绍主成分分析算法。首先在数据中加载鸢尾花数据集,然后把鸢尾花数据的 data 和 target 部分拆分开,data 部分作为特征矩阵 X,target 部分作为分类标签 Y。

```
1. # 导入库
2. # 用于 3D 可视化
3. from mpl_toolkits.mplot3d import Axes3D
4. # 用于可视化图表
5. import matplotlib.pyplot as plt
6. # 用于做科学计算
7. import numpy as np
8. # 用于做数据分析
9. import pandas as pd
10 # 用于加载数据或生成数据等
11. from sklearn import datasets
12. # 导入 PCA 库
13. from sklearn.decomposition import PCA
14. %matplotlib inline
15.
16. # 导入数据集
17. iris = datasets.load_iris()
18. iris_X = iris.data    # 获得数据集中的输入
19. iris_y = iris.target  # 获得数据集中的输出，即标签(也就是类别)
20. print(iris_X.shape)
21. print(iris.feature_names)
22. print(iris.target_names)
```

```
(150, 4)
['sepal length (cm)', 'sepal width (cm)', 'petal length (cm)', 'petal width (cm)']
['setosa' 'versicolor' 'virginica']
```

下面开始进行 PCA 降维，在该案例中，目的是将四维特征数据，利用主成分分析降维成三维数据，下面输出了降维前和降维后的结果。

```
23. # PCA 降维
24. # 加载 PCA 模型并训练、降维
25. pca = PCA(n_components=3)
26. X_pca = pca.fit(iris_X).transform(iris_X)
27. print(iris_X.shape)
28. print(iris_X[0:5])
29. print(X_pca.shape)
30. print(X_pca[0:5])
```

```
(150, 4)
[[5.1 3.5 1.4 0.2]
 [4.9 3.  1.4 0.2]
 [4.7 3.2 1.3 0.2]
 [4.6 3.1 1.5 0.2]
 [5.  3.6 1.4 0.2]]
(150, 3)
[[-2.68412563  0.31939725 -0.02791483]
 [-2.71414169 -0.17700123 -0.21046427]
 [-2.88899057 -0.14494943  0.01790026]
 [-2.74534286 -0.31829898  0.03155937]
 [-2.72871654  0.32675451  0.09007924]]
```

在完成降维后,四维的样本变为了三维。让我们分别看看四维和三维时的方差分布,下面输出了在四维时和三维时的主成分方向、方差、方差与总方差的比值、特征值以及主成分数。

```
31. # 四维时
32. pca = PCA(n_components=4)
33. X_pca = pca.fit(iris_X).transform(iris_X)
34. print("各主成分方向: \n",pca.components_)
35. print("各主成分的方差值: ",pca.explained_variance_)
36.*print("各主成分的方差值与总方差之比: ",pca.explained _variance_ratio_)
37. print("奇异值分解后得到的特征值: ",pca.singular_values_)
38. print("主成分数: ",pca.n_components_)
39.
40. # 三维时
41. pca = PCA(n_components=3)
42. X_pca = pca.fit(iris_X).transform(iris_X)
43. print("降维后各主成分方向: \n",pca.components_)
44. print("降维后各主成分的方差值: ",pca.explained_variance_)
45.*print("降维后各主成分的方差值与总方差之比:",pca.explained_variance_ratio_)
46. print("奇异值分解后得到的特征值: ",pca.singular_values_)
47. print("降维后主成分数: ",pca.n_components_)
```

```
各主成分方向:
 [[ 0.36138659 -0.08452251  0.85667061  0.3582892 ]
 [ 0.65658877  0.73016143 -0.17337266 -0.07548102]
 [-0.58202985  0.59791083  0.07623608  0.54583143]
 [-0.31548719  0.3197231   0.47983899 -0.75365743]]
各主成分的方差值: [4.22824171 0.24267075 0.0782095  0.02383509]
各主成分的方差值与总方差之比: [0.92461872 0.05306648 0.01710261 0.00521218]
主成分数: 4
降维后各主成分方向:
 [[ 0.36138659 -0.08452251  0.85667061  0.3582892 ]
 [ 0.65658877  0.73016143 -0.17337266 -0.07548102]
 [-0.58202985  0.59791083  0.07623608  0.54583143]]
降维后各主成分的方差值: [4.22824171 0.24267075 0.0782095 ]
降维后各主成分的方差值与总方差之比: [0.92461872 0.05306648 0.01710261]
降维后主成分数: 3
```

从四维降到三维,也就是将四维时主成分方差值(方差值与总方差之比)最小的那个成分去掉。选取的是前三个最大的特征值。我们可以用图来看看三维的点的情况。

```
48. # 画图
49. fig = plt.figure(figsize=(10,8))
50. ax = Axes3D(fig,rect=[0, 0, 1, 1], elev=30, azim=20)
51. ax.scatter(X_pca[:, 0], X_pca[:, 1], X_pca[:, 2], marker='o',c=
iris_y)
```

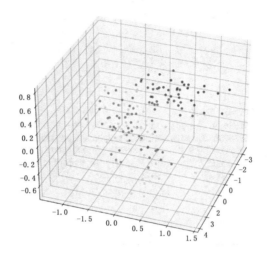

此外,让我们来看看将这些点投影到各个平面的情况。

```
52. # 画图,投影到各个平面
53. fig = plt.figure(figsize=(10,8))
```

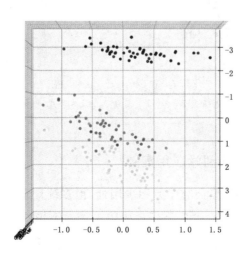

最后,我们来看一下降维成二维后的展示图。

```
54.  # 还可以看看降维到二维的情况
55.  pca = PCA(n_components=2)
56.  X_pca = pca.fit(iris_X).transform(iris_X)
57.  print("降维后各主成分方向: \n",pca.components_)
58.  print("降维后各主成分的方差值: ",pca.explained_variance_)
59. *print("降维后各主成分的方差值与总方差之比:",pca.explained_variance_ratio_)
60.  print("奇异值分解后得到的特征值: ",pca.singular_values_)
61.  print("降维后主成分数: ",pca.n_components_)
62.
63.  # 降到二维,其实就是取了方差值(方差值与总方差之比)最大的前两个主成分
64.  fig = plt.figure(figsize=(10,8))
65.  plt.scatter(X_pca[:, 0], X_pca[:, 1],marker='o',c=iris_y)
66.  plt.show()
```

```
降维后各主成分方向:
 [[ 0.36138659 -0.08452251  0.85667061  0.3582892 ]
 [ 0.65658877  0.73016143 -0.17337266 -0.07548102]]
降维后各主成分的方差值:  [4.22824171 0.24267075]
降维后各主成分的方差值与总方差之比:  [0.92461872 0.05306648]
降维后主成分数:  2
```

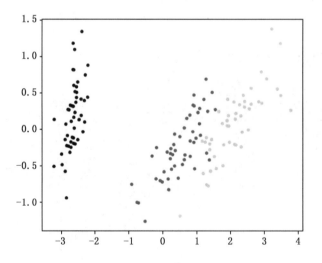

三、主成分分析社会科学应用案例

主成分分析在社会科学研究中有不少用处,很多统计学教材也会对其进行介绍。其中,在社会科学研究中,主成分分析主要用于将多个指标合并成一个综合性指标。在很多时候,我们想分析某个经济因素产生的影响,由于种种原因,不存在一个突出指

标可以直接用来度量这一经济因素,但又可能存在多个次要指标。考虑回归分析的便利性、因果识别的需要,甚至结果的可视化,我们就可以考虑使用主成分分析等方法将这些指标合并降维为一个综合性的度量指标。例如,在考察数字经济发展水平对城市经济高质量发展的影响时,数字经济发展水平的度量就成为一个难题,因为不存在一个理想的度量地区数字经济发展水平的指标,因此,赵涛等(2020)就基于互联网普及率、互联网相关从业人员数以及数字普惠金融指数(郭峰等,2020)等指标,利用主成分分析算法合成一个综合性的地区数字经济综合发展指数。目前该方法在社会科学研究中得到了广泛应用,包括作者团队的一篇学术论文中,也使用了该方法(郭峰等,2023)。

第四节 LDA 主题模型

文本数据是当今信息时代的宝贵资源,其中蕴含着丰富的信息和知识。然而,随着数据规模的不断扩大,如何从海量文本中快速准确地提取有用信息,成为一个重要挑战。隐含狄利克雷分布(Latent Dirichlet Allocation,LDA),是一种概率主题模型,作为一种强大的无监督学习方法,LDA 主题模型可以按照文章的主题,将文本数据降维到较低维度。本节我们将学习如何使用 LDA 主题模型挖掘文本数据中潜在的主题结构,揭示文本背后的语义信息和知识关联。希望通过本节的学习,读者能够了解 LDA 主题模型的基本原理、实操要点和应用场景。

一、LDA 主题模型原理

在具体介绍 LDA 主题模型原理之前,我们需要理解主题的含义和引入主题模型的原因。引入主题模型是为了更好地理解和处理文本数据中的主题结构和语义信息。在现代信息社会,大量文本数据被生成和积累,例如社交媒体帖子、新闻报道、学术论文等。这些文本数据包含了丰富的信息和知识,但也面临着一些挑战:(1)维度灾难,文本数据通常是高维的,每个词语都可以看作一个维度,导致向量表示非常稀疏,增加了计算复杂性和存储空间的需求。(2)词汇丰富,文本数据中的词汇非常多样,包含大量的同义词、近义词和词形变化,导致文本表示的不一致性,使用传统的独热表示法无法表达这些同义词、近义词。(3)上下文信息,文本数据中的词语往往与其他词语的组合形成复杂的语境和语义,简单的词频表示无法捕捉到这些上下文信息。主题模型可以有效地解决上述问题,并为文本数据的进一步分析和理解提供有力工具。

什么叫作主题呢? 在自然语言处理中,主题(Topic)就是一个概念或方面。它表现为一系列相关的词语(Word)的集合,能够代表某个主题。但某个词汇并不是只属于一个主题,比如,一个文章如果涉及"姚明"这个词,那么这篇文章很可能是关于体育的,但也不排除是关于国际关系的(NBA事件)。因此,如果用数学语言描述,主题就是词汇表上词语的条件概率分布。与主题关系越密切的词语,它的条件概率越大,反之则越小。通俗来说,一个主题就好像一个"桶",它装了若干出现概率较高的词语。这些词语和这个主题有很强的相关性,或者说,正是这些词语共同定义了这个主题。

当然,一个词属于某个主题是概率问题,一篇文章属于什么主题,也是概率问题。比如对于以下文档:"美国对伊朗再度实施单边制裁,这将对伊朗的出口贸易造成严重影响。"这里可以归为政治主题,因为描述国家的词语频繁出现;也可以归为经济主题,因为出现了制裁、出口贸易等词。我们可以预估一下,这篇文档的政治主题的比例也许为0.7,经济主题的比例为0.2,其他主题概率合计0.1。

因此,主题模型是一类用于从文本数据中提取主题结构的概率图模型。主题是文本数据中隐含的、潜在的语义结构,代表着文档或词语的语义类别或话题。通过主题模型,我们可以将文本数据表示为如同上述美国制裁伊朗例子的一个主题概率分布,从而降低数据维度,解决维度灾难问题;还可以对词语进行语义聚类,将相似的词归到同一个主题下,解决同义词、近义词和词形变化导致的文本表示不一致性问题;同时,主题模型能够考虑词语在上下文中的共现关系,提供更加丰富的文本表示。总之,引入主题模型能够使文本数据的分析更加准确、有效,并且帮助我们更好地理解文本数据中隐藏的语义信息和知识结构。

同时,主题模型是一种生成模型,一篇文章中每个词都是通过"以一定概率选择某个主题,并从这个主题中以一定概率选择某个词语"这样的过程得到的。比如,我们写文章一般先选定一个主题,然后用和这个主题有关的词语组合形成文章。LDA主题模型的作者在LDA主题模型的原始论文中就给出了一个直观的例子。比如假设事先给定了这几个主题:Arts、Budgets、Children、Education,然后通过学习训练,获取每个主题Topic对应的词语(如图6-5所示)。

然后,以一定的概率选取上述某个主题,再以一定的概率选取那个主题下的某个单词,不断重复这两步,最终生成如图6-6所示的一篇文章,其中不同灰度的词语分别对应图6-5中不同主题下的词。

"Arts"	"Budgets"	"Children"	"Education"
NEW	MILLION	CHILDREN	SCHOOL
FILM	TAX	WOMEN	STUDENTS
SHOW	PROGRAM	PEOPLE	SCHOOLS
MUSIC	BUDGET	CHILD	EDUCATION
MOVIE	BILLION	YEARS	TEACHERS
PLAY	FEDERAL	FAMILIES	HIGH
MUSICAL	YEAR	WORK	PUBLIC
BEST	SPENDING	PARENTS	TEACHER
ACTOR	NEW	SAYS	BENNETT
FIRST	STATE	FAMILY	MANIGAT
YORK	PLAN	WELFARE	NAMPHY
OPERA	MONEY	MEN	STATE
THEATER	PROGRAMS	PERCENT	PRESIDENT
ACTRESS	GOVERNMENT	CARE	ELEMENTARY
LOVE	CONGRESS	LIFE	HAITI

图 6—5　每个主题 Topic 对应的词语

The William Randolph Hearst Foundation will give $1.25 million to Lincoln Center, Metropolitan Opera Co., New York Philharmonic and Juilliard School. "Our board felt that we had a real opportunity to make a mark on the future of the performing arts with these grants an act every bit as important as our traditional areas of support in health, medical research, education and the social services." Hearst Foundation President Randolph A. Hearst said Monday in announcing the grants. Lincoln Center's share will be $200,000 for its new building, which will house young artists and provide new public facilities. The Metropolitan Opera Co. and New York Philharmonic will receive $400,000 each. The Juilliard School, where music and the performing arts are taught, will get $250,000. The Hearst Foundation, a leading supporter of the Lincoln Center Consolidated Corporate Fund, will make its usual annual $100,000 donation, too.

图 6—6　词语与主题

LDA 主题模型在文本挖掘、信息检索、推荐系统等领域取得了广泛应用(Blei *et al.*, 2003)。LDA 主题模型可以将文档集中每篇文档的主题以概率分布的形式给出，通过分析一批文档集，抽取出它们的主题分布，就可以根据主题分布进行主题聚类。同时，LDA 主题模型是一种典型的词袋模型，即一篇文档是由一组词构成，词与词之间没有先后顺序关系。此外，一篇文档可以包含多个主题，文档中每个词都由其中的一个主题生成。

为了更好地理解 LDA 主题模型的原理，现在让我们先不考虑 LDA 主题模型，假设我们先人为地判断一篇文章的主题是不是经济类文章。对一篇文章而言，为什么我们判断它属于经济主题，因为这篇文章出现了很多经济类的词汇，而其他非经济类的词汇比较少，所以我们感觉它是经济类的文章，这里我们隐含的一个假设是，每个主题下对应着很多属于该主题的词汇,因而该主题所包含的词汇是一个概率分布,比如经济主题下,有些专用性强的词汇属于经济的概率比较大,比如货币这个词,它在文中出现 9 次,同样地如社会这个词出现了 3 次,社会这个词有可能是讲经济的,也有可能是涉及政治的。因此,经济主题所包含的词汇是一个概率分布。对于文章的主题而言,虽然我们认为它是经济类的文章,但实际上只是它属于经济主题的概率比较大。因为文章中除了包含经济类的词汇,比如 GDP、CPI、股市、企业等词汇,还包含一些其他主题通用的词汇以及其他主题的专用词汇,比如这篇文章还包括领导人名字、政策、人民、体育等词汇。因此我们很难将这些词完全归类为经济,它还可能是政治、社会、军事等主题。所以,我们判断一篇文章属于哪个主题时只能说它属于这个主题的概率比较大,而属于其他主题的概率比较小。LDA 的基本原理也是这样,我们以一定概率选择一个主题,再以一定概率选择该主题下的词汇,如此不断重复最终构成了这篇文章。现在文章是现成的,我们通过算法反推出该文档的主题以及该主题的词汇分布。由于求解过程中我们假定主题的选择和词汇的选择服从多项式分布,而多项式的参数服从狄利克雷分布,我们最终就是求这个多项式的参数,因而该算法被称为隐含狄利克雷分布,即 LDA。

LDA 主题模型是一种无监督学习方法,在训练时不需要手工标注训练集,需要的仅仅是文档集以及指定主题的数量 k。此外,LDA 主题模型的另一个优点是对于每一个主题均可找出一些词语来描述它。比如图 6-7 就是一篇学术论文中基于 LDA 主题模型生成的新闻报道主题(Mueller and Rauh,2018)。

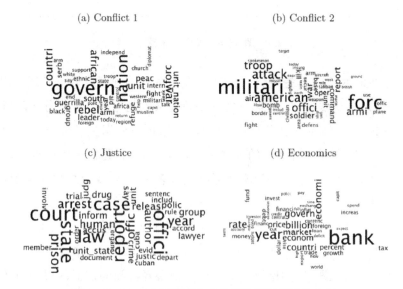

图 6-7　LDA 主题模式生成的媒体新闻报道的主题

在 LDA 主题模型中,一篇文章的每个词都是先以一定概率选择某个主题,然后从这个主题中以一定概率选择某个词语而组成的。用公式来表示,即为:

$$P(word \mid doc) = P(word \mid topic) \times P(topic \mid doc) \tag{6.4}$$

从公式来看,$P(word \mid doc)$可以通过文档中该词语出现的次数除以文档中词语总数计算出来。这里需要获得两个分布:文档—主题分布、主题—词分布(如图 6-8 所示)。

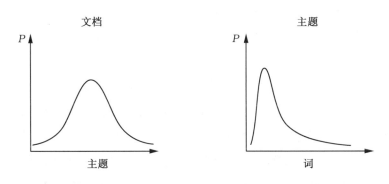

图 6-8　LDA 主题模式中的两个分布

关于 LDA 主题模型的生成过程,对每篇文档,在主题分布中随机抽取一个主题,相当于在图 6-8 中的左图中抽取;对抽到的主题所对应的单词分布中随机抽取一个单词,相当于图 6-8 中的右图中抽取;重复上述过程直至遍历整篇文档中的每个单词,经过以上三步,就可以看一下两个分布的乘积是否符合给定文章的分布,以此来调整。形象地说,平时我们阅读的文章都是由许多单词构成的,此时的对应关系是文章直接对应单词,而 LDA 模型的核心思路是将这种文章—单词对应关系,拆分成文章—主题、主题—单词两个映射关系,从而用这种方式抽取出模型的主题,我们将文章—主题对应关系称为文章主题概率矩阵,而将主题—单词对应关系称为主题词语概率矩阵,利用这两个矩阵便可以实现抽取主题的目的。因此,对于 LDA 主题模型,其输入为待训练的文档,指定主题个数 K;其输出为每篇文档属于哪些主题的一个概率分布,以及每个主题由哪些词组成及每个词的概率。

以上就是 LDA 主题模型的基本逻辑和思路,但我们没有具体展开 LDA 主题模型背后的数学原理,对此感兴趣的读者可以参阅更专业的文献。这里仅讨论一下使用 LDA 主题模型的优势:

(1)可以衡量文档之间的语义相似性。对于一篇文档,我们求出来的主题分布可以看作对它的一个抽象表示。对于概率分布,我们可以通过一些距离公式计算出两篇文档的语义距离,从而得到它们之间的相似度。

（2）可以解决多义词的问题。"苹果"可能是水果，也可能指苹果公司。通过我们求出来的"词语—主题"概率分布，我们就可以知道"苹果"都属于哪些主题，就可以通过主题的匹配来计算它与其他文字之间的相似度。

（3）可以排除文档中噪音的影响。一般来说，文档中的噪音往往处于次要主题中，我们可以把它们忽略掉，只保持文档中最主要的主题。

（4）无监督学习算法，完全自动化。我们只需要提供训练文档，它就可以自动训练出各种概率，无需任何人工标注过程。

（5）它是跟语言无关的。任何语言只要能够对它进行分词，就可以训练，得到它的主题分布。

LDA 主题模型在文本挖掘、信息检索、推荐系统等领域取得了广泛应用。通过 LDA 模型，我们可以从大量文本数据中自动发现潜在的主题结构，帮助我们理解文本数据中的语义信息和知识结构。LDA 可以用于文本聚类、主题推荐、信息过滤等任务，为文本数据的进一步处理和应用提供有力的支持。例如可以用主题维度表示原来的字典维度，大大地降低了文本表示的维度。我们通过聚类等的思想，将一些细粒度的特征组合到一个新的空间上去，例如主题空间。

二、LDA 主题模型实操代码

第一步，数据预处理。首先，对原始文本数据进行预处理，包括文本清洗、分词、去除停用词和标点符号等操作。预处理的目标是将文本数据转换为可供 LDA 模型处理的格式。

```python
1. # Python 示例代码
2. import pandas as pd
3. import numpy as np
4. import re
5. import os
6. import time
7. from tqdm import tqdm
8. # import warnings
9. # warnings.filterwarnings("ignore")
10.
11. os.chdir('D:/python/机器学习与社会科学应用/演示数据/06 无监督学习/lda 主题模型/')
12. df = pd.read_csv('cssci_clean_test.csv', encoding='utf8')
13. print("原始样本量: ",df.shape)
14. # 保存需要的列，并更改列名
15. df = df[['title', 'keyword', 'abstract']]
```

```
16.  # 将标题、摘要、内容合并
17.  df['keyword'] = df['keyword'].fillna(";")
18.  df['content'] = df['title'] + ';' + df['keyword'] + df['abstract']
19.  df = df[df['content'].str.len() > 100]
20.  print("标题+内容大于 100 字的数量: ", len(df))
21.
22.  # 剔除标题和内容为空的行
23.  df = df.dropna()
24.  # 剔除重复行
25.  df = df.drop_duplicates()
26.  # 剔除内容字数少于 100 的行
27.  df = df[df['content'].str.len() > 100]
28.  print("剔除 Title 为空的行以及重复的行后的数量: ", len(df))
29.  df.to_csv('cssci_lda.csv', encoding='utf8', index=False)
```

```
原始样本量: (20000, 38)
标题+内容大于100字的数量: 18720
剔除Title为空的行以及重复的行后的数量: 18719
```

第二步,训练 LDA 模型。使用处理好的文本数据训练 LDA 主题模型。在 Python 中,可以使用 gensim 库实现 LDA 模型的训练。训练 LDA 模型需要指定主题数目 K 和其他一些超参数,这些超参数需要根据实际情况调整。

(1)确定最优主题数。通常用于评价聚类算法好坏的方法有两种,其一是使用带分类标签的测试数据集,然后使用一些算法判断聚类结果与真实结果的差距;其二是使用无分类标签的测试数据集,通过一些指标衡量,通常衡量 LDA 主题的指标有两个:困惑度与一致性,其中一致性指标更好。此外,对于一些比较大型的项目,涉及的主题可能多达几百个,这时可能使用困惑度和一致性指标有所不便,在这种情况下,我们可以将主题数目设定为一个等差序列,比如 100、150、200、250、300 等,然后通过专家观点选取合适的主题数目。下面就困惑度指标和一致性指标进行详细介绍。

所谓困惑度指标可以通俗地理解为某个文档属于某个主题的概率大小,如果概率越小,表示困惑越大,即越不可能属于这个主题,因此,困惑度越小越好。在 LDA 模型中,困惑度是通过对文本数据的每个词语进行概率预测得到的。具体来说,对于每个文档中的每个词语,LDA 模型根据已经训练好的主题分布和词语分布,预测该词语出现的概率。然后将所有词语的概率乘积取对数,并取负数得到困惑度。困惑度越低,表示模型对数据的预测越准确。在实际应用中,困惑度通常用于选择 LDA 模型的超参数,例如主题数目 K。通过尝试不同的 K 值,可以计算出对应的困惑度,并选择使困惑度最小的 K 值作为最优的主题数目。需要注意的是,困惑度并不是 LDA 模型的唯一评估指标,还可以结合其他指标如主题的质量、主题的解释性等综合评估模型效果。同时,困惑度也并不是绝对的指标,可能会受到数据规模和数据特点的影响,因此在使用困惑度进行模型选择时需要谨慎。

　　一致性指标可以通俗地理解为每个主题内的主题词的相似性。例如,一个主题都是关于农业的词汇,包括农村、农民、乡村、化肥等词,显然一致性比较高;但是如果这个关于农业的主题还包括股票、货币、资本等词汇,显然这个主题的一致性就比较低。需要注意的是,计算主题一致性需要一定的预处理和词语相似度计算,因此在实际应用中需要考虑计算效率和资源消耗。同时,主题一致性作为一种辅助指标,可以和困惑度等其他指标一起综合考虑,来全面评估 LDA 主题模型的质量。

　　对于 LDA 主题模型评价要求困惑度越低越好,一致性越高越好。在实践中,我们通常画出 LDA 的困惑度和一致性指标的折线图进行评估,有时还需要结合具体的主题关键词判断是否最优。

```python
1.  # Python 示例代码
2.
3.  import pandas as pd
4.  import numpy as np
5.  import jieba
6.  import jieba.analyse
7.  import re
8.  import gensim
9.  import pyLDAvis
10. import pyLDAvis.gensim_models
11. import os
12. import time
13. from collections import defaultdict
14. from tqdm import tqdm
15. from cntext.dictionary import STOPWORDS_zh
16. import warnings
17. warnings.filterwarnings("ignore")
18.
19. os.chdir('D:/python/机器学习与社会科学应用/演示数据/06无监督学习/lda主
题模型/')
20.
21. # 分词
22. def cut_words(string):
23.     string = re.sub(r"[0-9a-z\s+]+", "",string)
24.     # 加载自定义词典
25.     jieba.load_userdict("keywords.txt")
```

```
26.      # 删除单个字符的词
27.      cuts = [w for w in jieba.cut(string) if len(w)>1]
28.      # 删除停用词
29.      cuts = [w for w in cuts if w not in STOPWORDS_zh]
30.      return cuts
31.
32.  # 创建词袋向量（bag of words）
33.  def create_bow(texts_cut):
34.  #     frequency = defaultdict(int)
35.  #     for text in texts_cut:
36.  #         for token in text:
37.  #             frequency[token] += 1
38.      # texts_cut = [[token for token in text if frequency[token]
> 0] for text in texts_cut]  #只保留词频大于1的
39.      dictionary = gensim.corpora.Dictionary(texts_cut)
40.      # print(len(dictionary))
41.      # print(dictionary.token2id)
42.      # 过滤，每个词汇至少在30篇文档中存在，每个词至多存在于99%的文档，保留
最高词频30000个词
43.      dictionary.filter_extremes(no_below=30, no_above=0.9, keep_
tokens=None)
44.      # print(len(dictionary))
45.      # 删除词频最高的两个词
46.      dictionary.filter_n_most_frequent(2)
47.      corpus = [dictionary.doc2bow(text) for text in text_cut]
48.      return dictionary, corpus
49.
50.  # 训练并保存lda模型
51.  def training_ldamodel(topic_num):
52.      lda = gensim.models.ldamodel.LdaModel(corpus, id2word=dicti
onary, num_topics=topic_num, passes=10)
53.      if not os.path.exists("lda_model/" + str(topic_num)):
54.          os.makedirs("lda_model/" + str(topic_num))
55.      lda.save('lda_model/'+ str(topic_num) + '/' + 'lda_model.model')
56.
57.
58.  if __name__ == '__main__':
59.      starttime = time.time()
60.      # *****************【此部分需要修改】
61.      # 读取数据
62.      df = pd.read_csv('cssci_lda.csv')
63.      print("语料库样本 Size:", df.shape)
64.      df = df.sample(5000) # 演示时为了减少时间，减少数据规模
65.      # 文档所在的列名
66.      content = 'content'
```

```
67.     # 设定主题数目区间
68.     topics_range = range(5, 15)    # 【根据需要设定主题数目的范围】
69.
70.     # 分词
71.     tqdm.pandas()
72.     df['text_cut'] = df[content].progress_apply(cut_words)
73.     # 如果数据量大可以保存分词结果
74.     df.to_csv('cssci_lda_cut.csv', encoding='utf8', index=False)
75.     # 创建词袋向量
76.     text_cut = df['text_cut'].tolist()    # 将列转化为数组形式
77.     dictionary, corpus = create_bow(text_cut)
78.
78.     # 训练 LDA 模型
80.     for i in tqdm(topics_range):
81.         training_ldamodel(i)
82.     # 保存 corpus,由于 dictionary 会随着 LDA model 的保存而一并保存,
corpus 需要单独保存
83.     gensim.corpora.MmCorpus.serialize('lda_model/corpus.mm', co
rpus))
84.
85.     endtime = time.time()
86.     print("总耗时: ", (endtime - starttime))
```

```
语料库样本Size: (18719, 4)
0%|                    | 0/5000 [00:00<?, ?it/s]Building prefix dict from the default dictionary ...
Loading model from cache C:\Users\lenovo\AppData\Local\Temp\jieba.cache
Loading model cost 0.639 seconds.
Prefix dict has been built successfully.
100%|████████████████████████████████████████| 5000/5000 [1:02:15<00:0
0, 1.34it/s]
100%|████████████████████████████████████████| 10/10 [04:32<0
0:00, 27.29s/it]

总耗时: 4009.708711385727
```

```
1.  # 困惑度或一致性指标与主题个数折线图
2.  import matplotlib.pyplot as plt
3.  import matplotlib
4.  import pandas as pd
5.  import numpy as np
6.  import time
7.  import gensim
8.  from gensim.models.coherencemodel import CoherenceModel
9.  import ast
10. from tqdm import tqdm
11. import os
```

```
12.
13. os.chdir('D:/python/机器学习与社会科学应用/演示数据/06无监督学习/lda主
题模型/')
14.
15.
16. # 计算困惑度
17. def compute_perplexity(topic_num):
18.     ldamodel = gensim.models.ldamodel.LdaModel.load('lda_model/
'+ str(topic_num) + '/' + 'lda_model.model')
19.     # corpus = gensim.corpora.MmCorpus('lda_model/corpus.mm')
20.     return ldamodel.log_perplexity(corpus)
21.
22.
23. # 计算一致性指标
24. def compute_coherence(topic_num):
25.     ldamodel = gensim.models.ldamodel.LdaModel.load('lda_model/'+
str(topic_num) + '/' + 'lda_model.model')
26.     dictionary = gensim.models.ldamodel.LdaModel.load('lda_model/'+
str(topic_num) + '/' + 'lda_model.model.id2word')
27.     # corpus = gensim.corpora.MmCorpus('lda_model/corpus.mm')
28.     ldacm = CoherenceModel(model=ldamodel, texts=text_cut, dict
ionary=dictionary, coherence='c_v')
29.     return ldacm.get_coherence()
30.
31. if __name__ == '__main__':
32.     starttime = time.time()
33.     df = pd.read_csv('cssci_lda_cut.csv')  # 【需要修改】
34.     df['text_cut'] = df['text_cut'].map(ast.literal_eval)
35.     text_cut = df['text_cut'].tolist()  # 将列转化为数组形式
36.     corpus = gensim.corpora.MmCorpus('lda_model/corpus.mm')
37.
38.     x = range(5, 15)  # 【与前文的topics_range一致】
39.     # 困惑度
40.     y = [compute_perplexity(i) for i in tqdm(x)]
41.     # 一致性
42.     z = [compute_coherence(i) for i in tqdm(x)]
43.     print("perplexity and coherence are: ", y, z)
44.
45.     plt.subplot(2, 1, 1)
46.     plt.plot(x, y, 'ko-')
47.     plt.xlabel('topics_num')
48.     plt.ylabel('perplexity size')
49.     plt.rcParams['font.sans-serif']=['SimHei']
50.     matplotlib.rcParams['axes.unicode_minus']=False
51.     plt.title('topics-perplexity')
```

```
52.
53.    plt.subplot(2, 1, 2)
54.    plt.plot(x, z, 'r.-')
55.    plt.xlabel('topics_num')
56.    plt.ylabel('coherence size')
57.    plt.title('topics-coherence')
58.    plt.show()
59.    endtime = time.time()
60.    print("总耗时: ", (endtime - starttime))
61.
```

62. # 从下面的困惑度与一致性折线图可以看出，困惑度的折线图从5～11缓慢上升，主题数为12时有所下降，此后开始大幅上升

63. # 因此根据困惑图，我们将主题数定在12及以下比较合适

64. # 再看一致性图，在主题数为7～9时，一致性指标达到较高的值，此后大幅下降，并从主题数12时后又大幅上升

65. # 通过困惑度图和一致性图，我们初步将主题数定为7～9，后面我们将根据具体的主题词分布正式确定主题数。

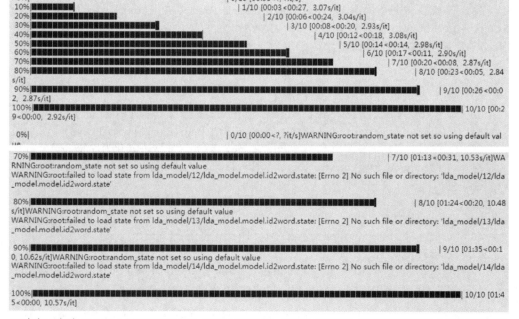

perplexity and coherence are: [-6.527553512667907, -6.520564670445451, -6.497601122587489, -6.501649763073913, -6.49731656312136 3, -6.494031709149781, -6.496709908443888, -6.5002633221731685, -6.507487666572126, -6.5017592283370862] [0.3404682520382006, 0. 33766879732933863, 0.39441488304248057, 0.35398692704227797, 0.3751489128805317, 0.37861632692149655, 0.3771851630989879, 0. 38701257053632904, 0.35223660274805, 0.3700905089145742]

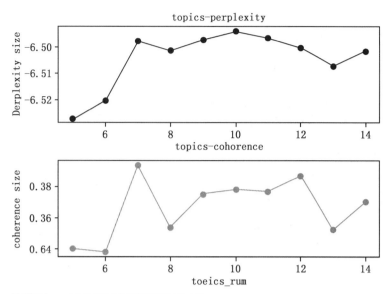

总耗时：136.08619570732117

（2）绘制最优主题数的主题图。上文中，初步确定主题数为 7～9。下面将查看每个主题的交叉情况和关键词的分布情况，最终确定主题数。

```
1. # Python 示例代码
2. import pyLDAvis
3. from pyLDAvis import gensim_models
4. import gensim
5. from gensim import corpora
6. import os
7.
8. os.chdir('D:/python/机器学习与社会科学应用/演示数据/06 无监督学习/lda 主
题模型/')
9.
10. # 加载保存的 LDA 模型
11. topic_num = 8 # 【依次输入 7、8、9，观察每个主题模型的主题分布】
12. lda_model = gensim.models.ldamodel.LdaModel.load('lda_model/'+
str(topic_num) + '/' + 'lda_model.model')
13. dictionary = gensim.models.ldamodel.LdaModel.load('lda_model/'+
str(topic_num) + '/' + 'lda_model.model.id2word')
14. corpus = corpora.MmCorpus('lda_model/corpus.mm')
15.
16. # 输出模型
17. print(lda_model.print_topics(num_topics=topic_num, num_words=3))
# 输出 10 个主题，每个主题 4 个词汇
18. print(lda_model.print_topic(0, topn=5)) # 输出第 0 个主题，排名前十的
关键词
```

```
19.
20. # 主题可视化
21. pyLDAvis.enable_notebook(local=False)
22. plot = pyLDAvis.gensim_models.prepare(lda_model, corpus, dictio
nary)
23. # 保存主题可视化为网页，但是由于网页依赖的第三方插件存在问题，打开前使用 TXT
打开并将文本中的"cdn"替换为"fastly"，然后关闭再用浏览器打开
24. # pyLDAvis.save_html(plot, 'lda_model/'+ str(topic_num) + '/'+'
LDAvis.html')
25. # pyLDAvis.display(plot, local=True)  # 【有时需要单独运行才有效】
```

[(0, '0.023*"理论" + 0.018*"发展" + 0.015*"问题"'), (1, '0.032*"我国" + 0.027*"商业银行" + 0.025*"发展"'), (2, '0.052*"影响" + 0.040*"农户" + 0.024*"农户"'), (3, '0.038*"中国" + 0.029*"影响" + 0.020*"显著"'), (4, '0.031*"模型" + 0.026*"进行" + 0.023*"方法"'), (5, '0.049*"企业" + 0.021*"影响" + 0.015*"公司"'), (6, '0.039*"经济增长" + 0.026*"中国" + 0.023*"经济"'), (7, '0.038*"中国" + 0.020*"我国" + 0.019*"货币政策"')]
0.023*"理论" + 0.018*"发展" + 0.015*"问题" + 0.012*"中国" + 0.011*"过程"

```
1. # Python 示例代码
2. pyLDAvis.display(plot, local=True)  # 【有时需要单独运行才有效】
3. # 图示说明
4. # 左图：每一个圆圈代表一个主题，圆的大小表示主题在文档中所占的比例，如第一个
主题的圆面积最大，表示该主题在所有文档中所占的比例最大，圆面积随着主题顺序的递增而逐渐
减少，表示后面的主题在文档的分布越来越小
5. # 圆与圆之间的距离表示两者的相似度，距离越近，相似度越高。因此，圆圈越分散，表
示主题的分类越清晰，模型越好
6. # 右图柱状图，灰色代表总的词频，红色代表主题内的关键词词频
7. # 相关性 lambda 可以右上角蓝色条进行调整，含义类似于 TF-IDF
8. # 通过对比，发现主题数为 7 和 8 时，分类效果较好，最终的分类还可以根据每个主题
的关键词进行判断
9. # 通过观察，我们发现主题数为 8 时，主题的关键词的一致性较好，因此最终我们选择
主题数为 8
10. # 在实践中，不一定需要确定最优主题，可以根据需要选择与用户需要的主题相似的主
题数就可以了
```

第三步，可视化结果。在训练完成后，可以通过可视化工具展示 LDA 模型的结果，包括主题的词语分布、文档的主题分布等。

```
1. # Python 示例代码
2. # LDA 主题模型的关键词词云
3. import codecs
4. import numpy as np
5. import pandas as pd
6. import gensim
```

```
7.  # from wordcloud import WordCloud, ImageColorGenerator
8.  # from PIL import Image
9.  from pyecharts.charts import WordCloud
10. from pyecharts import options as opts
11. import os
12.
13. os.chdir('D:/python/机器学习与社会科学应用/演示数据/06无监督学习/lda主
题模型/')
14.
15. topic_num = 8 #【设定主题数目】
16. topicn = 2 #【第几个主题】
17.
18. lda = gensim.models.ldamodel.LdaModel.load('lda_model/'+ str(to
pic_num) + '/' + 'lda_model.model')
19. # topic_word = lda.print_topics(num_topics=1, num_words=10)
20. # print(topic_word)
21. topic_word = lda.print_topic(topicn,topn=100)
22. print(topic_word)
23. topic_word = topic_word.split(' + ')
24. word_score_list = []
25. for tw in topic_word:
26.     temp1 = tw.split('*')
27.      # print(temp1)
28.     temp1[1] = eval(temp1[1])
29.     word_score_list.append(temp1)
30. # print(word_score_list)
31. print(word_score_list[:][0])
32. word=[x[1] for x in word_score_list]
33. count=[x[0] for x in word_score_list]
34. print(word[0:10])
35. print(count[0:10])
36.
37. data=[]
38. for i in range(len(word_score_list)):
39.     temp=[(word[i],count[i])]
40.     data=data+temp
41.
42. # 创建实例对象
43. c = WordCloud()
44. c.add(series_name="",data_pair=data)
45. # 设置标题
46. c.set_global_opts(title_opts=opts.TitleOpts("主题词云"))
47. # 展示图片
48. c.render_notebook()
```

0.052*"影响" + 0.040*"农户" + 0.024*"农村" + 0.021*"家庭" + 0.019*"显著" + 0.016*"因素" + 0.015*"收入" + 0.015*"农民" + 0.015*"影响因素" + 0.012*"提高" + 0.012*"农民工" + 0.011*"农业" + 0.011*"利用" + 0.011*"分析" + 0.011*"行为" + 0.010*"程度" + 0.010*"进行" + 0.010*"增加" + 0.010*"调查数据" + 0.010*"结果表明" + 0.009*"创业" + 0.009*"教育" + 0.009*"发现" + 0.009*"不同" + 0.009*"健康" + 0.008*"实证分析" + 0.007*"调查" + 0.007*"采用" + 0.007*"具有" + 0.006*"水平" + 0.006*"比例" + 0.006*"数据" + 0.006*"主要" + 0.006*"贷款" + 0.006*"模型" + 0.006*"工资" + 0.006*"就业" + 0.006*"农村劳动力" + 0.006*"概率" + 0.006*"地区" + 0.005*"城市" + 0.005*"政策" + 0.005*"生产" + 0.005*"政府" + 0.005*"差异" + 0.005*"居民" + 0.005*"正向" + 0.005*"农村居民" + 0.005*"重要" + 0.004*"工作" + 0.004*"为例" + 0.004*"农业生产" + 0.004*"需求" + 0.004*"意愿" + 0.004*"存在" + 0.004*"投入" + 0.004*"劳动力" + 0.004*"降低" + 0.004*"状况" + 0.004*"社会" + 0.004*"个人" + 0.004*"蕴高" + 0.004*"土地" + 0.004*"促进" + 0.004*"改善" + 0.004*"明显" + 0.004*"年龄" + 0.003*"产业升级" + 0.003*"环境" + 0.003*"单位" + 0.003*"是否" + 0.003*"影响因素分析" + 0.003*"使用" + 0.003*"表明" + 0.003*"营养" + 0.003*"规模" + 0.003*"选择" + 0.003*"群体" + 0.003*"评价" + 0.003*"运用" + 0.003*"经营" + 0.003*"消费" + 0.003*"没有" + 0.003*"人均" + 0.003*"提升" + 0.003*"粮食" + 0.003*"类型" + 0.003*"项目" + 0.003*"转移" + 0.003*"相关" + 0.003*"获得" + 0.003*"收入水平" + 0.003*"较大" + 0.003*"样本" + 0.002*"一定" + 0.002*"负向" + 0.002*"特征" + 0.002*"基础" + 0.002*"服务" + 0.002*"相关"
['0.052', '影响']
['影响', '农户', '农村', '家庭', '显著', '因素', '收入', '农民', '影响因素', '提高']
['0.052', '0.040', '0.024', '0.021', '0.019', '0.016', '0.015', '0.015', '0.015', '0.012']

主题词云

总体而言,LDA 主题模型实战涉及数据处理、模型训练和结果解释等多个步骤。在实际应用中,需要根据具体的场景和数据特点调整和优化,以获得更好的主题建模效果。同时,LDA 模型的训练可能需要较长的时间和较大的计算资源,特别是在大规模文本数据上,因此需要注意处理大数据量时的效率和资源消耗。

三、LDA 主题模型社会科学应用案例

Wong *et al.*(2019)探究了在关系型经济中政治因素是否会影响特质信息与分析师盈余预测准确性间的关系。由于政治因素主要通过各种关系影响公司,即便是同一行业的公司,这些关系也可能大不相同。若政治因素影响使分析师拥有公司特质信息越多,其对公司盈余预测的准确率就越高。本文运用 LDA 主题模型分析了 2010—2015 年共 87 332 篇分析师研究报告。研究发现,政治因素对公司的影响越大,分析师报告中的公司特质主题(例如,针对少数几家公司的主题)与盈余预测准确性正向关系越显著。然而,政治因素却不会影响行业特定主题和预测准确率间的关系。文章的深度解析,可以查看本书作

推文

政治影响与特
质信息

者团队公众号"机器学习与数字经济实验室"的推文,链接为 https://mp. weixin. qq. com/s/v4-ZTwwrwGq0INDSDMae-A。

Bellstam *et al.*(2021)分析了 1990—2012 年期间标准普尔 500 指数中的 703 家公司的 665 714 份分析师报告,并使用 LDA 主题模型构建了基于文本的创新衡量标准。 文章对创新的衡量表现出合理的时间序列和横截面特性,并在创新水平的公司内部变化中提供有用的信息。文章结果为现有的创新措施提供了新的视角。 文章的深度解析,可以查看本书作者团队公众号"机器学习与数字经济实验室"的推文,链接为 https://mp. weixin. qq. com/s/ZP6Kk5IdP1n_0ogFgHFLrw。

推文

基于文本大数据刻画公司创新

思考题

1. K-means 算法是如何确定数据集中的聚类数量(K 值)的? 在什么情况下 K-means 算法可能会陷入局部最优解? 你能提出一些克服这种情况的方法吗?

2. 对于大型数据集,K-means 算法的性能如何? 是否有任何方法可以改进其性能?

3. 主成分分析(PCA)如何通过线性变换将高维数据映射到低维空间? 降维后的数据如何保留原始数据的主要特征? 这在什么情况下可能会失败?

4. PCA 是否对数据中存在的异常值敏感? 如果是,你会如何处理这些异常值?

5. 在文本数据中,LDA 主题模型是如何将文档表示为主题的混合的?

6. 在 LDA 模型中如何确定主题的数量?

参考文献

[1]郭峰、熊云军、石庆玲,等(2023),"数字经济与行政边界地区经济发展再考察:来自卫星灯光数据的证据",《管理世界》,第 4 期,第 16—34 页。

[2]郭峰、王靖一、王芳,等(2020),"测度中国数字普惠金融发展:指数编制与空间特征",《经济学季刊》,第 19 卷第 4 期,第 1401—1418 页。

[3]赵涛、张智、梁上坤(2020),"数字经济、创业活跃度与高质量发展——来自中国城市的经验证据",《管理世界》,第 10 期,第 65—76 页。

[4]Bellstam,G. Bhagat,S. and Cookson,J. A. (2021),"A Text-Based Analysis of Corporate Innovation",*Management Science*,Vol. 67(7),pp. 3985—4642.

[5]Blei,D. M. Ng,A. Y. and Jordan,M. I. (2003),"Latent Dirichlet Allocation",*Journal of Machine Learning Research*,Vol. 3,pp. 993—1022.

[6]Wong,F. Wong,T. J. and Zhang,T. (2019),"Politics and Idiosyncrasy of Information:Evidence from Financial Analysts' Earnings Forecasts in a Relationship-based Economy",Working Pa-

per.

〔7〕Oust，A. Hansen，S. N. and Pettrem，T. R. （2020），"Combining Property Price Predictions from Repeat Sales and Spatially Enhanced Hedonic Regressions"，*The Journal of Real Estate Finance and Economics*，Vol. 61，pp. 183—207.

〔8〕Elkins，R. and Schurer，S. （2020），"Exploring the Role of Parental Engagement in Non-Cognitive Skill Development over the Lifecourse"，*Journal of Population Economics*，Vol. 33，pp. 957—1004.

〔9〕Korzeniowska，A. M. （2021），"Heterogeneity of Government Social Spending in European Union Countries"，*Future Business Journal*，Vol. 7，38.

〔10〕Mueller，H. and Rauh，C. （2018），"Reading Between the Lines：Prediction of Political ViolenceUsing Newspaper Text"，American Political Science Review，Vol. 112(2)，pp. 358—375.

第七章　深度学习算法

本章导读

深度学习是目前机器学习中最前沿的一组方法,本章系统讲解了当前主流的深度学习神经网络的基本原理、实操代码,以及在社会科学中的代表性应用。具体而言,首先,本章介绍了神经网络的基本原理,包括生物神经网络的工作机制及人工神经网络的数学模型。其次,对循环神经网络(RNN)的工作逻辑、优势和适用范围进行了说明。再次,我们详细介绍了Word2Vec词嵌入算法,包括词向量原理、跳字模型和连续词袋模型三部分内容。最后,我们分别介绍了用于图像识别的卷积神经网络(CNN)和用于文本数据处理的卷积神经网络(TextCNN)的工作逻辑。在本章的最后部分,我们也简要介绍了当前作为"网红"的BERT和GPT等大规模预训练语言模型的基本原理。

第一节　神经网络基本原理与前馈神经网络

从根本上说,深度学习和所有其他机器学习方法一样,是一种用数学模型对真实世界中的特定问题建模,以解决该领域内相似问题的过程。深度学习是特殊的机器学习,其特殊之处在于特征的选取。很多机器学习算法是人工选取特征,而深度学习是给出大量的数据后让机器自己学习选择特征。使用深度学习,原因在于深度学习主要运用于人工不好提取特征的场景,运用大量数据自动推演对象的特征。例如图片的识别,人工无法准确地提取其特征,但是我们可以使用卷积神经网络先提取特征,然后再使用普通机器学习进行分类。传统机器学习算法与深度学习算法的区别就是,后者是前者的进一步智能化,即智能地提取对象的特征。因此,对于特征提取困难,或特征要求精度高的场合,我们可以偏向深度学习,而对于特征提取较为容易的场合,我们偏向使用传统的机器学习算法。

一、神经网络算法基本原理

(一)神经元的工作原理

人工神经网络(Artificial Neural Network,ANN)是指一系列受生物学和神经科学启发的数学模型。这些模型主要是通过对人脑的神经元网络进行抽象,构建人工神经元,并按照一定拓扑结构来建立人工神经元之间的连接,模拟生物神经网络。在人工智能领域,人工神经网络也常常简称为神经网络(Neural Network)或神经模型(Neural Model)。

人工神经元(Artificial Neuron),简称神经元(Neuron),是构成神经网络的基本单元,其主要是模拟生物神经元的结构和特性,接收一组输入信号并产生输出。鉴于人工神经网络与人类神经网络的相似之处,因此,在学习人工神经网络之前,我们先看看人类的神经网络是如何工作的。

人类大脑是由大量"神经细胞"(Neural Cells)(也被称为"神经元")为基本单位而组成的神经网络。神经元的结构很简单:中间一只球形的细胞体,一头长出许多细小而茂盛的神经纤维分支(称为树突),用来接收其他神经元传来的信号;另一头伸出一根长长(深入脊髓的突触最长能有 1 米多)的突起纤维(轴突),用来把自己的信号传给别人。轴突的末端又会分出许多树权(神经末梢),连接到其他神经元的树突或轴突上(如图 7—1 所示)。

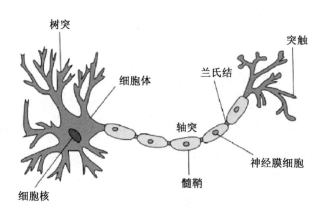

图 7—1　神经元结构示意图[①]

当大脑思考的时候,一枚底层的神经元是怎么工作的呢? 首先,各个树突接收到其他神经元细胞发出的电化学刺激脉冲,这些脉冲叠加后,一旦强度达到临界值,这个神经元就会产生动作电位,沿着轴突发送电信号。轴突由一个个兰氏结组成,神经元

---

① 图片来源:https://commons. wikimedia. org/wiki/File:Neuron_Hand-tuned. svg。

发送的电信号可以从一个兰氏结跳跃到下一个兰氏结,每跳跃一次,兰氏结上的电压
门控通道就会打开一次,细胞膜内外带正电荷的钠离子通过钠钾泵交换后,膜电位发
生变化,从而完成下一次跳跃。这样,电信号就可以不随距离衰减,持续接力传送下
去。然后,轴突将刺激传送到神经元末端的突触,电信号触发突触上面的电压敏感蛋
白,把一个内含神经递质的小泡(突触小体)推到突触的膜上,从而释放出突触小体中
的神经递质。当这些化学物质扩散到其他神经元的树突或轴突上时,又会激活新的神
经元上的钠钾离子通道,于是信号就传递到了二级神经元上。

(二)人工神经网络的思想

根据前面关于人类神经元工作原理的描述,从树突获得不同的信号后,神经元的
"细胞体"(Cell Body)将加总处理这些信号。如果这些信号的总量超过某个阈值,则
神经元会兴奋起来,并通过轴突向外传输信号,经过神经突触(Synapses),而为其他
神经元的树突所接收。1943 年神经生理学家 Warren McCulloch 与数学家 Walter Pitts
将生物神经元简化为一个数学模型(McCulloch and Pitts,1943),简称 M-P 神经元模
型,参见图 7-2 给出的示意图。现代神经网络中的神经元和 M-P 神经元的结构并无
太多变化。不同的是,M-P 神经元中的激活函数 f 为 0 或 1 的阶跃函数,而现代神经
元中的激活函数通常要求是连续可导的函数。

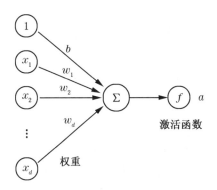

图 7-2　典型的神经元结构

从图 7-2 可见,M-P 神经元模型与生物神经元在形式上类似。将神经元视为计
算单位,它首先从树突(Dendrites)输入信号 $x \equiv (x_1, \cdots, x_p)'$,在细胞体加权求和
$\sum_{i=1}^{p} w_i x_i$,其中 $w \equiv (w_1 \cdots w_p)'$ 为权重(不同型号的重要性不同)。如果求和之后的
总数,超过某个阈值(比如,$-b$),则神经元兴奋起来,通过轴突(Axon)向外传递信号;
反之,则神经元处于抑制状态。其公式如下:

$$I\Big(\sum_{i=1}^{p}w_ix_i+b>0\Big)=\begin{cases}1,if\ \sum_{i=1}^{p}w_ix_i>-b\\[2ex]0,if\ \sum_{i=1}^{p}w_ix_i\leqslant-b\end{cases}$$

其中,$I(\cdot)$为示性函数;参数 b 表示阈值(门槛值),称为偏置(Bias)。此处的示性函数 $I(\cdot)$称为激活函数(Activation Function)。

(三)激活函数

Rosenblatt(1958)提出感知机(Perceptron),使得 M-P 神经元模型具备学习能力,成为神经网络的先驱。对于二分类问题,考虑使用超平面 $b+w'x=0$ 进行分类,而响应变量 $y\in\{1,-1\}$。如果 $b+w'x>0$,则预测 $y=1$;反之,如果 $b+w'x<0$,则预测 $y=-1$。显然,正确分类要求 $y_i(b+w'x_i)>0$。反之,如果 $y_i(b+w'x_i)<0$,则为错误分类。然而,对于线性可分的数据,感知机虽然一定会收敛,但从不同的初始值出发,一般会得到不同的分离超平面,无法得到唯一解。而且,由于所得超平面未必是"最优分离超平面",故感知机的泛化能力也没有保障。另外,如果数据线性不可分,则感知机的算法不会收敛。因此,感知机无法适用于决策边界为非线性的数据。

事实上,在感知机的基础上,并不难得到非线性的决策边界。只要引入多层神经网络,经过两个及以上的非线性激活函数迭代之后,即可得到非线性的决策边界。感知机使用符号函数作为激活函数,但这是一个不连续的"阶梯函数"(Step Function),不便于最优化。激活函数必须为非线性函数,否则即便多层迭代,也无法刻画非线性的关系,何况这个世界本质上就是非线性的。在此,非线性的激活函数是关键;因为使用线性的激活函数,则无论叠加或嵌套多少次(相当于微积分的复合函数),所得结果一定还是线性函数。

一般来说,在神经元中,激活函数是很重要的一部分,为了增强网络的表示能力和学习能力,激活函数需要具备以下几点性质:

(1)连续并可导(允许少数点上不可导)的非线性函数。可导的激活函数可以直接利用数值优化的方法学习网络参数。

(2)激活函数的导函数尽可能简单,有利于提高网络计算效率。

(3)激活函数的导函数的值域要在一个合适的区间内,不能太大也不能太小,否则会影响训练的效率和稳定性。

神经网络模型中常用的激活函数包括以下几种。

(1)Sigmoid 型函数(Sigmoid Function)。Sigmoid 型函数是指一类 S 形曲线函

数，为两端饱和函数。[①] 常用的 Sigmoid 型函数有 Logistic 函数和 Tanh 函数。狭义的 Sigmoid 型函数为 Logistic 函数，其表达式为：

$$\Lambda(z) = \frac{1}{1 + e^{-z}}$$

此函数也用于逻辑回归，也称为"逻辑函数"。Sigmoid 型函数可视为一种"挤压函数"，即把输入的任何实数都挤压到(0,1)区间。当输入值在 0 附近时，Sigmoid 型函数近似为线性函数；当输入值靠近两端时，对输入进行抑制。输入越小，越接近于 0；输入越大，越接近于 1。这样的特点也和生物神经元类似，对一些输入会产生兴奋（输出为 1），对另一些输入产生抑制（输出为 0）。和感知机使用的阶跃函数相比，Logistic 函数是连续可导的，其数学性质更好。

（2）双曲正切函数（Hyperbolic Tangent Function）。双曲正切函数是一种广义的 S 形函数，因为它的形状也类似于拉长的英文大写字母 S，其表达式为：

$$\tanh(z) \equiv \frac{e^z - e^{-z}}{e^z + e^{-z}}$$

Tanh 函数可看作放大并平移的 Logistic 函数，其值域是(−1,1)。

图 7−3 给出了 Logistic 函数和 Tanh 函数的形状。Tanh 函数的输出是零中心化的，而 Logistic 函数的输出恒大于 0。非零中心化的输出（例如 Logistic 函数）会使得下一层的神经元输入发生"偏置偏移"（Bias Shift），进一步使得梯度下降的收敛速度变慢。不难看出，Tanh 函数也是两端饱和的，即当输入靠近两端时，其导数趋向于 0，依然可能发生梯度消失的问题。

（3）修正线性单元（Rectified Linear Unit，ReLU），也称"Rectifier 函数"。为了解决 Logistic 函数与 Tanh 函数的两端饱和问题，Nair and Hinton（2010）提出如下的 ReLu 函数，目前是深度神经网络中经常使用的激活函数。ReLu 函数表达式为：

$$ReLU(z) \equiv \max(0, z) = \begin{cases} z, z > 0 \\ 0, z < 0 \end{cases}$$

ReLU 函数实际上是一个斜坡函数。与 S 形函数的两端饱和相比，ReLU 函数为"左饱和函数"，即当 $z \to -\infty$ 时，ReLU 函数的导数趋向于 0（实际上 $z < 0$ 时，导数一直为 0）；另一方面，当 $z > 0$ 时，ReLU 函数的导数恒等于 1，这可以在一定程度上缓解神经网络训练中的梯度消失问题，加快梯度下降的收敛速度。

ReLU 函数的优点：采用 ReLU 的神经元只需要进行加、乘和比较的操作，计算上更加高效。ReLU 函数也被认为具有生物学合理性（Biological Plausibility），比如单

[①] 对于函数 $f(x)$，若 $x \to -\infty$ 时，其导数 $f'(x) \to 0$，则称其为左饱和。若 $x \to +\infty$ 时，其导数 $f'(x) \to 0$，则称其为右饱和。但同时满足左、右饱和时，就称为两端饱和。

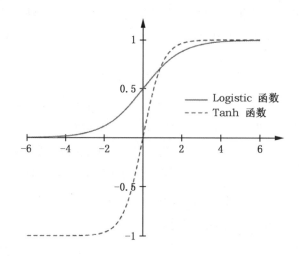

图 7-3 **Logistic 函数和 Tanh 函数**

侧抑制、宽兴奋边界(即兴奋程度可以非常高)。在生物神经网络中,同时处于兴奋状态的神经元非常稀疏。在同一时刻人脑中 1%～4% 的神经元处于活跃状态。Sigmoid 型激活函数会导致一个非稀疏的神经网络,而 ReLU 函数却具有很好的稀疏性,大约 50% 的神经元会处于激活状态。在优化方面,相比于 Sigmoid 型函数的两端饱和,ReLU 函数为左饱和函数,且在 $x>0$ 时导数为 1,在一定程度上缓解了神经网络的梯度消失问题,加速梯度下降的收敛速度。

ReLU 函数的缺点:ReLU 函数的输出是非零中心化的,给后一层的神经网络引入偏置偏移,会影响梯度下降的效率。此外,ReLU 神经元在训练时比较容易死亡。在训练时,如果参数在依次不恰当的更新后,第一个隐藏层中的某个 ReLU 神经元在所有的训练数据上都不能被激活,那么这个神经元自身参数的梯度永远都会是 0,在以后的训练过程中永远不能被激活,这种现象被称为死亡 ReLU 问题(Dying ReLU Problem),并且也有可能发生在其他隐藏层。

因此,在实际使用中,为了避免上述情况,有几种 ReLU 的变种也被广泛使用。

(4)带泄露的 ReLU(Leaky ReLU)。带泄露的 ReLU 在输入 $x<0$ 时,保持一个很小的梯度 γ。这样当神经元非激活时也能有一个非零的梯度可以更新参数,避免永远不能被激活。带泄露的 ReLU 的表达式如下:

$$LeakyReLU(x) = \begin{cases} x, & x>0 \\ \gamma x, & x \leqslant 0 \end{cases} = \max(0,x) + \gamma \min(0,x)$$

其中,γ 是一个很小的常数,比如 0.01。当 $\gamma<1$ 时,带泄露的 ReLU 也可以写为:

$$LeakyReLU(x) = \max(x, \gamma x)$$

(5)软加函数(Softplus Function)。ReLU 函数并不光滑,而且在 $z<0$ 时,导数一

直为 0。软加函数可视为 ReLU 函数的光滑版本,正好弥补 ReLU 的这些缺点。Soft-plus 函数的定义为:

$$Softplus(z) \equiv \ln(1 + e^z)$$

Softplus 函数其导数刚好是 Logistic 函数。Softplus 函数也具有单侧抑制、宽兴奋边界的特性,但没有 ReLU 函数的稀疏激活性,因为 Softplus 函数的导数永远为正。

（6）指数线性单元函数（Exponential Linear Unit Function,ELU 函数）是一种近似零中心化的非线性函数,其定义为:

$$ELU = \begin{cases} x, & x > 0 \\ \gamma(\exp(x) - 1), & x \leq 0 \end{cases}$$

其中,$\gamma \geq 0$ 是一个超参数,决定 $x \leq 0$ 时的饱和曲线,并调整输出均值在 0 附近。

图 7-4 给出了 ReLU、Leaky ReLU、Softplus 以及 ELU 函数的示例。

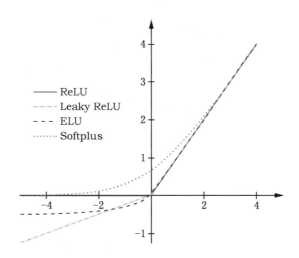

图 7-4　ReLU、Leaky ReLU、Softplus 和 ELU 函数

（四）前馈神经网络

一个生物神经细胞的功能比较简单,而人工神经元只是生物神经细胞的理想化和简单实现,功能更加简单。要想模拟人脑的能力,单一的神经元是远远不够的,需要通过很多神经元一起协作完成复杂的功能。这样通过一定的连接方式或信息传递方式协作的神经元可以看作一个网络,就是神经网络。

前馈神经网络（Feedforward Neural Network,FNN）是最早发明的简单神经网络。前馈神经网络也经常称为多层感知机（Multi-Layer Perceptron,MLP）。但多层感知机的叫法并不十分合理,因为前馈神经网络其实由多层 Logistic 回归模型（连续的非线性函数)组成,而不是由多层感知机(不连续的非线性函数)组成。在前馈神经网络中,各神经元分别属于不同的层。每一层的神经元可以接收前一层神经元的信号,并产生信号输出到下一层。第 0 层称为输入层,最后一层称为输出层,其他中间层称为隐藏层。整个神经网络中的信息是朝一个方向传播,没有其他方向的信息传播,可以用一个有向无环路图表示。前馈网络包括全连接前馈网络和卷积神经网络等。前馈网络可以看作一个函数,通过简单非线性函数的多次复合,实现输入空间到输出空间的复杂映射。这种网络结构简单,易于实现。图 7-5 所示为多层神经网络结构。该多层神经网络结构为一个标准的前馈神经网络(Feedforward Neural Network),因为输入从左向右不断前馈,也称为全连接神经网络(Fully-connected Neural Network),因为相邻层的所有神经元都相互连接。

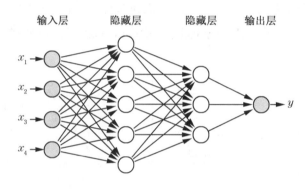

图 7-5　多层前馈神经网络

　　此外,截至目前,研究者已经发明了多种神经网络结构。但常用的神经网络结构除了上面介绍的前馈神经网络外,还有记忆网络和图网络。其中,记忆网络,也称为反馈网络,网络中的神经元不但可以接收其他神经元的信息,也可以接收自己的历史信息。和前馈网络相比,记忆网络中的神经元具有记忆功能,在不同的时刻具有不同的状态。记忆神经网络中的信息传播可以是单向或双向的,因此可用一个有向无环图或无向图来表示。记忆网络包括循环神经网络、Hopfield 网络、玻尔兹曼机等。图网络是定义在图结构数据上的神经网络。图中每个节点都由一个或一组神经元构成。节点之间的连接可以是有向的,也可以是无向的。每个节点可以收到来自相邻节点或自身的信息。前馈网络和记忆网络的输入都可以表示为向量或向量序列。实际应用中很多数据是图结构的数据,比如知识图谱、社交网络、分子网络等(邱锡鹏,2021)。

　　(五)通用函数近似器

　　前馈神经网络具有很强的拟合能力,常见的连续非线性函数都可以用前馈神经网络近似。那么当我们在使用神经网络拟合时,有时会有这样的疑问:神经网络的基本单元——神经元,能够拟合所有函数吗? 答案是:前馈神经网络具有很强的函数拟合能力。在一定意义上,神经网络可作为一种"通用近似器"(Universal Approximator)来使用。Cybenko(1988)与 Hornik,Stinchcombe and White(1989)使用泛函分析(Functional Analysis),证明了神经网络的通用近似定理(Universal Approximation Theorem)。其主要结论为,包含单一隐藏层的前馈神经网络模型,只要其神经元数目足够多,就可以任意精度逼近任何一个在有界闭集上定义的连续函数。

包含单隐藏层的前馈神经网络所代表的函数可写为:

$$G(x) = \sum_{i=1}^{m} \alpha_i f(w'_i x + b_i)$$

其中,(w_i, b_i)为第 i 个神经元的权重与偏置参数,$f(\cdot)$为激活函数,α_i为连接隐藏层与输出层的参数,而 m 为神经元的数目。通用近似定理表明,形如上式的函数在定义于有界闭集上的连续函数的集合中是"稠密的"(Dense),这意味着对于任意有界闭集上的连续函数,都可找到形如上式的函数(即单隐层的前馈神经网络),使二者的距离任意接近。

通用近似定理在任意 p 维实数空间的有界闭集上依然成立。通用近似定理的激活函数可采取不同形式的非线性函数,既包括非常数(Nonconstant)、有界(Bounded)且单调递增的连续函数(例如 S 形函数、双曲正切函数),也包括无界(Unbounded)且单调递增的连续函数(例如 LeLU),甚至允许不连续函数(例如阶梯函数)。

在某种意义上,通用近似定理表明,神经网络可作为"万能"函数来使用。然而,通用近似定理只是说明,对于任意有界闭集上的连续函数,都存在与它非常接近的单隐层前馈神经网络;但并未给出找到此神经网络的方法,也不知道究竟需要多少个神经元才能达到既定的接近程度。当然,在实际应用中,一般并不知道真实函数 $g(x)$,我们更关心神经网络 $G(x)$ 的泛化能力。由于神经网络的强大拟合能力,反而容易在训练集上过拟合,故需要避免过拟合,以降低测试误差。

(六)神经网络的损失函数

上面的神经网络只是数学模型,而未经训练的神经网络就像空白的大脑,并不具备预测与分类的能力。而所谓"训练",则意味着估计神经网络模型的诸多参数。对于神经网络而言,知识就储存在这些参数中。

神经网络的通常训练方法为,在参数空间使用梯度下降法,使损失函数最小化。神经网络的损失函数的一般形式可写为:

$$W^* = argmin_w \frac{1}{n} \sum_{i=1}^{n} L[y_i, G(x_i; W)]$$

其中,参数矩阵 W(也可排为参数向量)包含神经网络的所有参数(包括偏置),其每一列对应于神经网络每一层的参数；W^* 为 W 的最优值，$G(x_i;W)$ 为神经网络对观测 x_i 所做的预测（即 $\hat{y}_i$），而 $L(y_i,\hat{y}_i)$ 为损失函数。在上式中，整个样本的损失函数为每个观测值的损失 $L(y_i,G(x_i;W))$ 的平均值。

对于响应变量为连续型的回归问题，一般使用平方损失函数（Squared Loss Function），最小化训练集的均方误差：

$$W^* = argmin_w \frac{1}{n} \sum_{i=1}^{n} [y_i - G(x_i;W)]^2$$

对于响应变量为离散型的分类问题，则一般使用交叉熵损失函数（Cross-entropy Loss Function），即多项逻辑回归（Multinomial Logit）的对数似然函数的负数，详见陈强（2021）的讨论。

（七）神经网络的算法

由于神经网络通常包含很多参数，而且涉及较多非线性的激活函数，故一般不便于求二阶导数（黑塞矩阵），无法使用牛顿法求解，因此尝试用梯度下降法训练神经网络。但这依然需要计算神经网络 $G(x_i;W)$ 的梯度向量。对于神经网络，最常用的计算梯度向量方法为反向传播（Back Propagation, BP）算法。BP 算法最早由 Werbos（1974）在其哈佛大学博士论文提出，但时值 AI 寒冬，未引起重视；此后由 Rumelhart，Hinton and Williams（1986）重新提出。

对于多层神经网络，越靠近网络右边（后端）的参数，其导数越容易计算，因为它们离输出层更近。反向传播算法就是使用微积分的链式法则（Chain Rule），将靠左边（前端）的参数的导数递归地表示为靠右边（后端）的参数之导数的函数。这种算法称为误差反向传播（Error back Propagation 或 Backward Pass），简称 BP 算法（Back-propagation Algorithm）。

在训练神经网络之前，一般建议将全部特征变量归一化（Normalization，即最小值变为 0，而最大值变为 1）或标准化（Standardization，即均值变为 0，而标准差变为 1）。这是因为，如果特征变量的取值范围差别较大，则会影响神经网络的权重参数，不利于神经网络的训练。对于回归问题，若对特征变量进行归一化处理，则所有特征变量 $x \in [0,1]$，此时建议也将响应变量做归一化处理，便于模型的训练与预测。

另外，在选择参数矩阵 W 的初始值 W_0 时，一般并不将其所有元素都设为相同的取值（比如，都设为 0 或 1），而通常从标准正态分布 $N(0,1)$ 或取值介于 $[-0.7,0.7]$ 的均匀分布中随机抽样，这样有利于不同神经元之间的分化，避免趋同。

二、前馈神经网络算法实操代码

（一）神经网络用于分类

神经网络分类 MLPClassifier 类实现了通过反向传播进行训练的多层感知器（MLP）算法。目前，MLPClassifier 只支持交叉熵损失函数，通过运行 predict_proba 方法进行概率估计。MLP 算法使用的是反向传播的方式。更准确地说，它通过反向传播计算得到的梯度和某种形式的梯度下降来训练。对于分类来说，它最小化交叉熵损失函数，为每个样本 x 给出一个向量形式的概率估计 $P(y|x)$。下面，以一个简单的例子来演示如何使用神经网络分类。

```
1.  # 载入数据
2.  import numpy as np
3.  from sklearn.neural_network import MLPClassifier
4.  from sklearn.preprocessing import StandardScaler
5.  data = [[-0.017612, 14.053064, 0],[-1.395634, 4.662541, 1],[-0.7
52157, 6.53862, 0],[-1.322371, 7.152853, 0],[0.423363, 11.054677, 0],
6.      [0.406704, 7.067335, 1],[0.667394, 12.741452, 0],[-2.46015,
6.866805, 1],[0.569411, 9.548755, 0],[-0.026632, 10.427743, 0],
7.      [0.850433, 6.920334, 1],[1.347183, 13.1755, 0],[1.176813, 3
.16702, 1],[-1.781871, 9.097953, 0],[-0.566606, 5.749003, 1],
8.      [0.931635, 1.589505, 1],[-0.024205, 6.151823, 1],[-0.036453
, 2.690988, 1],[-0.196949, 0.444165, 1],[1.014459, 5.754399, 1],
9.      [1.985298, 3.230619, 1],[-1.693453, -0.55754, 1],[-0.576525
, 11.778922, 0],[-0.346811, -1.67873, 1],[-2.124484, 2.672471, 1],
10.     [1.217916, 9.597015, 0],[-0.733928, 9.098687, 0],[1.416614,
9.619232, 0],[1.38861, 9.341997, 0],[0.317029, 14.739025, 0]
11.  ]
12. dataMat = np.array(data)
13. X=dataMat[:,0:2]
14. y = dataMat[:,2]
15.
16. # 数据标准化
17. # 神经网络对数据尺度敏感，最好在训练前标准化或归一化，或者缩放到[-1,1]
18. scaler = StandardScaler() # 标准化转换
19. scaler.fit(X)   # 训练标准化对象
20. X = scaler.transform(X)    # 转换数据集
21.
22.
23. # 参数
24. clf = MLPClassifier(solver='lbfgs', alpha=1e-5, hidden_layer_sizes
=(5,2), random_state=1)
25. # 神经网络输入为2，第一隐藏层神经元个数为5
```

```
26. # 第二隐藏层神经元个数为 2，输出结果为 2 分类
27. # solver='lbfgs'，  MLP 的求解方法：L-BFGS 在小数据上表现较好，Adam 较
为稳健
28. # SGD 在参数调整较优时会有最佳表现（分类效果与迭代次数）；SGD 标识随机梯度下
降
29. # alpha:L2 的参数：MLP 是可以支持正则化的，默认为 L2，具体参数需要调整
30. # hidden_layer_sizes=(5, 2) hidden 层 2 层,第一层 5 个神经元，第二层 2
个神经元)
31. # 2 层隐藏层，也就有 3 层神经网络
32.
33.
34. # 数据拟合
35. clf.fit(X, y)
36. # print('每层网络层系数矩阵维度: \n',[coef.shape for coef in clf.coefs_])
37. y_pred = clf.predict([[0.317029, 14.739025]])
38. print('预测结果: ', y_pred)
39. y_pred_pro =clf.predict_proba([[0.317029, 14.739025]])
40. print('预测结果概率: \n', y_pred_pro)
```

输出：

每层网络层系数矩阵维度：

$[(2,5),(5,2),(2,1)]$

预测结果：$[0.]$

预测结果概率：

$[[9.99999982e-01\ 1.75345081e-08]]$

(二)神经网络用于回归

神经网络除了能用于分类外，还可以用于回归问题。MLPRegressor 类多层感知器(MLP)在使用反向传播训练时的输出没有使用激活函数，也可以看作是使用恒等函数(Identity Function)作为激活函数。因此，它使用平方误差作为损失函数，输出是一组连续值。

```
1. import numpy as np
2. from sklearn.neural_network import MLPRegressor  # 多层线性回归
3. from sklearn.preprocessing import StandardScaler
4. data = [[ -0.017612,14.053064,14.035452],[ -1.395634, 4.662541,
3.266907],[ -0.752157, 6.53862,5.786463],[ -1.322371, 7.152853, 5.8304
82],
5.          [0.423363,11.054677,11.47804 ],[0.406704, 7.067335, 7.4
74039],[0.667394,12.741452,13.408846],[ -2.46015,6.866805, 4.406655],
```

```
6.          [0.569411, 9.548755,10.118166],[ -0.026632,10.427743,10
.401111],[0.850433, 6.920334, 7.770767],[1.347183,13.1755,14.522683],
7.          [1.176813, 3.16702,4.343833],[ -1.781871, 9.097953, 7.31
6082],[ -0.566606, 5.749003, 5.182397],[0.931635, 1.589505, 2.52114 ],
8.          [ -0.024205, 6.151823, 6.127618],[ -0.036453, 2.690988,
2.654535],[ -0.196949, 0.444165, 0.247216],[1.014459, 5.754399, 6.768
858],
9.          [1.985298, 3.230619, 5.215917],[ -1.693453,-0.55754, -2
.250993],[ -0.576525,11.778922,11.202397],[ -0.346811,-1.67873, -2.025
541],
10.          [ -2.124484, 2.672471, 0.547987],[1.217916, 9.597015,1
0.814931],[ -0.733928, 9.098687, 8.364759],[1.416614, 9.619232,11.0358
46],
11.          [1.38861,9.341997,10.730607],[0.317029,14.739025,15.05
6054]
12. ]
13.
14. dataMat = np.array(data)
15. X = dataMat[:,0:2]
16. y = dataMat[:,2]
17. scaler = StandardScaler() # 标准化转换
18. scaler.fit(X)   # 训练标准化对象
19. X = scaler.transform(X)    # 转换数据集
20.
21. # solver='lbfgs',  MLP 的求解方法：L-BFGS 在小数据上表现较好，Adam 较
为稳健，SGD 在参数调整较优时会有最佳表现（分类效果与迭代次数）；SGD 标识随机梯度下降
22. # alpha:L2 的参数：MLP 是可以支持正则化的，默认为 L2，具体参数需要调整
23. # hidden_layer_sizes=(5, 2) hidden 层 2 层,第一层 5 个神经元，第二层 2
个神经元），2 层隐藏层，也就有 3 层神经网络
24. clf = MLPRegressor(solver='lbfgs', alpha=1e-5,hidden_layer_size
s=(5, 2), random_state=1)
25. clf.fit(X, y)
26. print('预测结果:', clf.predict([[0.317029, 14.739025]]))  # 预测某
个输入对象
27.
28. cengindex = 0
29. for wi in clf.coefs_:
30.     cengindex += 1  # 表示底第几层神经网络
31.     print('第%d 层网络层:' % cengindex)
32.     print('权重矩阵维度:',wi.shape)
33.     print('系数矩阵: \n',wi)
```

输出：

预测结果：[24.27658241]

第 1 层网络层：

权重矩阵维度：$(2, 5)$

系数矩阵：

$$[[-0.34864455 \quad 2.65773508 \quad -0.70101319 \quad 1.02694781 \quad -2.49646505]$$
$$[-0.82708778 \quad 0.91662071 \quad -3.16135291 \quad 1.71483441 \quad -3.05764795]]$$

第 2 层网络层：

权重矩阵维度：$(5, 2)$

系数矩阵：

$$[[\ 7.84607871e-01 \quad 4.03120891e+00]$$
$$[-6.12095342e-01 \quad -1.71533155e-03]$$
$$[-8.58683112e-01 \quad 3.72888728e+00]$$
$$[-2.10267166e-01 \quad -5.50536852e-04]$$
$$[\ 2.65650235e-01 \quad 4.58089185e-04]]$$

第 3 层网络层：

权重矩阵维度：$(2, 1)$

系数矩阵：

$$[[\ 2.53837446]$$
$$[-0.28218186]]$$

三、前馈神经网络算法社会科学应用案例

根据通用近似定理，包含单一隐藏层的前馈神经网络模型，只要其神经元数目足够多，就可以任意精度逼近任何一个在有界闭集上定义的连续函数。可见，即便是最为简单的神经网络，也有着非常高的函数拟合能力。因此，在社会科学研究中，前馈神经网络有着非常广泛的应用。

李斌等（2019）基于 1997 年 1 月至 2018 年 10 月 A 股市场的 96 项异象因子，采用预测组合算法、Lasso 回归、前馈神经网络等 12 种机器学习算法，构建股票收益预测模型及投资组合。实证结果表明，机器学习算法能够有效识别异象因子—超额收益间的复杂模式，其投资策略能够获得比传统线性算法和所有单因子更好的投资绩效，基于前馈网络预测的多空组合最高能获得 2.78% 的月度收益。文章的深度解析，可以查看本书作者团队公众号"机器学习与数字经济实验室"的推文，链接为：https://mp. weixin. qq. com/s/i8zxIRnwPGrUq7JUS8G5hA。

推文

股票收益预测的机器学习方法

Bianchi et al.（2021）使用机器学习算法预测债券风险溢价，研究发现，即使在一

个低维的数据环境下,神经网络也有很好的预测表现,同时,网络结构的设定能够避免深度网络的使用。在样本划分上,作者将前85％划分为样本内区间用于模型的训练,剩余15％用于测试,将样本内区间按照相同的比例划分为训练集和验证集交叉验证,选择超参数。在预测方法上使用递归窗口向前一步预测,具体来说就是预测一步后将训练集和验证集整体递归地向前扩大一个月,保持85/15的比例交叉验证,按照这样的方法滚动预测不同期限国债未来一年的超额收益率。在预测表现评价部分使用样本外R^2对不同模型的样本外预测表现进行对比。文章的深度解析,可以查看本书作者团队公众号"机器学习与数字经济实验室"的推文,链接为:https://mp. weixin. qq. com/s/-_KBlwtRZIxfNOHpyDVGlw。

推文

机器学习算法
预测债券风险
溢价

第二节 卷积神经网络

一、卷积神经网络基本原理

(一)卷积神经网络

前馈神经网络是基本的神经网络模型,但并不适用于所有数据与问题。在"计算机视觉"(Computer Vision)领域,如果使用前馈神经网络进行图像识别,则会导致参数太多、丢失空间信息等问题。此时,需要一个更合理的神经网络结构,能够有效减少神经网络中参数的数目,卷积神经网络(Convolutional Neural Network,CNN)就是其中的优秀代表。

一个图片(文字)直接转换成数学向量后,维度会非常高,没有考虑和利用图片(文字)的空间结构。而卷积神经网络就可以通过从输入的一小块数据学到图像的局部特征,并可以保留整个图片像素间的空间关系。卷积神经网络是受生物学中"感受野"(Receptive Field)的机制启发而提出的。所谓"感受野",主要是指视觉、听觉等神经系统中一些神经元的特性,即神经元只接收其所支配的刺激区域的信号。而且,相邻神经元的感受野有部分重叠。显然,如果神经元的感受野不受限制,则每个神经元都会"太忙",这相当于全连接网络中的每个隐藏层神经元均需接收巨量的输入信息。在数学上,对感受机制的抽象,就是所谓卷积运算(Convolution)。使用卷积运算的神经网络,称为"卷积神经网络"。卷积神经网络的用途极其广泛,如图像识别、语音识别、自然语言处理(如语句分类)。

卷积神经网络的本质是通过一个滤波器(Filter),也称卷积核(Convolution Kernel),对图像进行过滤,将符合要求的像素加强,不符合要求的像素弱化,即增加图片的对比度,同时降低像素的规模,以此来达到减少输入信息,即降维的目的,然后使用常规的神经网络处理。下面通过一个直观的例子展示滤波器的价值。在图 7—6 中,左图为原始图,数字代表该位置的像素值,像素值越大,颜色越亮;右图是一个边界滤波器。

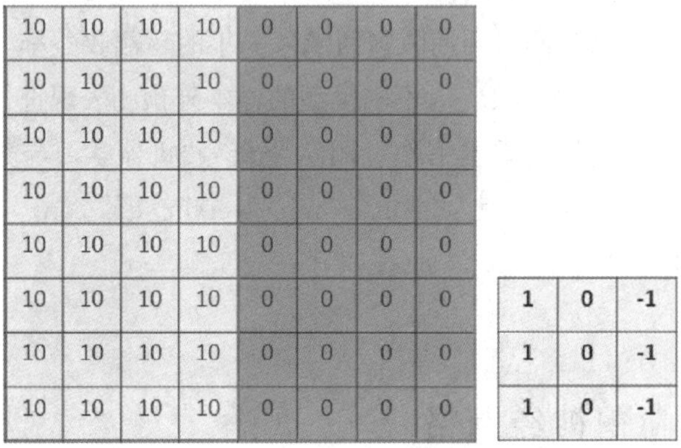

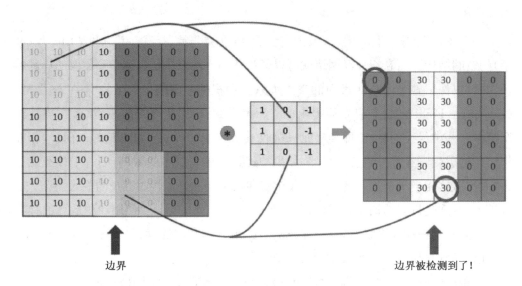

图 7—6　滤波器示意图

　　为什么说图 7—6 中的这个滤波器是一个边界滤波器呢? 我们首先用这个滤波器往图 7—6 左图上覆盖,覆盖一块跟滤波器一样大的区域之后,对应元素相乘,然后求和。计算一个区域之后,再向其他区域挪动,接着同样计算,直到把原图片的每一个角落都覆盖到为止,这个过程就是所谓的卷积。图 7—7 中的右图展示了卷积后的结果,从中可以明显看出边界所在,即提取了原始图像的边界。

图 7—7　滤波器工作原理

使用更复杂的滤波器就可以识别出更多图像特征。如图7-8所示，左图是一个老鼠的图像，右侧是一个7×7的滤波器，这个滤波器可以用来检测特定弧度，在本例中可以来提取老鼠的屁股形状。

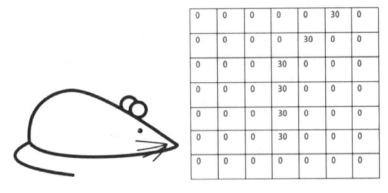

图7-8　老鼠屁股的滤波器

跟上一个例子一样，滤波器与该原始图像对应区域点乘后求和，如图7-9所示，当滤波到老鼠屁股时，该区域本身存在一个弧度，且弯曲程度和滤波器的弯曲程度很相似，所以图像的该区域像素与滤波器矩阵点乘求和后得到的数值很高，老鼠的屁股形状就被识别出来。

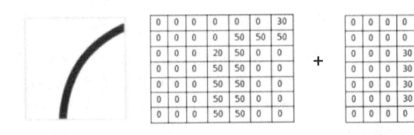

图7-9　老鼠屁股滤波器工作原理

而图像的其他地方经过滤波后的数值则会很低，甚至为0。比如，继续将滤波器移动到靠近老鼠耳朵的地方，这时候我们发现该老鼠耳朵区域与该滤波器用来检测的弧度很不相似，那滤波后的结果就是0(如图7-10所示)。

图7-10　老鼠屁股滤波器滤波老鼠耳朵

　　因此,通过设计特定的滤波器,让它去跟图片做卷积,就可以识别出图片中的某些特征。卷积神经网络主要就是通过一个个的滤波器,不断地提取特征,从局部特征到总体特征,从而进行图像识别等功能。当然,滤波器有很多种,这里不用人工设置,卷积神经网络可以自己去"学习"这些参数,比如对于一个 3×3 的滤波器,就有 9 个参数待学习。

　　由于一个滤波器能提取一种局部特征,故需要使用多个滤波器抽取图像的不同特征,由此构成卷积层。然后,经过卷积层运算之后,所得特征映射的维度依然很高。为此,需要通过一个池化层(Pooling Layer),也称"汇聚层",进一步汇聚与压缩信息。池化,也叫亚采样或者下采样,可以在降低各个特征图维度的同时,保持大部分重要信息,防止过拟合。比如图 7—11 展示的最大值池化(Max Pooling),采用了一个 2×2 的窗口,并取步长 2。除了最大值池化外,还有均值池化(Average Pooling),顾名思义就是取局部区域的平均值。

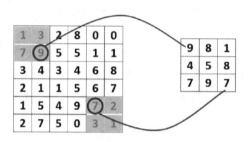

图 7—11　最大化池化示例

　　经过池化层之后,图像的局部特征就被抽取并压缩,得到为数较少的特征变量,然后可连接到通常的(全连接)前馈神经网络。使用卷积神经网络进行图像识别的基本网络结构,在图 7—12 的最左边为输入层,之后为卷积层,接着是汇聚层(也称池化层),然后将汇聚层的输出结果,接入全连接层进行分类识别。对于比较复杂的图像识别任务(比如人脸识别),仅使用一个卷积层与一个池化层可能还不够,因为这只是提取了图像中的"初级特征",比如边缘与黑点。因此,在池化层之后,可以继续追加一个甚至多个卷积层与池化层,以提取"中级特征",比如眼、耳、鼻等。

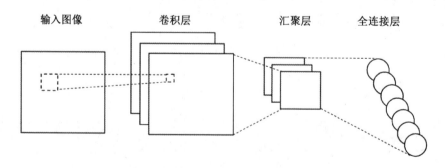

图 7—12　卷积神经网络的基本结构

对于卷积神经网络的训练,依然可使用反向传播算法。一般来说,池化层中并没有需要估计的参数(只是求局部最大值或平均值的运算而已)。对于卷积层来说,本质上可视为部分连接的隐藏层,而未连接部分的权重参数则预先设为0。

初看起来,卷积神经网络结构非常复杂,似乎待估计参数比普通的前馈神经网络还多,但是卷积神经网络存在一个参数共享(Parameters Sharing)的情形,减少了待估计参数。例如图7-13所示的全连接层例子,假设我们的图像是8×8大小,也就是64个像素,假设我们用一个有9个单元的全连接层,那这一层我们需要多少个参数呢? 需要64×9＝576个参数(先不考虑偏置项b)。因为每一个链接都需要一个权重w。如果有多个隐藏层,待估计参数(权重)就会急剧增加。

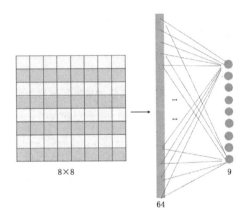

图7-13　全连接层参数示例

但是对于有9个单元的滤波器而言,如图7-14所示,其参数的个数则是这个滤波器的单元个数,所以总共就9个参数。对于不同区域,都共享同一个滤波器,因此就共享这同一组参数。这样的参数共享机制可以使参数数量大大减少,有效避免过拟合。

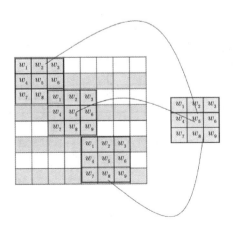

图7-14　卷积神经网络的参数共享机制

此外,卷积神经网络还有一个重要特征:卷积神经网络具有连接稀疏性(Sparsity of Connections)。如图 7—13 中的全连接层,输出中的每一个单元都要受输入的所有单元的影响。而对于卷积神经网络,如图 7—15 所示,由卷积的操作可知,输出图像中的任何一个单元只与输入图像的一部分单元有关系。在随机森林等算法中,我们已经了解到,使用部分特征而非始终使用全部特征,在很多时候反而可以起到降低过拟合、提高泛化能力的作用,卷积神经网络的这种连接稀疏性特征也能起到类似作用。

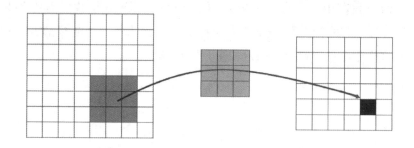

图 7—15　卷积神经网络的连接稀疏性机制

(二)TextCNN

由于文本大数据在社会科学中有更为广泛的应用,因此,我们在这一部分再专门介绍一下针对文本数据的卷积神经网络算法,特别是其区别于图像数据。文本数据与图像数据的确存在很多不同:图像数据是二维的,而文本数据本质上是一维的。例如,如图 7—16 所示,在对文本数据进行卷积神经网络操作之前,首先将"今天天气很好,出来玩"分词成"今天　天气　很好,　出来　玩",通过 Word2Vec 或者其他算法以词嵌入方式将每个词映射成一个 5 维(维数可以自己指定)词向量。不失一般性,假定"今天"映射为"[0,0,0,0,1]","天气"映射为"[0,0,0,1,0]","很好,"映射为"[0,0,1,0,0]"等。这个 6×5 的矩阵就是一个输入。

今天	0	0	0	0	1
天气	0	0	0	1	0
很好,	0	0	1	0	0
出来	0	1	0	0	0
玩	1	0	0	0	0
	0	0	0	1	1

图 7—16　词嵌入后的文本向量化表达

上述例子中,文本数据经过词嵌入后看起来是一个二维结构,但其本质上仍然是一维结构。对于真正的二维数据结构的图像而言,图像的卷积核是从左到右,从上到下滑动,提取特征,都是有意义的。但是,对于这种 $m \times n$ 的词向量结构(m 代表词汇数量,n 代表词嵌入维度),对 m 维度进行滑动滤波是有意义的,但是对于 n 进行从左到右的滑动卷积是没有意义的。因此,对于文本型数据的卷积,一般是指对 m 词汇数量进行纵向卷积,而不对 n 词嵌入维度进行卷积。

在实操中,为了矩阵统一维度,不同样本还会取统一的维度,比如 100 维,长的文本删去 100 维之后词汇,短的文本则在后面补 0(不影响最终结果)。在处理文本数据时,一般卷积核只进行一维的滑动,即卷积核的宽度与词向量的维度等宽,卷积核只进行一维的滑动。在 TextCNN 模型中一般使用多个不同尺寸的卷积核。卷积核的高度,即窗口值,可以理解为 N-gram 模型中的 N,即利用局部词序的长度,窗口值也是一个超参数,需要在任务中尝试,一般选取 2~8 之间的值,例如 Li $et\ al.$(2019)和郭峰等(2023)选择的窗口就是 2~5。对于池化,最常用的就是 1-max Pooling,提取出特征图(Feature Map)中的最大值,通过选择每个 Feature Map 的最大值,可捕获其最重要的特征。对所有卷积核使用 1-max Pooling,再连接起来,可以得到最终的特征向量;这个特征向量作为全连接层,再进一步感知机计算,对应输出就是最后的分类结果。图 7—17 展示了 TextCNN 的基本流程。

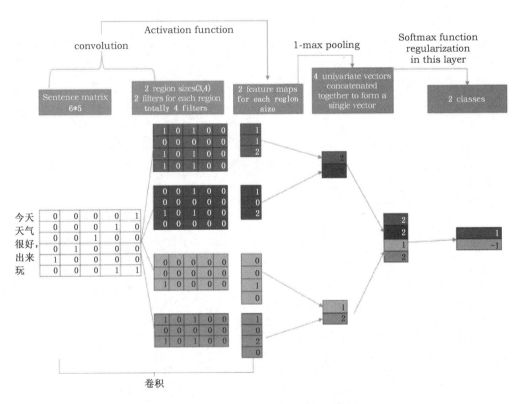

图 7—17　TextCNN 卷积过程示意图

二、卷积神经网络实操代码

Keras 是 Python 中以 CNTK、Tensorflow 或者 Theano 为计算后台的一个深度学习建模环境。相对于其他深度学习的框架，如 Tensorflow、Theano、Caffe 等 Keras 在实际应用中有一些显著的优点，其中最主要的优点就是 Keras 已经高度模块化，支持现有的常见深度学习模型(CNN、RNN)。

下面，我们使用 Keras 自带的一个 MINIST 数据集演示卷积神经网络的操作。MNIST 是一个非常有名的手写数字数据集，我们可以使用 Keras 直接加载，然后使用卷积神经网络对其进行分类操作。

```
1. from keras.models import Sequential
2. from keras.layers import Conv2D, MaxPool2D
3. from keras.layers import Dense, Flatten
4. import tensorflow as tf
5.
6. # 加载数据
7. from keras.datasets import mnist
8. (x_train, y_train), (x_test, y_test) = mnist.load_data()
9. # print(x_train.shape)  # (60000, 28, 28) 60000 个样本，它们都是 28
像素 x28 像素的
10. import matplotlib.pyplot as plt
11. %matplotlib inline
12. plt.imshow(x_train[0])
13.
14. # 预处理数据
15. # 使用 Keras 是必须显式声明输入图像深度的尺寸。例如，具有所有 3 个 RGB 通道的
全色图像的深度为 3
16. # 我们的 MNIST 图像的深度为 1，但我们必须明确声明
17. # 也就是说，我们希望将数据集从形状 (n,rows,cols) 转换为
(n,rows,cols,channels)
18. img_x, img_y = 28, 28
19. x_train = x_train.reshape(x_train.shape[0], img_x, img_y, 1)
20. x_test = x_test.reshape(x_test.shape[0], img_x, img_y, 1)
21. # 除此之外，我们将数据标准化一下：
22. x_train = x_train.astype('float32')
23. x_test = x_test.astype('float32')
24. x_train /= 255
25. x_test /= 255
26. # 将标记值(y_train, y_test)转换为 One-Hot Encode 的形式
27. y_train = tf.keras.utils.to_categorical(y_train, 10)
28. y_test = tf.keras.utils.to_categorical(y_test, 10)
29. print(y_train.shape) # (60000, 10)
```

```
30.
31. # 定义模型结构
32. model = Sequential()
33. model.add(Conv2D(32, kernel_size=(5,5), activation='relu', input_
shape=(img_x, img_y, 1))) # 一层卷积层，包含了 32 个卷积核，大小为 5*5
34. model.add(MaxPool2D(pool_size=(2,2), strides=(2,2)))  # 一个最大池
化层，池化大小为 2*2
35. model.add(Conv2D(64, kernel_size=(5,5), activation='relu')) # 添
加一个卷积层，包含 64 个卷积和，每个卷积核仍为 5*5
36. model.add(MaxPool2D(pool_size=(2,2), strides=(2,2))) # 一个最大池化
层，池化大小为 2*2
37. model.add(Flatten())  # 压平层
38. model.add(Dense(1000, activation='relu'))   # 来一个全连接层
39. model.add(Dense(10, activation='softmax'))  # 最后为分类层
40.
41. # 编译
42. # 现在，只需要编译模型，就可以开始训练了。当编译模型时，我们声明了损失函数和优
化器（SGD，Adam 等）
43. model.compile(optimizer='adam', loss='categorical_crossentropy',
metrics=['accuracy'])
44.
45. # 训练
46. model.fit(x_train, y_train, batch_size=128, epochs=10)
47.
48. # 评估模型
49. score = model.evaluate(x_test, y_test)
50. print('准确率为: ', score[1]) # acc 0.9926
```

输出：

准确率为：0.993399977684021

三、卷积神经网络社会科学应用案例

Li *et al.*（2019）使用字典、支持向量机和卷积神经网络对文本进行情绪分类，构造了投资者情绪指数，发现支持向量机和卷积神经网络在模仿人类读者的判断方面具有最高且非常相似的分类准确率（81%）。在模型的卷积数设定中，作者使用 3 种窗口大小（3、4 和 5），对于每个窗口大小，他们考虑 25 组不同的权重；这导致总共 75 个（3×25）过滤器。权重参数在训练步骤中通过优化进行估计。加权方案的数量（即 25）是通过交叉验证自适应确定的调整参数。这些计算是使用 Keras 包中的 Conv1D 函数实现的；将"activation"选项设置为"relu"以使用整流线性单元（ReLU）激活，这是一个标准选择。在池化层参数设定中，Li *et al.*（2019）采用局部最大池化方案，将移动

平均序列(从卷积步骤)转换为它们的局部最大值(具有相同的窗口大小)。池化步骤是使用 MaxPooling1D 函数实现的。Li *et al.*(2019)使用两层神经网络。第一层包含50 个具有 ReLU 激活的神经元;第二层为全连接层,与用于 3 类(即正、负、模糊)分类的 softmax 激活函数连接。为了减少过拟合和提高计算效率,作者通过将丢弃率设置为 50% 来随机丢弃一半的输入变量;同时将 batch size 设置为 128,并用 20 个 epoch 训练 CNN,以便提前停止。优化是使用分类交叉熵损失函数和 RMSProp 算法完成的。文章的深

推文

股票市场情绪的文本大数据测度

度解析,可以查看本书作者团队公众号"机器学习与数字经济实验室"的推文,链接为:https://mp.weixin.qq.com/s/CO1ooEQe-GfX8dkHyi4mmA。

　　本书作者团队在对股吧论坛留言帖子进行文本情绪分类中,也使用了卷积神经网络(郭峰等,2023)。首先采用分层抽样的方法选取 20 000 条帖子,由课题组的 3 名研究生分别进行人工阅读,将每条帖子的投资者情绪分为"积极""消极"或"中性"3 类,3名研究生标注均一致的样本(10 800 条)作为机器学习训练和测试集(4∶1)。然后,作者团队参考已有文献的做法,利用卷积神经网络方法进行文本情感分类。具体而言,作者团队采用 Python 软件中的 Keras 模块进行卷积神经网络操作,将窗口宽度设置为 5,其他参数均采用了默认值。然后,搭建了包含一层卷积层、一层池化层和全连接层的卷积神经网络框架,卷积层的卷积核大小为 2×300、3×300、4×300、5×300、6×300,且每种卷积核的数目都使用了 100 个;卷积核以步长 1 在输入的矩阵滑动,从而生成特征图进入池化层;池化层采用 1-max Pooling 的方法;卷积核经过池化层后的输出拼接成 500 维的高维句向量表征;500 维的高维句向量作为全连接层的输入,全连接层输出帖子情绪分类。采用上述模型和参数之后,卷积神经网络模型在文本情绪分类上能够达到 81.5% 的准确率,达到了现有同类文献的水平(Li *et al.*,2019;钱宇等,2020)。

　　在社会科学研究中,也有作者使用卷积神经网络来识别图片中传递的情绪。例如,Obaid and Pukthuanthong (2022)就利用卷积神经网络识别图片中反映的投资者情绪,进而考察其对资本市场的影响。具体而言,他们在 Getty Images 这个平台上获取从 1926 年 1 月到 2018 年 6 月的图片数据,[①]并将每天下载量最高的 10、15、20 张图片留下,而且这些图片的文字描述至少包括 LM 词典的一个词语。在打分上,他们使用了目前最流行图片处理的模型 Google Inception v3 ,该模型都是基于 CNN 的,在很多图片分类任务上都表现得非常好,作者利用谷歌大脑团队已经搭建的模型和

---

　　① 这个网站的图片来源主要是彭博社《洛杉矶时报》(*The Los Angeles Times*)和《华盛顿邮报》(*The Washington Post*)这些金融机构(数据库)授权,能够有效避免一些体育赛事或者时尚新闻的图片。而且这个平台的图片往往是在事情发生几分钟后就出现,比《华尔街日报》这类数据更有时效性。

Tensorfolw,进行迁移学习。具体而言,先拿到 Google Inception v3 的预训练模型(训练了 1 331 167 张带有标签的图片),再利用迁移学习,对模型进行精炼(Fine-tune),替换最后的全连接层(Fully Connect Layer),使其更加符合论文所需要的任务,最后,作者只需要从精炼的模型中获得这个图片的正面得分和负面得分。作者利用 DeepSent dataset 作为训练集,主要包括 1 269 张图片。文章的深度解析,可以查看本书作者团队公众号"机器学习与数字经济实验室"的推文,链接为:https://mp. weixin. qq. com/s/Clxi0TPlXGpems9uPBBIjQ。

推文

一图胜千言

第三节　循环神经网络

在前馈神经网络中,信息的传递是单向的,这种限制虽然使得网络变得更容易学习,但在一定程度上也减弱了神经网络模型的能力。在生物神经网络中,神经元之间的连接关系要复杂得多。前馈神经网络可以看作一个复杂的函数,每次输入都是独立的,即网络的输出只依赖于当前的输入。但是在很多现实任务中,网络的输出不仅和当前时刻的输入相关,也和其过去一段时间的输出相关。比如时间序列数据,前一期的数据对后一期的数据有着不可忽视的影响。而前馈网络难以处理时序数据,比如视频、语音、文本等。时序数据的长度一般是不固定的,而前馈神经网络要求输入和输出的维数都是固定的,不能任意改变。因此,当处理这一类和时序数据相关的问题时,就需要一种能力更强的模型。

一、循环神经网络基本原理

循环神经网络(Recurrent Neural Network,RNN)是一类适用于处理具有序列结构数据的神经网络,其特点是可以处理不定长度的数据序列,但是它本身的参数规模是固定的。循环神经网络每次处理序列中的一个数据,但是它的输入除了当前元素外,还包括网络对上一个元素的输出。循环神经网络模型的输出可以是与输入等长的序列或者单个向量。因此,从这个意义上说,循环神经网络具有一定的记忆能力,可以解决需要依赖序列中不同位置数据共同得出结论的问题。

循环神经网络结构由一个输入层、一个隐藏层和一个输出层构成,具体如图 7—18 所示。

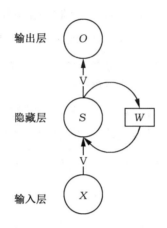

图 7—18   循环神经网络结构示意图

在图 7—18 中,如果把右侧 W 的带箭头的圈去掉,它就变成了最普通的全连接神经网络。X 是一个向量,表示输入层的值;S 是一个向量,它表示隐藏层的值。现在我们观察 W 是什么。循环神经网络隐藏层的值 S 不仅取决于当前的输入 X,还取决于上一次隐藏层的值 S。权重矩阵 W 就是隐藏层上一次的值作为这一次的输入的权重。这个抽象图对应的具体流程如图 7—19 所示。

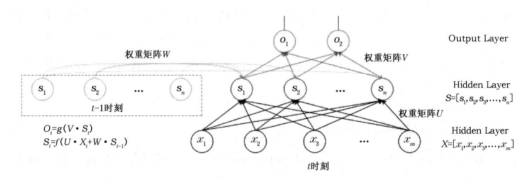

图 7—19   循环神经网络结构说明

从图 7—19 中我们能够清楚地看到,上一个隐藏层是如何影响当前隐藏层的。如果我们把图 7—19 展开,循环神经网络也可以化成下面图 7—20 的样子。

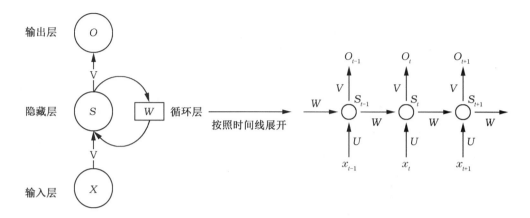

图 7—20　RNN 时间线展开图

如图 7—20 所示,这个网络在 t 时刻接收到输入 x_t 之后,隐藏层的值是 S_t,输出值是 O_t。关键一点是,S_t 的值不仅仅取决于 x_t,还取决于 S_{t-1}。

以上就是循环神经网络的基本原理,在此基础上,深度学习也有很多进一步发展,例如长短记忆模型(Long Short-term Memory,LSTM)等,这里不再展开讨论。想要了解深度学习算法最新发展趋势的,可以阅读更专门的深度学习书籍。

二、循环神经网络实操代码

利用深度学习工具 Keras 的 Sequential 类建立一个循环神经网络模型,生成文本。

```
1. import tensorflow as tf
2. import numpy as np
3. import os
4. import random
5. import time
6.
7. # 1. 数据预处理
8. # 首先,我们需要加载并预处理文本数据
9. path_to_file = tf.keras.utils.get_file('shakespeare.txt', 'https:
//storage.googleapis.com/download.tensorflow.org/data/shakespeare.txt')
10.
11. text = open(path_to_file, 'rb').read().decode(encoding='utf-8')
12.
13. # 去除文本中的换行符
```

```
14.  text = text.replace('\n', ' ')
15.
16.  # 创建文本字典，将字符映射到整数并反向映射
17.  vocab = sorted(set(text))
18.  char2idx = {u: i for i, u in enumerate(vocab)}
19.  idx2char = np.array(vocab)
20.  text_as_int = np.array([char2idx[c] for c in text])
21.
22.  # 创建训练样本
23.  seq_length = 100
24.  examples_per_epoch = len(text) // (seq_length + 1)
25.
26.  char_dataset = tf.data.Dataset.from_tensor_slices(text_as_int)
27.
28.  sequences = char_dataset.batch(seq_length + 1, drop_remainder=True)
29.
30.  def split_input_target(chunk):
31.      input_text = chunk[:-1]
32.      target_text = chunk[1:]
33.      return input_text, target_text
34.
35.  dataset = sequences.map(split_input_target)
36.
37.  BATCH_SIZE = 64
38.  BUFFER_SIZE = 10000
39.
40.  dataset = dataset.shuffle(BUFFER_SIZE).batch(BATCH_SIZE, drop_r
emainder=True)
41.
42.  # 2. 创建 RNN 模型
43.  # 下面我们将创建一个简单的 RNN 模型
44.
45.  vocab_size = len(vocab)
46.  embedding_dim = 256
47.  rnn_units = 1024
48.
49.  def build_model(vocab_size, embedding_dim, rnn_units, batch_size):
50.      model = tf.keras.Sequential([
51.          tf.keras.layers.Embedding(vocab_size, embedding_dim, ba
tch_input_shape=[batch_size, None]),
52.          tf.keras.layers.LSTM(rnn_units, return_sequences=True,
stateful=True, recurrent_initializer='glorot_uniform'),
53.          tf.keras.layers.Dense(vocab_size)
54.      ])
55.      return model
```

```
56.
57. model = build_model(
58.     vocab_size=vocab_size,
59.     embedding_dim=embedding_dim,
60.     rnn_units=rnn_units,
61.     batch_size=BATCH_SIZE
62. )
63.
64. # 3. 定义损失函数和优化器
65. def loss(labels, logits):
66.     return tf.keras.losses.sparse_categorical_crossentropy(labels,
logits, from_logits=True)
67.
68. model.compile(optimizer='adam', loss=loss)
69.
70. # 4. 配置检查点（模型保存）
71. checkpoint_dir = './training_checkpoints'
72. checkpoint_prefix = os.path.join(checkpoint_dir, "ckpt_{epoch}")
73.
74. checkpoint_callback = tf.keras.callbacks.ModelCheckpoint(
75.     filepath=checkpoint_prefix,
76.     save_weights_only=True
77. )
78.
79. # 5. 训练模型
80. EPOCHS = 50
81.
82. history = model.fit(dataset, epochs=EPOCHS, callbacks=[checkpoi
nt_callback])
83.
84. # 6. 文本生成
85. # 下面是生成文本的代码
86.
87. model = build_model(vocab_size, embedding_dim, rnn_units, batch
_size=1)
88.
89. model.load_weights(tf.train.latest_checkpoint(checkpoint_dir))
90. model.build(tf.TensorShape([1, None]))
91.
92. def generate_text(model, start_string):
93.     num_generate = 1000
94.     input_eval = [char2idx[s] for s in start_string]
95.     input_eval = tf.expand_dims(input_eval, 0)
96.     text_generated = []
97.
```

```
98.     temperature = 0.5
99.
100.    model.reset_states()
101.    for i in range(num_generate):
102.        predictions = model(input_eval)
103.        predictions = tf.squeeze(predictions, 0)
104.
105.        predictions = predictions / temperature
106.        predicted_id = tf.random.categorical(predictions, num_s
amples=1)[-1,0].numpy()
107.
108.        input_eval = tf.expand_dims([predicted_id], 0)
109.
110.        text_generated.append(idx2char[predicted_id])
111.
112.    return start_string + ''.join(text_generated)
113.
114. # 使用模型生成文本
115. generated_text = generate_text(model, start_string=u"ROMEO: ")
116. print(generated_text)
```

输出：

Hello，it's a beautiful day outside. The sum is shining，and the birds are singing. It's the perfect day to go for a walk in the park and enjoy the fresh air.

三、循环神经网络社会科学应用案例

Zhong and Chan（2019）基于《人民日报》数据，使用循环神经网络测度中国的政策拐点，预测未来政策走势。文章所使用的数据为《人民日报》1946 年创刊至 2018 年 9 月的全部原文，共 190 余万篇。每篇文章构成数据集中的一个观测值。首先，文章将整个时间区间按照季度分为小区间，然后将训练的窗口定义为 20 个小区间（20 个季度，5 年）。然后，使用分层抽样，在每个训练窗口选取 80% 样本作为训练集（训练模型）与验证集（防止过拟合问题），20% 留作测试集（检测拟合好坏）。在训练的过程中，作者将正文进行词嵌入后，转化词向量，放进循环神经网络，得到一个高维度的包含文本顺序的向量，再放进多层感知机输出"是否刊登在头版"这一结果，然后和真实的结果匹配。如果匹配错误，则调整权重 w 和偏差 b 直至模型的准确率达到最高。最后，计算政策变动指数（PCI）。文章的深度解析，可以查看本书作者团队公众号"机器学习与数字经济实

推文

用机器学习算法读懂人民日报

验室"的推文,链接为:https://mp.weixin.qq.com/s/eRdoviWfl0J0bAw6M47n-g。

第四节　Word2Vec 词嵌入算法

Word2Vec 是谷歌公司在 2013 年推出的一个自然语言处理算法(Mikolov *et al.*,2013),它的特点是将所有的词向量化,这样就可以度量词与词之间的关系。Word2Vec 算法主要包含两个模型:跳字模型(Skip-gram)和连续词袋模型(Continuous Bag of Words,CBOW)。目前,Word2Vec 词嵌入算法在社会科学中有着非常广泛的应用,本节我们将简要讨论一下其原理和实操要点。

一、Word2Vec 算法原理

(一)词向量原理

在第四章,我们曾介绍了一种非常简单的文本型数据向量化表达的方式:独热表示法。这种表示法用来表示词向量非常简单,但却有很多问题。最大的问题是我们的词汇表一般非常大,比如达到百万级别。在这种情形下,如果每个词都用百万维的向量表示,简直是内存的灾难。而且,这样的向量化表达没有考虑上下文,存在很大的局限性。那么,能不能把词向量的维度变小呢? 分布式表示(Distributed Representation)可以解决独热表示法的这一问题。它的思路是通过训练,将每个词都映射到一个较短的词向量上来。所有这些词向量就构成了向量空间,进而可以用普通的统计学方法研究词与词之间的关系。

图 7-21 通过一个非常简单的例子,展示了词嵌入算法的精神逻辑。如果我们使用传统的独热表示法表示四个单词 Girl、Woman、Boy 和 Man,那么 Girl 词向量[1,0,0,0]和 Woman 词向量[0,1,0,0]就是完全没有任何关系、相互独立的两个词向量。如果我们将这四个词嵌入一个二维的空间,假定一个维度代表性别,另一个维度代表年龄,则 Girl 和 Woman 两个词的向量化表达[1,0]和[1,1]之间就具有了某种相关性:这两个词至少在性别维度上是一致的。

再进一步,在图 7-22 中,词嵌入的维度变成了四维,分别代表 Gender、Royal、Age 和 Food。简单计算可知,此时 Man 的向量化表达与 Woman 的向量化表达之差,就约等于 King 的向量化表达与 Queen 的向量化表达之差,其直观含义就是 King 和 Queen 之间的区别就相当于是 Man 和 Woman 之间的区别,非常符合直觉的一个例子。以上两个例子就是词嵌入算法的精神逻辑。当然,如果要更准确地表达一个词,仅使用 2 个或 4 个维度来刻画显然是不够的,就要增加向量的维度,但当词嵌入的维

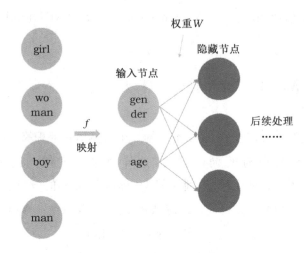

图 7—21　2 维词嵌入算法原理示意图

度很高时,比如一般会达到 50 维或 100 维,我们就很难对词向量的每个维度做很好的直观解释。但使用这 100 维的向量,仍然可以更严谨地表达文本的含义,特别是不同词汇和文本之间的相互关系,从而使词嵌入表达优于独热表示法。

	Man (5391)	Woman (9853)	King (4914)	Queen (7157)	Apple (456)	Orange (6257)
Gender	−1	1	-0.95	0.97	0.00	0.01
Royal	0.01	0.02	0.93	0.95	-0.01	0.00
Age	0.03	0.02	0.70	0.69	0.03	-0.02
Food	0.09	0.01	0.02	0.01	0.95	0.97

图 7—22　4 维词嵌入算法原理示意图[①]

(二)生成词向量的方法

首先,可以通过统计一个事先指定大小的窗口内的某个词汇共现的次数,然后以该词周边的共现词的次数作为当前词汇的向量表达。具体来说,我们通过从大量的语料文本中构建一个共现矩阵来定义词向量表达。矩阵定义的词向量在一定程度上缓解了独热表示法中词向量相似度为零的问题,但并没有解决数据稀疏性和维度灾难的问题。

既然基于共现矩阵得到的离散词向量仍然存在高维和稀疏性问题,一个自然而然的解决思路是对原始词向量降维,从而得到一个稠密的连续词向量。这种词汇稠密矩阵,具有很多良好性质:语义相近的词在向量空间相近,甚至可以一定程度反映词汇间

① 本案例引用自吴恩达的视频课程《深度学习》,课程网址:https://www.coursera.org/specializations/deep-learning#courses.

的线性关系。

　　语言模型生成词向量是通过训练神经网络语言模型,词向量作为语言模型的附带产出。神经网络语言模型背后的基本思想是对出现在上下文环境里的词进行预测,这本质上也是一种对共现统计特征的学习。较著名的采用神经网络语言模型生成词向量的方法有 Skip-gram、CBOW、LBL、NNLM、C&W、GloVe 等。

　　(三)Word2Vec 算法

　　Word2Vec 算法的训练模型本质上是只具有一个隐含层的神经网络(如图 7－23所示)。该神经网络的输入是采用独热表示法编码的词汇表向量,它的输出也是独热表示法编码的词汇表向量。使用所有的样本训练这个神经元网络,等到收敛之后,从输入层到隐含层的那些权重,便是每一个词采用词嵌入后的词向量。具体而言,某个词经过词嵌入后的向量便是矩阵 $W_{V\times N}$ 的第 i 行的转置。这样我们就把原本维数为 V 的词向量变成了维数为 N 的词向量(N 远小于 V),并且词向量间保留了一定的相关关系。

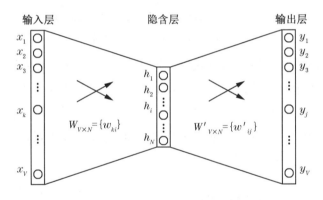

图 7－23　Word2Vec 算法原理

　　Word2Vec 算法包括两种范式,一种是 CBOW,利用上下文预测目标词,一种是Skip-Gram,利用目标词预测上下文。CBOW 适合于数据集较小的情况,而 Skip-Gram 在大型语料中表现更好。其中,CBOW 如图 7－24 左部分所示,使用围绕目标单词的其他单词(语境)作为输入,在映射层做加权处理后输出目标单词。与 CBOW 根据语境预测目标单词不同,Skip-gram 根据当前单词预测语境,如图 7－24 右部分所示。

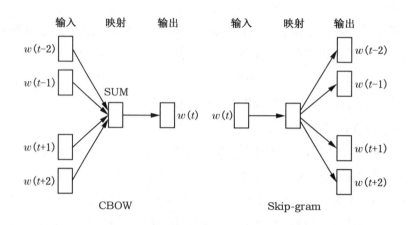

图 7-24　CBOW 和 Skip-gram 示意图

　　我们再通过直观例子来补充阐述 CBOW 的逻辑,比如在下面这段话:"an effi-cient method for learning high quality distributed vector",我们的上下文大小取值为4,特定的这个词是"Learning",也就是我们需要的输出词向量。Skip-Gram 模型则和CBOW 的思路正好是相反的(互为镜像),即输入是特定的一个词的词向量(单词的独热表示法编码),而输出是特定词对应的上下文词向量(所有上下文单词的独热表示法编码)。还是上面的例子,我们的上下文大小取值为 4,特定的这个词"Learning"是我们的输入,而这 8 个上下文词是我们的输出。

　　如果再进一步讨论 Word2Vec 算法的技术细节,将涉及大量数学概念,因此这里不再展开,感兴趣的读者可以参考更专业的书籍。

二、Word2Vec 算法实操代码

　　下面我们以一个简单的例子演示 Word2Vec 操作,在示例文件中,列表的每个元素可以看成一个文本文件。在训练 Word2Vec 模型之前,我们通过结巴模块对每个文本文件进行分词并去除停用词。在实际应用中,如果我们是从 csv 或 excel 表格中读取文本文件,我们可以将包含文本的列转化为列表形式,后续的代码可以直接采用这里提供的代码。

```
1. from gensim.models import Word2Vec
2. import multiprocessing
3. import jieba
4. import os
5.
6. os.chdir("D:/Python/数据与结果/机器学习演示数据/07 深度学习/word2vec/")
7.
8. cssci = pd.read_csv('cssci_clean_short.csv')
9. sentences_list = cssci['abstract'].tolist()
10.
11. # 加载停用词表
12. stopwords = [ line.strip() for line in open('stopword.txt','r').readlines()]
13. # 把关键词做成字典
14. jieba.load_userdict("keyword.txt") #加载自定义词典
15. sentences_cut = []
16. # 结巴分词
17. for ele in sentences_list:
18.     cuts = jieba.cut(ele,cut_all=False)
19.     new_cuts = []
20.     for cut in cuts:
21.         if (cut not in stopwords) & (len(cut)>1):        # 剔除停用词和字符数小于1的词
22.             new_cuts.append(cut)
23.     sentences_cut.append(new_cuts)
24. print(sentences_cut[0: 10])
25.
26. # 训练模型
27. model = Word2Vec(sentences_cut,vector_size=10, min_count=1, window=5,sg=0, workers=multiprocessing.cpu_count())
28. print(model)
29. vectors = model.wv.vectors
30. # print("获取模型的全部向量", vectors)
31. # 获取模型中全部的词
32. words = model.wv.index_to_key
33. print(words[0: 20])
34. # 获取单个词的向量，以"研发"为例
35. vec = model.wv['研发']
36. print(vec)
37. # 计算2个词之间的余弦相似度
38. print(model.wv.similarity("研发", "创新"))
39. # 找出前N个最相似的词
40. model.wv.most_similar(positive=["创新"],topn=10)   # positive 表示与创新同方向的词
```

输出：

```
Word2Vec<vocab=53741, vector_size=10, alpha=0.025>
['企业', '发展', '经济', '市场', '政府', '政策', '经济增长', '地区', '商业银行', '提供', '银行', '认为',
'变化', '结论', '国家', '特征', '行业', '明显', '效应', '社会']
[-2.7214298  1.4389764  0.3178026  1.6326288 -0.7776574  1.1048262
  1.4326491  4.376705  -3.4170902 -2.8627424]
0.7945785

[('计息', 0.9499729871749878),
 ('求实', 0.9499271512031555),
 ('竞争优势', 0.9441889524459839),
 ('技术创新绩效', 0.9347109198570251),
 ('集群', 0.9310672879219055),
 ('客户化', 0.9281559586524963),
 ('产业集群', 0.9279873967170715),
 ('最里层', 0.9259415864944458),
 ('技术创新', 0.9256221652030945),
 ('协同', 0.9248034358024597)]
```

三、Word2Vec算法社会科学应用案例

Word2Vec是在足够规模的语料库基础上，基于一个词的上下文，将词映射为一个 n 维向量，因此两个词在语料库中含义的相近性可以用两个词的词向量相近性（余弦值）衡量，利用这一性质，我们可以方便地获取某个词在语料库中的若干个近义词。例如，在社交媒体等非正式文本环境中，我们经常会有意无意地出现一些错别字或别称，在这种情况下，如果我们使用词频法来进行某些统计，就会低估词汇的真正频率。因此，本书作者团队在研究利用社交媒体刻画公司之间联系的时候（Guo *et al.*，2023），就利用 Word2Vec 算法统计了蚂蚁集团在社交媒体上的常见名称、简称及其错别字、别称的词频，从而更严谨地开展相关分析。

Word2Vec 词嵌入算法的类似用途也见于其他文献，例如，现有研究对如何衡量初创企业的 ESG 属性还未形成统一框架，且存在以下两个问题：（1）现有的 ESG 指标主要由几个数据供应商提供，而供应商之间的相关性非常低；（2）现有的 ESG 评级不适用于初创企业，即存在数据缺失。因此，Mansouri *et al.*（2022）采用了一种机器学习方法量化初创企业的 ESG 属性。具体而言，他们从公司网站等收集 ICO 白皮书后，使用斯坦福大学开发的 CoreNLP 管道生成句子的依赖性表示，并识别一些搭配词，然后收集《金融时报》中所有带有"ESG 投资、道德金钱"标签的文章，采用标准的词袋模型提炼出现频率最高的二元组、三元组词汇，然后人工筛查这些词汇，并在此基础上手动添加一些与代币发行有关的词汇，得到三个维度的种子词数为：70、38、46。最后，再使用 Word2vec 模型扩充种子词，为 ESG 的每个维度挑选 500 个最为相近的术语，经再次筛查后，得到三个维度的词典数量为：508、463、524。文章的深度解析，可以查看本书

推文

公司ESG行为
的文本法测
度

作者团队公众号"机器学习与数字经济实验室"的推文,链接为:https://mp. weixin. qq. com/s/ZIBJmNdAApBAHQL_m8_Wuw。

此外,Word2Vec算法也经常和其他算法结合起来使用,例如,Word2Vec 与卷积神经网络结合起来可以取得更好的效果。上一节提到的使用卷积神经网络算法进行情绪文本分类,就可以在接入卷积神经网络之前,首先将文本经过 Word2Vec 处理,变成一个 100 维的向量(郭峰等,2023)。对此方法感兴趣的读者,可以参考 Li *et al.*(2019),该文对 Word2Vec+卷积神经网络算法的介绍非常详细。文章的深度解析,可以查看本书作者团队公众号"机器学习与数字经济实验室"的推文,链接为:https://mp. weixin. qq. com/s/CO1ooEQe-GfX8dkHyi4mmA。

推文

股票市场情绪
的文本大数据
测度

此外,在进行其他自然语言处理的工作中,Word2Vec 也有广泛用处。例如,第四章提到的卞世博等(2021),他们在利用文本相似度方法对上市公司业绩说明会中投资者与管理层问答互动中管理层答非所问的刻画时,就首先利用 Word2Vec 将文本降低到一定维度(300 维),然后再计算文本之间的余弦相似度,也取得了不错表现。

第五节　大语言模型简介

在近几年的自然语言处理领域中,BERT 和 GPT 是两个引起广泛关注的大语言模型。特别是 ChatGPT 的火爆表明预训练语言模型在自然语言处理领域具有巨大潜力,并且在提高自然语言理解和生成能力方面取得了显著进展。这可能会带来更多的应用和更广泛的接受。

一、大语言模型基本原理

BERT 和 GPT 都是基于 Transformer 的预训练语言模型的思想,通过大量的语料训练而得到的高效率语言模型。双向编码器表征法(Bidirectional Encoder Representations from Transformers,BERT),是基于 Transformer 的双向编码器表示技术,展示了预训练语言模型对于自然语言理解任务的巨大潜力,在诸多任务中取得了突破性进展,成了自然语言理解任务中的基准模型。生成式预训练转换器(Generative Pre-training Transformer,GPT)则展示了预训练语言模型在语言生成任务中的潜力,被广泛应用于各种文本生成任务,如文本自动完成、对话生成、文章摘要等。二者是近年来自然语言处理领域中非常重要的模型,它们代表了现代自然语言处理技术的发展。下面本节对 BERT 和 GPT 模型分别进行简要概述,为大家提供一个初步认识。

（一）BERT 模型

BERT 算法是一种基于 Transformer 架构的预训练语言模型,由谷歌公司于 2018 年提出(Devlin *et al.*,2018)。BERT 模型通过在大规模无标签文本上进行预训练,学习到丰富的语言知识,并且可以通过微调来适应各种下游自然语言处理任务。自然语言处理是人工智能领域中的一个重要研究方向,旨在让计算机理解和处理人类语言。然而,自然语言的复杂性和多样性使得自然语言处理任务具有挑战性。传统的基于规则和手工特征的方法在处理语义理解和上下文相关性等任务时往往效果有限。BERT 模型的出现为自然语言处理领域带来了重大突破。

（1）目标任务。BERT 模型的核心思想是通过双向上下文建模理解单词的含义。传统的语言模型通常使用从左到右或从右到左的单向上下文预测下一个单词,如上节介绍的循环神经网络。而 BERT 模型则采用 Transformer 的自注意力机制,使得模型可以同时考虑左右两侧的上下文信息。这种双向上下文建模的方法使得 BERT 模型能够更好地捕捉单词之间的依赖关系和语义信息。

BERT 模型的预训练过程分为两个阶段:掩码语言模型(Masked Language Model,MLM)和下一句预测(Next Sentence Prediction,NSP)。在 MLM 阶段,BERT 模型会随机地遮盖输入文本中的一部分单词,然后通过上下文中的其他单词预测被遮盖的单词。这个任务可以使得模型学习到单词的上下文相关性和语义信息。在 NSP 阶段,BERT 模型会输入两个句子,并预测这两个句子是连续的。这个任务可以帮助模型理解句子之间的关系,例如句子的逻辑顺序和语义连贯性。具体而言,掩码语言模型是指在输入序列中,BERT 随机掩盖一些词语,然后要求模型预测这些被掩盖的词语。通过这个任务,BERT 可以学习到在给定上下文的情况下,预测缺失词语的能力。这使得 BERT 能够理解词语的语义和上下文信息。

对于每个输入序列,BERT 会随机选择掩码一些词语。通常,选择的词语占总词语数量的 15% 左右。对于被选择的词语,有以下三种处理方式:(1)80% 的情况下,将被选择的词语替换为特殊的掩码标记［MASK］。例如,将句子 "I love apples" 中的 "apples" 替换为 "I love ［MASK］"。"this movie is great" 变为 "this movie is ［MASK］"。(2)10% 的情况下,将被选择的词语随机替换为其他词语。这样模型不仅需要理解上下文,还需要具备词语替换和词义推断的能力。例如,"this movie is great" 变为 "this movie is drink"。(3)10% 的情况下,保持被选择的词语不变。这样做是为了让模型学习到如何处理未被掩码的词语。"this movie is great" 仍然为 "this movie is great"。接下来,BERT 将处理过的输入序列输入模型,然后使用 Transformer 的编码器结构编码。在编码过程中,模型会同时考虑到被掩码的词语和其他上下文的信息。最终,模型会生成一组对应被掩码的词语的预测结果。

在一些自然语言处理任务中,理解句子之间的关系是很重要的,因此为了让模型学习句子级别的关系,BERT 使用了 NSP 任务。该任务要求模型判断两个句子是否连续,即一个句子是不是另一个句子的下一句。通过这个任务,BERT 能够学习到句子级别的语义关系和推理能力。具体而言,对于每个训练样本,BERT 会随机选择两个句子 A 和 B。其中,50% 的情况下,句子 B 是句子 A 的下一句,而另外 50% 的情况下,句子 B 是从语料库中随机选择的其他句子。而且,为了执行 NSP 任务,BERT 引入了一种特殊的输入编码方式。对于每个输入序列,BERT 会在句子 A 和句子 B 之间插入一个特殊的分隔标记 [SEP],并在输入的开始处添加一个特殊的句子标记 [CLS]。接下来,BERT 将这个编码后的序列输入模型,并使用 Transformer 的编码器结构编码。编码器会根据上下文信息学习句子 A 和句子 B 的表示。在编码过程中,模型会将整个序列作为输入,并在特殊的 [CLS] 标记上预测。这个预测任务可以是一个分类任务,用于判断句子 A 和句子 B 是不是连续的。通常,模型会使用一个全连接层将 [CLS] 的隐藏状态映射到一个二分类问题上,例如使用 Sigmoid 激活函数预测两个句子的连续性。

(2)训练方式。BERT 使用了双向语言模型的训练策略。在输入序列中,BERT 随机掩盖一些词语,并让模型预测这些被掩盖的词语。这种方式使 BERT 能够从上下文中学习词语的语义和语境信息。

(3)上下文理解能力。由于 BERT 采用双向模型,通过预测被掩盖的词语和判断句子之间的关系。它可以从上下文中获取更丰富的信息,并具有较强的上下文理解能力。这使得 BERT 在词语级别的任务中表现出色,如命名实体识别、问答等。BERT 模型的一个重要特点是其可以处理句子级别的任务,而不仅仅是单词级别的任务。这使得 BERT 模型在处理自然语言处理任务时更加灵活和全面。例如,在文本分类任务中,BERT 模型可以直接输入整个句子,而不需要将句子分割成单词级别的输入。这种句子级别的建模能力使得 BERT 模型在处理长文本、问答系统和机器翻译等任务时具有优势。

(4)下游任务适用性。由于 BERT 具有强大的上下文理解能力和双向模型的特点,它在各种下游任务中表现优秀,如文本分类、命名实体识别、语义关系判断等。BERT 模型的预训练过程使得它能够学习到丰富的语言表示,这些表示可以被用于各种下游自然语言处理任务。在微调阶段,可以将 BERT 模型应用于特定任务,如文本分类、命名实体识别、情感分析等。通过微调,模型可以根据具体任务的要求进一步优化,并提供更好的性能。

BERT 模型在提出后迅速引起了广泛关注,并在多个自然语言处理任务上取得了领先性能。例如,在一般语言理解评估(General Language Understanding Evaluation,GLUE)基准测试中,BERT 模型在 11 个不同任务上取得了最好成绩,超过了以往的模型。BERT 模型在阅读理解、情感分析、命名实体识别等任务上也取得了显著的性能提升。BERT 模型的成功也启发了许多后续研究工作,例如 RoBERTa、XLNet 等模型。这些模型在 BERT 的基础上进行了改进和优化,进一步推动了自然语言处理的发展。例如,RoBERTa 模型通过增加预训练数据的规模和训练步数,改进了 BERT 模型的预训练过程,取得了更好性能。总之,BERT 模型通过双向上下文建模和预训练—微调的框架,实现了对丰富语言知识的学习和应用。它的出现极大地推动了自然语言处理的发展,并为各种文本相关任务提供了强大的语言表示能力。BERT 模型的成功不仅在学术界引起了广泛关注,也在工业界得到了广泛应用。

(二)GPT 模型

GPT 是一种基于 Transformer 架构的语言模型,由 OpenAI 提出。GPT 模型的目标是通过大规模的无监督预训练来学习语言的概率分布,从而能够生成连贯、有意义的文本。GPT 模型在自然语言处理领域取得了巨大成功,被广泛应用于文本生成、机器翻译、对话系统等任务。

(1)目标任务。GPT 是一种基于 Transformer 的生成式预训练模型,其目标是通过自回归语言模型预训练来学习生成连贯文本的能力。GPT 采用了自回归语言模型的预训练方式。在预训练过程中,GPT 使用大规模的文本数据,并通过自回归的方式逐步生成下一个词语。模型根据已生成的上文预测下一个词语,通过最大似然估计优化模型参数。这使得 GPT 能够学习到生成连贯、有逻辑性的文本的能力。

(2)实现过程。

①GPT 将文本数据分割成词语或子词的过程通常是通过分词(Tokenization)来实现的。在分词过程中,常用的方法有两种:一是基于词语的分词(Word-based Tokenization):这种方法将文本划分为独立的词语单元。例如,对于句子"I love natural language processing",基于词语的分词将它划分为["I"、"love"、"natural"、"language"、"processing"]。二是基于子词的分词(Subword-based Tokenization):这种方法将文本划分为更小的子词单元。它可以处理词语的内部结构,更适用于处理未登录词(Out-of-vocabulary)和稀有词(Rare Words)。例如,对于句子"I love natural language processing",基于子词的分词可以将它划分为["I"、"love"、"nat"、"ural"、"language"、"pro"、"cess"、"ing"]。无论是基于词语还是子词的分词,最终目标是将文本分割成离散的标记单元,每个标记单元对应一个词语或子词。

②词嵌入,将 Token 编码为向量,即每个词语或子词都会被转换为对应的嵌入向量,用于表示词语或子词在语义空间中的位置。常见方法是使用预训练的词向量模型,如 Word2Vec、GloVe 或 FastText,将词语或子词映射到固定维度的实数向量。

③Transformer 架构:GPT 模型的核心是 Transformer 架构,它是一种基于自注意力机制(Self-attention)的神经网络结构。自注意力机制能够根据输入序列中的每个元素计算其与其他元素之间的依赖关系,从而能够更好地捕捉长距离依赖关系。这使得 GPT 模型能够在处理自然语言时更好地理解上下文和语义信息。

④自回归语言模型:在预训练过程中,GPT 使用自回归语言模型训练。具体而言,模型逐步生成下一个词语,以此生成连贯的文本。在生成第 i 个词语时,模型使用已生成的前 $i-1$ 个词语作为上文预测下一个词语。

⑤学习预训练参数:在自回归语言模型中,GPT 的目标是最大化生成真实训练样本的概率。通过最大似然估计,模型的参数被优化以最大化真实训练样本的生成概率。通过大规模的预训练数据和迭代的优化过程,GPT 能够学习到语言的统计规律和结构,从而能够生成连贯、有逻辑性的文本。

⑥生成文本。在预训练完成后,GPT 可以生成文本。给定一个初始文本或种子句子,模型会逐步生成下一个词语,将其添加到已生成的文本,然后再用生成的文本作为上文预测下一个词语。通过重复这个过程,模型可以生成连贯、有逻辑性的文本。

(3)训练方式。GPT 使用了自回归语言模型的训练方式。它通过让模型预测当前位置的词语学习生成文本的能力。在预训练过程中,GPT 逐步生成下一个词语,并优化参数以最大化下一个词语的概率。GPT 模型的训练数据通常是从互联网上抓取的大规模文本数据,比如维基百科、新闻文章、书籍等。这样的数据集能够涵盖丰富的语言知识和语境信息,有助于模型学习到更好的语言表示。在预训练过程中,GPT 模型通过最大化预测下一个单词的概率训练模型参数,从而使得模型能够学习到单词的上下文相关性和语义信息。

(4)上下文理解能力。GPT 是一个单向模型,它只能依赖已生成的上文预测下一个词语。在预训练过程中,GPT 使用自回归语言模型训练,通过逐步生成下一个词语来学习生成连贯的文本。由于单向模型的限制,GPT 在生成式任务中表现较好,如对话生成、文本生成等。GPT 能够生成具有上下文连贯性和逻辑性的文本,因为它在生成每个词语时都能考虑之前已生成的上文,这使得 GPT 模型在文本生成、对话系统等任务上具有很大的优势。例如,在文本生成任务中,GPT 模型可以根据给定的上文生成连贯的文本,如文章、诗歌等。在对话系统中,GPT 模型可以根据用户的输入生成合理的回复,实现自然的对话交互。

(5)下游任务适用性。GPT 主要用于生成式任务,如对话生成、文本生成和机器翻译等。它能够生成自然流畅的文本,但在一些需要输入—输出对齐的任务中效果较弱。第一阶段是预训练阶段,即在未标记数据上使用语言建模目标学习神经网络模型的初始参数。GPT 模型的预训练过程使得它能够学习到丰富的语言表示,这些表示可以被用于各种下游自然语言处理任务。第二阶段是微调阶段(Fine-tuning),即通过添加任务特定的层或结构,并使用有标签的任务数据进一步调整模型,使其适应特定任务的要求。通过微调,模型可以根据具体任务的要求进一步优化,并提供更好的性能,可以将 GPT 模型应用于特定的任务,如文本分类、命名实体识别、机器翻译等。

GPT 模型在提出后迅速引起了广泛关注,并在多个自然语言处理任务上取得了领先性能。GPT 模型在文本生成、机器翻译、对话系统等任务上也取得了显著的性能提升。GPT 模型的成功也启发了许多后续的研究工作,例如 GPT-2 和 GPT-3 模型的提出。这些模型在 GPT 的基础上进行了改进和优化,进一步推动了自然语言处理发展。例如,GPT-2 模型通过增加模型参数的规模和训练数据的多样性,取得了更好的性能。总之,GPT 模型通过无监督预训练和有监督微调的框架,实现了对丰富语言知识的学习和应用。它的出现极大地推动了自然语言处理领域的发展,并为各种文本相关任务提供了强大的语言表示能力。随着深度学习和自然语言处理的不断发展,GPT 模型将继续在自然语言处理领域发挥重要的作用。

总体而言,BERT 和 GPT 在目标任务、训练方式、上下文理解能力和适用性上存在差异。BERT 适用于各种下游任务,而 GPT 主要用于生成式任务。选择哪种模型取决于具体的任务需求和应用场景。

二、大语言模型社会科学应用案例

Lee and Zhong（2022）基于 BERT 模型对投资者提问进行分类,考察了投资者与公司的互动对资本市场效率的影响。他们首先利用 BERT 模型,根据提问的性质将互动平台的投资者问题分成四类:(1)针对特定交易的澄清问题;(2)对财务报告中某些项目或事件处理方式的困惑;(3)关于尚未公开的事项的不合理要求(公司已适当回避);(4)对管理层的建议。接着,他们根据投资者问题的内容或主题将问题再次划分为财务报告、监管、外部治理、资产重组、诉讼、违规、股票交易、内部交易、股票分红、融资、投资、经营—经营资产、经营—产品或业务、经营—产业相关、经营—宏观环境、经营—其他、公司治理、股票回购、其他 19 类。最后,根据问题的分类研究投资者提问对中国资本市场效率的影响。研究发现投资者缺失面临信息处理困难,而投资者互动平台能够减少投资者的信息获取成本。

Wong *et al*.（2023）利用田野实验的方法,随机向一组公司提问,要求披露客户供应商身份信息。在这当中,他们利用 BERT 模型将投资者提出的问题分成公司治理、政府关系、投资、经营、信息披露、业务关系、融资、公共活动、资本市场、策略、其他 11 类,将管理层回复分成无解释、重新定向、未披露所要求的信息但提供合理化的理由、公司要求提供者提供身份信息 4 类。然后,考察投资者要求披露客户供应商身份信息对管理层回复的影响。研究发现,公司信息披露概率取决于信息需求的基础,当信息需求基于投资者有用性时公司信息披露率最高。文章的深度解析,可以查看本书作者团队公众号"机器学习与数字经济实验室"的推文,链接为:https://mp. weixin. qq. com/s/9AWEv5TZArzqKkPv0F6YFg。

推文

投资者呼吁透明度管用吗

思考题

1. 深度学习与普通的机器学习是什么关系? 深度学习相比普通机器学习有哪些特点?

2. 神经网络的激活函数需要具备哪些性质? ReLU 函数有什么优缺点?

3. 文本卷积神经网络(TextCNN)相比常规的卷积神经网络(CNN)最核心的不同是什么?

4. 在词向量表示中,独热法与词嵌入方法有哪些区别,Word2Vec 算法属于哪类词向量表示方法?

参考文献

[1]卞世博、管之凡、阎志鹏(2021),"答非所问与市场反应:基于业绩说明会的研究",《管理科学学报》,第 4 期,第 109—126 页。

[2]陈强(2021),《机器学习及 Python 应用》,北京:高等教育出版社。

[3]郭峰、郑建东、吕晓亮,等(2023),"社交媒体会被分析师乐观语调误导吗",工作论文。

[4]李斌、邵新月、李玥阳(2019),"机器学习驱动的基本面量化投资研究",《中国工业经济》,第 8 期,第 61—79 页。

[5]邱锡鹏(2021),《神经网络与深度学习》,url: https://nndl. github. io。

[6]钱宇、李子饶、李强,等(2020),"在线社区支持倾向对股市收益和波动的影响",《管理科学学报》,第 2 期,第 141—155 页。

[7]Bianchi, D. Büchner, M. and Tamoni, A. (2021),"Bond Risk Premiums with Machine Learning", *The Review of Financial Studies*, Vol. 34(2), pp. 1046—1089.

[8]Chan, J. T. and Zhong, W. (2019),"Reading China: Predicting Policy Chang with Machine Learning", Working Paper.

[9]Cybenko, G. (1989),"Approximations by Superpositions of a Sigmoid Function", *Mathematics of Control*, *Signals and Systems*, Vol. 2, pp. 183—192.

[10]Devlin, J. Chang, M. Lee, K. and Toutanova, K. (2018),"BERT: Pre-training of Deep Bidirectional Transformers for Language Understanding", Working Paper, https://arxiv. org/abs/1810. 04805.

[11]Hornik, K. Stinchcombe, M. and White, H. (1989),"Multilayer Feedforward Neural Net-

works Are Universal Approximators", *Neural Networks*, Vol. 2, pp. 359—366.

[12]Guo, F. Lyu, B. Lyu, X. and Zheng, J. (2023), "Identifying Connections between Firms Using Social Media: Evidence from the Suspension of Ant Group's IPO", Working Paper.

[13]Kim, Y. (2014), "Convolutional Neural Networks for Sentence Classification", *arXiv preprint arXiv: 1408. 5882*.

[14]Lee, C. M. C. and Zhong, Q. (2022), "Shall We Talk? The Role of Interactive Investor Platforms in Corporate Communication. *Journal of Accounting and Economics*, Vol. 74(2), 101524.

[15]Li, J. Chen, Y. Shen, Y. Wang, J. and Huang, X. (2019), "Measuring China's Stock Market Sentiment", Working Paper.

[16]Mansouri, S. and Momtaz, P. P. (2022), "Financing Sustainable Entrepreneurship: ESG Measurement, Valuation, and Performance", *Journal of Business Venturing*, Vol. 37(6), 106258.

[17]McCulloch, W. and Pitts, W. (1943), "A Logical Calculus of the Ideas Immanent in Nervous Activity", *Bulletin of Mathematical Biophysics*, Vol. 5, pp. 115—133.

[18]Mikolov, T. Sutskever, I. Chen, K. Corrado, G. S. and Dean, J. (2013), "Distributed Representations of Words and Phrases and their Compositionality", *Advances in Neural Information Processing Systems*, pp. 3111—3119.

[19]Nair, V. and Hinton, G. (2010), "Rectified Linear Units Improve Restricted Boltzmann Machine", Proceedings of the 27th International Conference on Machine Leaning.

[20]Obaid, K. and Pukthuanthong, K. (2022), "A Picture is Worth a Thousand Words: Measuring Investor Sentiment by Combining Machine Learning and Photos from News", *Journal of Financial Economics*, Vol. 144(1), pp. 273—297.

[21]Rosenblatt, F. (1958), "The Perceptron: A Probabilistic Model for Information Storage and Organization in the Brain", *Psychological Review*, Vol. 65, pp. 386—408.

[22]Rumelhart, D. E. Hinton, G. E. and Williams, R. J. (1986), "Learning Representations by Propagating Errors", *Nature*, Vol. 323, pp. 533—536.

[23]Wong, T. J. Yu, G. Zhang, S. and Zhang, T. (2023), "Calling for Transparency Evidence from a Field Experiment", *Journal of Accounting and Economics*, 101604.

[24]Zhong, W. and Chan, J. T. (2019), "Reading China: Predicting Policy Change with Machine Learning", AEI Economics Working Paper Series.

第八章　特征工程入门与实践

 本章导读

正如我们在第一章中曾经阐述过的,在机器学习实操中,最繁重的工作量都体现在变量的获得、清理上,其中最重要的是对特征变量的整理。这一工作在机器学习文献中被称为特征工程,这足以显示其重要性。所谓特征工程,就是从原始数据中提取特征并将其转换为适合机器学习的格式,以改善机器学习性能。本章主要介绍了特征工程的一些基本概念、意义及其在实践中的代表性应用。经典的特征工程包含特征理解、特征增强、特征构造、特征选择和特征转换五个阶段,本章将逐一介绍这五个阶段,并通过一些示例代码,展示特征工程的代表性操作。通过本章的学习,读者可以对机器学习实操中的一些要点有更直观的认识。

第一节　特征工程简介

近几年来,随着大数据与人工智能的发展,越来越多的用户留下了数字足迹,这就要求研究人员或者数据工程师广泛地使用机器学习对这些大数据进行处理。与很多课程或竞赛使用的规范数据不同,研究人员或数据工程师拿到的原始数据往往并不是规范的,而是复杂且非结构化的文本、图像、语音或视频数据。这些非结构化的原始数据并不能直接被机器学习模型所处理,而是需要在使用前进行大量的清理工作。比如网上爬取的社交媒体文本,可能会包含很多重复、特殊字符或缺失值等,需要在使用前清理。

在机器学习实操中,为了提取知识和做出预测,机器学习使用数学模型来拟合数据,这些数学模型将特征作为输入,而所谓特征就是原始数据某个方面的数值表示。在机器学习流程中,特征是数据和模型之间的纽带。因此,需要将原始数据进行处理,并将其特征转换为适合机器学习模型的格式,如数值形式。它是机器学习流程中一个极其关键的环节,正确的特征处理可以减轻模型构建的难度,从而使机器学习流程输出更高质量的结果。图 8—1 展示了特征工程在机器学习流程中的位置。

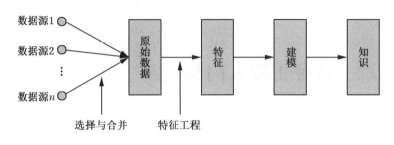

图 8—1   特征工程在机器学习流程中的位置

具体而言,特征工程(Feature Engineering)就是从原始数据中提取特征并将其转换为适合机器学习的格式,即将原始的"脏数据"通过清洗和整合,转化为适合机器学习模型的特征,从而改善机器学习性能,提高预测准确度,同时节省运行时间。业界流传着一句话:数据和特征决定了机器学习的上限,而模型和算法只是逼近这个上限而已。特征工程本质是一项工程活动,目的是最大限度地从原始数据中提取有价值的特征,以供机器学习算法使用。特征工程不只是简单的清洗或筛选数据,还包括对特征的一系列处理,如特征转换,提高机器学习模型的性能。经典特征工程包括特征理解、特征增强、特征构建、特征选择和特征转换五个步骤,从而为进一步提高机器学习性能做准备。

特征工程的性能包含模型的预测性能与模型的元指标。其中预测性能根据任务的不同而不同,分类任务可以使用真阳性率和假阳性率、灵敏度(真阳性率)和特异性、假阴性率和假阳性率等指标,也可以使用 ROC 和 AUC 等概念,对此我们在第三章中曾做过介绍。回归任务的性能评估则可以使用平均绝对误差、R^2 等。所谓元指标,指不直接与模型预测性能相关的指标,主要包括模型拟合、训练所需的时间,拟合后的模型预测实例的时间,以及需要持久化(永久保存)的数据大小,等等。

在本章的后续部分,我们将从特征理解、特征增强、特征构建、特征选择和特征转换五个方面详细介绍特征工程的基本原理和实践要点。

第二节   特征理解:探索性分析

特征理解就是理解我们的数据特征,对数据有初步、总体的认识。具体而言,就是考察数据规模(行数、列数)、数据类型(结构化还是非结构化,定量还是定性)、数据等级(定类等级、定序等级、定距等级、定比等级)、数据的统计信息、数据分布、数据之间的关系,等等。下面通过一个经典的鸢尾花案例演示如何对特征变量进行探索性分析(Exploratory Data Analysis)。探索性分析本质上就是刚拿到数据,对数据整体的规模、结构、数据之间的关系等还不清楚,需要进行一些初步的探索,从而为进一步的数据分析打下基础。

一、查看数据概况

这部分主要是查看数据的规模、列名、非空行数、数据类型(数值型还是字符型、定量还是定性),从而对数据有一个总体的认识。其中定量数据本质上是数值,应该是衡量某样东西的数据,比如物体的质量、空气的湿度等;而定性数据本质上是类别,表示描述某样事物的性质,比如性别、行业等。以 Python 为例,在所有入门级的 Python 教材或课程中,这些查看数据概况的操作都是极其常规的。以下示例代码就展示了鸢尾花案例相关数据的一些基本概况:

```
1.  import pandas as pd
2.  import numpy as np
3.  import matplotlib.pyplot as plt
4.  import seaborn as sns
5.   path = "D:/Python/ 数 据 与 结 果 / 机 器 学 习 演 示 数 据 /08 特 征 工 程
/seaborn-data/"
6.  iris = pd.read_csv(path+"iris.csv")
7.  print(iris.shape)
8.
9.  # 查看数据基本信息:
10. iris.info()
11.
12. # 显示缺失值数量
13. iris.isnull().sum()
14.
15. # 查看前 5 行, 自己可以设置
16. iris.head()
17.
18. # 随机查看 5 行
19. iris.sample(5)
20.
21. # 查看末尾五行
22. iris.tail()
```

二、查看数据统计信息

(一)描述性统计

上文中,我们已经将数据分为定量数据和定性数据,但是我们还可以进一步对数据进行分类。根据数据的统计特征不同,我们还可以将数据划分为四个等级,即定类等级(Nominal Level)、定序等级(Ordinal Level)、定距等级(Interval Level)、定比等级(Ratio Level)。每个等级都有不同的控制和数学操作等级。其中,定类等级是数据的第一个等级,其结构最弱。这个等级的数据只按名称分类。例如,性别(男、女)、血型(A、B、AB 和 O 型)、植物种类等,这些数据都是定性的。在这个等级上,只能计数,所以可以使用条形图和饼图。但是不能执行任何定量数学操作,例如加减乘除法。这些数学操作没有意义,所以在此等级上没有平均值的统计概念。

定序等级除了继承定类等级的所有属性外,还可以自然排序。和定类等级一样,定序等级的天然数据属性仍然是类别。该等级的例子如考试的成绩(A、B、C、D)。在定序等级,除了可以像定类等级那样计数,也可以引入比较和排序,所以能计算中位数和百分位数,可以绘制茎叶图和箱线图。

定类和定序等级本质上都是定性数据,即使内容是数,也不代表真实的数量。在定距等级,数值数据不仅可以像定序等级的数据一样排序,而且值之间的差异也是有意义的。在定距等级,我们不仅可以对其进行排序和比较,还可以加减。定距等级的一个典型例子是温度。如果上海的温度是 32℃,北京的温度是 25℃,那么上海比北京高 7℃。显然,在定距等级上,数值可以加减,因而也就存在算术平均数(均值)和标准差。但是定距等级的数据不能乘除,这些操作是没有意义的,比如温度相乘。

定比等级是数据分类的最高等级,在这个等级上,数据拥有最高程度的控制和数学运算能力。和定距等级一样,定比等级本质上也是定量数据。该等级数据不仅可以加减,还可以乘除。典型的例子比如工资,工资可以加减,同时我们还可以计算最高工资与最低工资的比值,还可以对工资乘以某个数值,代表几倍工资。

理解数据的不同等级对于特征工程是非常必要的。当需要构建新特征或修复旧特征时,我们需要确定使用什么样的方法。表 8-1 中对数据的四个等级进行了总结。

表 8-1　　　　　　　　　　　　数据等级

等级	属性	例子	描述性统计	图表
定类	离散,无序	种类	频率/占比、众数	条形图、饼图
定序	有序类别,比较	考试等级	频率、众数、中位数、百分比	条形图、饼图、茎叶图

续表

等级	属性	例子	描述性统计	图表
定距	数字差别有意义	摄氏度,年份	频率、众数、中位数、均值、标准差	条形图、饼图、茎叶图、箱线图、直方图
定比	连续,可以做加减乘除运算	金钱,重量	均值、标准差	直方图、箱线图

下面是查看数据统计特征的示例代码：

```
1. # 查看连续变量数据的统计特征：频数、均值、标准差、最大、最小、分位数
2. print(iris.describe().T)
3.
4. # 查看离散变量数据的分布，判断属于什么数据等级
5. print(iris.species.describe())
```

输出：

```
              count      mean       std  min  25%   50%  75%  max
sepal_length  150.0  5.843333  0.828066  4.3  5.1  5.80  6.4  7.9
sepal_width   150.0  3.057333  0.435866  2.0  2.8  3.00  3.3  4.4
petal_length  150.0  3.758000  1.765298  1.0  1.6  4.35  5.1  6.9
petal_width   150.0  1.199333  0.762238  0.1  0.3  1.30  1.8  2.5
count            150
unique             3
top           setosa
freq              50
Name: species, dtype: object
```

通过这部分的分析可知,前四列数据为数值数据且属于定比等级,统计特征包括样本量(count)、均值(mean)、标准差(std)、最小值(min)、第 25 分位值(25%)、中位值(50%)、第 75 分位值(75%)和最大值(max)。最后一列为定类等级,count 表示样本量、unique 表示类别个数、top 表示数量最多的类别、freq 表示数量最多类别的个数。

（二）变量分布

在很多时候,我们可以通过图形的方式直观地看到每列数据的分布情况,例如直方图、核密度图、饼图等,据此可以观察数据的分布是否符合正态分布,数据是否存在异常值等。以下是几个常见的变量分布示意图的代码：

```
1.  # 直方图
2.  iris.hist()
3.  # 直方图设置，将数据分为20组，使用蓝色画图，并添加标签与标题
4.  # iris.sepal_length.hist(bins=20, color='b')
5.  # plt.xlabel('sepal_length')
6.  # plt.title('Iris Data')
7.
8.  # 核密度图
9.  iris.plot.density()
10. # iris.plot.density(subplots=True)
11. # iris.sepal_length.plot.density()
12.
13. # 同时画sepal_length的直方图与核密度图
14. sns.distplot(iris.sepal_length, rug=True)
15.
16. # 箱型图
17. iris.plot.box()
18. # iris.sepal_width.plot.box()
19. # 画不同品种（species）的鸢尾花的花萼宽度（sepal_width）
20. # sns.boxplot(x='species', y='sepal_width', data=iris)
21.
22. # 饼图（适用于类别变量）
23. # 单独展示，否则与上图有重叠，如果分类较多，可以设置前五项
24. iris.species.value_counts()
25. iris.species.value_counts().sort_values(ascending=False).head(5
).plot(kind='pie')
```

（三）分组统计

除了了解数据总体的统计特征外，有时我们还想探索一下定类数据中每类数据的统计特征。这就需要先对数据进行分组，然后查看每组数据的特征情况。以下是一些常见的分组统计的示例代码：

```
1.  iris_grouped = iris.groupby('species')
2.
3.  # 查看相关系数
4.  iris_grouped.corr()
5.
6.  # 查看所有分组的统计指标
7.  iris_grouped.describe()
8.
9.  # 查看petal_length变量的统计指标
10. iris_grouped.petal_length.describe()
```

```
11.
12.  # 查看所有变量的分组平均值
13.  iris_grouped.mean()
14.
15.  # 计算所有变量的分组平均值与分组标准差，使用 agg() 方差（表示 aggregate，即
合计）
16.  iris_grouped.agg(['mean', 'median', 'std'])
17.
18.  # 计算不同变量的统计值
19.  iris_grouped.agg({'sepal_length': 'mean', 'sepal_width': 'mean'
, 'petal_length': 'std', 'petal_width': 'std'})
20.
21.  # 自定义四分位距指标
22.  def iqr(x):
23.      return x.quantile(0.75) - x.quantile(0.25)
24.  iris_grouped.agg(iqr)
```

三、变量相关性探索

　　这里的相关性探索主要是初步探索两个变量之间的相关关系，对特征之间有一个直观的认识。如果需要更深入、严谨地考察特征间的关系，可以采用其他方法，如最小二乘法等算法。

　　(一)整体相关系数矩阵

　　整体相关系数矩阵就是展示所有变量两两之间的相关系数，具体如以下示例代码：

```
1.  # 考察变量之间的相关系数矩阵
2.  corr = iris.corr()
3.  print(corr)
4.
5.  sns.heatmap(corr)
```

　　(二)散点图

　　如果我们更关心变量之间的关系，散点图（Scatter Plot）也是一个常用的展示方式。它的特点是能够非常直观地展示两个变量之间的相关关系。可以用 seaborn 中的 scatterplot() 函数画散点图，具体如以下示例代码：

```
1. sns.scatterplot(x='petal_length', y='petal_width', data=iris)
2.
3. # 用不同的颜色表示不同的鸢尾花品种
4. sns.scatterplot(x='petal_length', y='petal_width', data=iris, hu
e='species')
5.
6. # 以不同颜色和不同图标区分鸢尾花品种
7. sns.scatterplot(x='petal_length', y='petal_width', data=iris, st
yle='species', hue='species')
8.
9. # 画两两变量的散点图
10. sns.pairplot(data=iris, height=2)
11.
12. # 画部分变量的散点图,并在主对角线上画核密度图
13. sns.pairplot(iris, diag_kind='kde', vars=['sepal_length', 'sepa
l_width', 'petal_length'], hue='species')
```

第三节　特征增强：清洗数据

特征增强的目的是清洗和增强数据,将数据转化为机器学习模型能够直接使用的格式。清洗数据是指调整已有的列和行,增强数据是指在数据集中删除和添加新的列。特征增强的意义在于识别有问题的区域,并确定哪种修复方法最有效。例如,存在缺失值和异常值可能会影响模型的预测结果,因而需要处理。

通过特征提取,我们能得到未经处理的特征,这时的特征可能存在以下问题:一是不属于同一量纲,即特征的规格不一样,不能够放在一起比较,通常无量纲化可以解决这一问题。二是信息冗余,对于某些定量特征,其包含的有效信息为区间划分,例如学习成绩,假如只关心"及格"或"不及格",那么需要将定量的考分,转换成"1"和"0",分别表示及格和不及格,一般二值化或离散化可以解决这一问题。

定性特征在很多情况下也不能直接使用,某些机器学习算法只能接收定量特征的输入,这时就需要将定性特征转换为定量特征。最简单的方式是为每一种定性值指定一个定量值,但是这种方式过于灵活,增加了调参的工作。通常使用哑编码的方式将定性特征转换为定量特征,即假设有 N 种定性值,则将这一个特征扩展为 N 种特征,当原始特征值为第 i 种定性值时,第 i 个扩展特征赋值为 1,其他扩展特征赋值为 0。哑编码的方式相比直接指定的方式,不用增加调参的工作,对于线性模型来说,使用哑编码后的特征可达到非线性的效果。

此外,不同的机器学习算法对数据中信息的利用是不同的,之前提到在线性模型中,使用定性特征哑编码可以达到非线性的效果。类似地,对定量变量多项式化或者进行其他的转换,也能达到非线性的效果。

一、缺失值处理

有些特征可能因为无法采样或者没有观测值而缺失。例如位置特征,用户可能禁止获取地理位置或者获取地理位置失败,形成缺失值。缺失值的存在会对模型的预测结果产生影响,因而需要进行处理。

(一)识别缺失值

在原始数据中,缺失值可能直接以空值显示,这种情况下可以直接统计;另一种情况是空值可能以某些特殊的值表示,比如0、99、−99、? 等,这时就需要数据使用者手动转换。下面我们先创建一个 DataFrame,然后统计空值。在 Pandas 中,np. nan 为float 型空值,pd. NaT 为日期型空值,None 为字符型空值。下面我们先创建一个DataFrame,然后统计空值数量。

```
1. import pandas as pd
2. import numpy as np
3.
4. df = pd.DataFrame([[1, np.nan, pd.NaT], [None, 'b', np.nan]])
5. print(df)
6.
7. # 统计每列的空值
8. df.isnull().sum()
```

输出:

```
          0    1   2
0   1.0   NaN NaT
1   NaN     b NaT

0    1
1    1
2    2
dtype: int64
```

下面代码中,我们先创建一个包含自定义空值为"?"的 DataFrame,然后识别自定义空值。

```
1. import pandas as pd
2.
3. df = pd.DataFrame([[1, '?', 3], ['?', 4, '?'], [7, 8, '?']], ind
ex=list("ABC"))
4. print(df)
5.
6. # 统计自定义缺失值的数量
7. df.isin(['?']).sum()
```

输出：

```
   0  1  2
A  1  ?  3
B  ?  4  ?
C  7  8  ?
0    1
1    1
2    2
dtype: int64
```

(二)缺失值处理

对缺失值处理主要有两种方式。一是删除缺失值,这一般适用于数据集中缺失值较少的情况。如果缺失值比例超过 10%,那么删除数据可能会对数据分析结果产生很大影响,删除缺失值就不太合理。二是填充缺失值,填充的值可以通过均值、中位值、前值、后值等方式获得;对于分类变量而言,也可以是众数等;此外还可以插值,如二次曲线插值,某些情况下也可以填充 0,可以根据实际情况选择合适的填充值。

在 Python 中,删除缺失值的语法为：dropna(axis＝0,how＝'any',thresh＝None,subset＝None,inplace＝False)。其中 axis 默认为 0('index'),按行删除,即删除有空值的行。将 axis 参数修改为 1 或'columns',则按列删除,即删除有空值的列。how,参数默认为 any,只要有一行(或列)数据中有空值就会删除该行(或列)。将 how 参数修改为 all,则只有一行(或列)数据中全部都是空值才会删除该行(或列)。thresh,表示删除空值的阈值,传入一个整数,即如果一行(或列)数据中存在少于 thresh 个非空值(non-NA values),则删除该行(或列)。subset,删除空值是只判断 subset 指定的列(或行)的子集,其他列(或行)中的空值忽略,不处理。inplace,默认为 False,返回元数据的一个副本。将 inplace 参数修改为 True,则会修改数据本身。缺失值处理的示例代码如下所示：

```
1. import pandas as pd
2.
3. df = pd.DataFrame([[1, 2, 3], [np.nan, 5, pd.NaT], [7, 8, 9],
4.                   [np.nan, np.nan, np.nan], [None, 14, 15]],
5.                   index=['one', 'two', 'three', 'four', 'five'],
6.                   columns=list('ABC'))
7. print(df)
8.
9. # 将超过 2 个空值的行删除
10. df.dropna(thresh=2)
```

填充缺失值可以在一定程度上避免删除带来的缺点,但必须合理填充。填充缺失值的语法规则为:fillna(value＝None,method＝None,axis＝None,inplace＝False,limit＝None)。其中,value 表示填充的值,可以是一个指定值,也可以是字典,series或 DataFrame。method 代表填充的方式,默认为 None。有 ffill、pad、bfill、backfill 四种方式。ffill 和 pad 表示用缺失值的前一个值填充,如果 axis＝0,则用空值上一行的值填充,如果 axis＝1,则用空值左边的值填充。加入空值在第一行或第一列,以及空值前面的值全都是空值,则无法获取到可用的填充值,填充后依然为空值。bfill 和backfill 表示用缺失值的后一个值填充,axis 的用法以及找不到填充值的情况同 ffill和 pad。axis,通常配合 method 参数使用,axis＝0 表示行,axis＝1 表示按列。limit表示填充执行的次数。如果是按行填充,则填充一次表示执行一次,按列同理。填充缺失值的示例代码如下所示:

```
1. import pandas as pd
2.
3. df = pd.DataFrame([[1, 2, 3], [np.nan, 5, pd.NaT], [7, 8, 9],
4.                   [np.nan, np.nan, np.nan], [None, 14, 15]],
5.                   index=['one', 'two', 'three', 'four', 'five'],
6.                   columns=list('ABC'))
7. print(df)
8.
9. # 前一个值填充
10. df.fillna(method='ffill')
11.
12. # 不同列填充不同值
13. values = {'A':100, 'B': 200, 'C': 300}
14. df.fillna(value=values, limit=2)
15.
16. # 该列均值进行填充
17. df.fillna(df.mean())
18.
19. # 该列的中位值进行填充
20. df.fillna(df.median())
21.
22. # 该列的众数进行填充
23. df['C'].fillna(df['C'].mode()[0])
```

除了直接使用统计量或特定值填充外,还可以使用具体函数插值填充。在 Python 中,Series 与 DataFrame 对象都可以用 interpolate()函数插值,默认对缺失值进行线性插值。此外可以通过参数 method 调整。如果数据为一个时间序列且有增长的趋势,那么使用二次曲线,即 method="quadratic"可能比较合适;如果数据的值接近一个累积分布函数,则 method="pchip"比较合适;如果为了平滑曲线,考虑 method="akima";此外,还可以插入样条曲线,即 method="spline"或多项式,method="polynomial",但这两个还需要指定阶数。具体代码示例如下所示:

```
1. # 插值,默认使用线性插值
2. import pandas as pd
3.
4. df = pd.DataFrame(
5.     {
6.         "A": [1, 2.1, np.nan, 4.7, 5.6, 6.8],
7.         "B": [0.25, np.nan, np.nan, 4, 12.2, 14.4],
8.     }
9. )
10. print(df)
11.
12. # 使用线性插值
13. df.interpolate()
14.
15. # 二次样条曲线
16. df.interpolate(method='spline', order=2)
17.
18.
19. # 二次多项式
20. df.interpolate(method='polynomial', order=2)
```

此外,对于某些算法,也可以不用处理缺失值。例如,LightGBM(Light Gradient Boosting Machine,另一种梯度提升树方法)和 XGBoost 算法都能将 NaN 作为数据的一部分学习,所以不需要特别处理缺失值。

二、异常值处理

异常值,也称为噪声数据,是指那些数据集中的不合理值。需要注意的是,不合理值是偏离正常范围的值,不一定是错误值。比如如果一个样本中人的身高为 2.4 米,体重为 1 吨等,虽然这些值确实可能存在,但是过于偏离正常范围,因而属于异常值。异常值的存在会导致结果出现偏差,所以在数据分析过程中需要高度重视。从本质上说,根据中心极限定理,总体均值近似服从正态分布,大部分数据其实应该集中在一个较小的范围内,而我们要研究的目标是适合大样本的规律,因而,对于这些异常值,其实不是我们的研究对象,但是在技术上,如果我们不对异常值处理,可能使结果产生偏差。

(一)识别异常值

(1)简单的统计分析。最常用的统计量是最大值与最小值,可以用来判断这个变量的取值是否超出合理的范围。例如,使用 df. describe()查看数据的统计信息是否合理,该数据以美国波士顿的住房数据为例,展示数据是否合理,相关变量的定义如下:

CRIM:每个城镇的人均犯罪率

ZN:超过 25 000 平方英尺的住宅用地所占比例

INDUS:每个城镇的非零售商业用地比例

CHAS:查尔斯河虚拟变量(如果地块与河流接壤,则为 1;否则为 0)

NOX:一氧化氮浓度(每千万分之一)

RM:每个住宅的平均房间数

AGE:建于 1940 年之前的自住单位所占比例

DIS:到波士顿 5 个就业中心的加权距离

RAD:到径向高速公路的可达性指数

TAX:每 1 万美元的全额财产税率

PTRATIO:每个城镇的师生比例

B:$1000(Bk - 0.63)^2$,其中 Bk 是城镇中黑人的比例

LSTAT:人口中地位较低的人所占的百分比

MEDV:自住房屋的中位数价值(以千美元为单位)

具体示例代码为:

```
1. # 加载数据
2. import pandas as pd
3. from sklearn.datasets import fetch_openml
4. import matplotlib.pyplot as plt
5. %matplotlib inline
6.
7. path = 'D:/Python/数据与结果/机器学习演示数据/08 特征工程/'
8.
9. df = pd.read_csv(path+'boston.csv')
10. print(df.head())
11. df.describe()
```

（2）3σ原则。根据正态分布的特点，样本值位于均值加上（或减去）3 倍标准差之外的概率为 0.003，属于小概率事件。因而如果样本近似服从正态分布，那么我们可以将与均值距离超过 3 倍标准差的数据视为异常值。在实践中，一般首先通过数据的直方图和密度图观察样本分布，然后计算 z-score 进行定量判断：$z-score=(x-mean(X))/std(X)$，其中，$X$ 为某列数据，x 为该列的某行的值，具体如以下代码示例：

```
1. # 将样本值位于大于或小于均值加上或减去 3 倍标准差的值定义为异常值，并进行标记
为空值
2. def detect_outliers(filename, attribute, threshold=3, fill_value
=np.nan):
3.     """功能:探测异常值:
4.     Args:
5.         filename: 为数据集,
6.         attribute: 为要识别的特征,
7.         threshold: 为要设定的门槛值,默认为 3 倍标准差,
8.         fill_value: 为对异常值进行标记值
9.     """
10.     outliers_ll = filename[attribute].mean() - threshold*filena
me[attribute].std()
11.     outliers_ul = filename[attribute].mean() + threshold*filena
me[attribute].std()
12.     # 将异常值标记为
13.     filename[attribute].where((filename[attribute]<outliers_ul)
| (filename[attribute]>outliers_ll), fill_value)
14.     return filename
15.
16. # 对数据集 df 的'TNDUS'的异常值标记为 True
17. df = detect_outliers(df, 'INDUS', True)
18. # 显示异常值的行
19. df[df['INDUS']==True]
```

（3）箱型图分析。箱型图非常适合做异常值观察的图形，如图 8-2 所示，箱型图的五根线从上到下依次表示为上极限（最大值）、上四分位＋1.5IQR、中位数、下四分位－1.5IQR、最小值，其中 IQR＝上四分位－下四分位，高于最大值或小于最低值被认为是异常值。因此，异常值通常被定义为小于（QL－1.5IQR）或者大于（QU＋1.5IQR）的值，QL 为下四分位数，QU 为上四分位数。箱型图的示例代码如下所示：

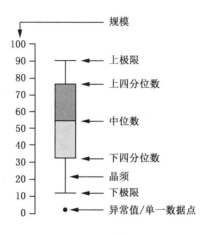

图 8-2 箱型图

```
1. # 箱型图
2. df['INDUS'].plot.box()
3. # 散点图
4. df.plot.scatter(x='INDUS', y='TAX')
5. # 可以看到异常值
6.
7. # 将位于上极限与下极限之外的点定义为异常点，并标记为空值
8. def detect_outliers(filename, attribute, fill_value=np.nan):
9.     """功能:探测异常值:
10.    Args:
11.        filename: 为数据集,
12.        attribute: 为要识别的特征,
13.        fill_value: 为对异常值进行标记值
14.    """
15.    q1 = filename[attribute].quantile(0.25)
16.    q3 = filename[attribute].quantile(0.75)
17.    iqr = q3 - q1
18.    # 下界
19.    outliers_ll = q1 - 1.5*iqr
20.    # 上界
21.    outliers_ul = q3 + 1.5*iqr
22.    # 将异常值标记为 fill_value
23.     filename[attribute].where((filename[attribute]<outliers_ul)
|(filename[attribute]>outliers_ll))
24.    filename[filename[attribute]==fill_value]
25.    return filename
26.
27. # 对数据集 df 的'INDUS'列的异常值标记为 True
28. df = detect_outliers(df, 'INDUS', True)
29. # 显示异常值的行
30. df[df['INDUS']==True]
```

（二）异常值处理

（1）删除。识别出异常值后，就要考虑如何处理异常值。直接将含有异常值的记录删除就是一种方式。对此，通常有两种策略：整条删除或成对删除。这种方法最简单易行，但缺点也不容忽视：一是在观测值很少的情况下，这种删除操作会造成样本量不足；二是直接删除可能会对变量的原有分布造成影响，从而导致统计模型不稳定。删除异常值的代码如下所示：

```
1. def detect_outliers(filename, attribute, threshold=3, fill_value=np.nan):
2.     """功能:探测异常值:
3.     Args:
4.         filename: 为数据集,
5.         attribute: 为要识别的特征,
6.         threshold: 为要设定的门槛值,默认为3倍标准差,
7.         fill_value: 为对异常值进行标记值
8.     """
9.     outliers_ll = filename[attribute].mean() - threshold*filename[attribute].std()
10.     outliers_ul = filename[attribute].mean() + threshold*filename[attribute].std()
11.     # 将异常值标记为
12.     filename[attribute].where((filename[attribute]<outliers_ul) | (filename[attribute]>outliers_ll), fill_value)
13.     return filename
14.
15. # 将数据集df的"INDUS"列的异常值删除
16. df = detect_outliers(df, 'INDUS')
17. df.dropna(subset=['INDUS'], inplace=True)
```

（2）视为缺失值。如果数据存在异常，就可以直接将其当作缺失值，利用处理缺失值的方法处理。这一方法的好处是能够利用现有变量的信息填补异常值。下面的代码向我们展示了如何将异常值替换为缺失值。

```
1. def detect_outliers(filename, attribute, threshold=3, fill_value=np.nan):
2.     """功能:探测异常值:
3.     Args:
4.         filename: 为数据集,
5.         attribute: 为要识别的特征,
6.         threshold: 为要设定的门槛值,默认为3倍标准差,
7.         fill_value: 为对异常值进行标记值
```

```
8.     """
9.     outliers_ll = filename[attribute].mean() - threshold*filenam
e[attribute].std()
10.    outliers_ul = filename[attribute].mean() + threshold*filena
me[attribute].std()
11.    # 将异常值标记为
12.    filename[attribute].where((filename[attribute]<outliers_ul)
| (filename[attribute]>outliers_ll), fill_value)
13.    return filename
14.
15. # 将数据集 df 的"INDUS"列的异常值表示为缺失值
16. df = detect_outliers(df, 'INDUS')
17. df[df['INDUS']==np.nan]
```

（3）缩尾。在社会科学中，处理异常值的一个常见方法叫作"缩尾"，而在数据分析领域，该方法也被称为"盖帽法"。具体而言，该方式是将整列数据中 99％以上的点值替换为 99％的点值；小于 1％的点值替换为 1％的点值。具体操作如以下示例代码：

```
1. import pandas as pd
2. import numpy as np
3.
4. def winsor(x, quantile=[0.01, 0.99]):
5.     """缩尾法处于异常值
6.     Args:
7.         x: pd.Series 列，连续变量
8.         quantile: 指定缩尾的上下分位数范围
9.     """
10.    # 生成分位数
11.    Q01, Q99 = x.quantile(quantile).values.tolist()
12.    print(Q01, Q99)
13.    # 替换异常值为指定的分位数
14.    if Q01 > x.min():
15.        x = x.copy()
16.        x.loc[x<Q01] = Q01
17.    if Q99 < x.max():
18.        x = x.copy()
19.        x.loc[x>Q99] = Q99
20.    return x
21.
22. sample = pd.DataFrame({'normal': np.random.randn(1000)})
23. sample.hist(bins=50)
24. winsor_sample = sample.apply(winsor)
25. winsor_sample.hist(bins=50)
```

(4)不处理。在某些情况下,根据该异常值的性质和特点,也可以使用更加稳健的模型处理,然后直接在该数据集上进行数据挖掘。比如,使用决策树模型处理时,我们可以不用过多考虑数据异常值,该模型对存在异常值的场景也比较适用。

三、类别变量编码

特征的数据类型可分为两大类,即连续型和离散型。其中离散型特征既有数值型,也有类别型,例如,性别(男、女)、成绩等级(A、B、C)等。连续型特征的原始形态就可以作为模型的输入,无论是逻辑回归、神经网络,还是支持向量机、梯度提升树、XG-Boost 等。但是除了决策树等少数算法可以直接处理字符串形式的类别型特征外,逻辑回归、支持向量机等模型的输入必须是数值型特征才能训练。因此,就需要将离散型中的类别型特征转换成数值型特征。

(一)序号编码

序号编码(Ordinal Encoding)通常用于处理类别间具有内在大小顺序关系的数据,对于一个具有 m 个类别的特征,我们将其对应映射到 $[0, m-1]$ 的整数。例如对于"学历"这样的类别,"学士""硕士""博士"可以很自然地编码成 $[0,2]$,因为它们内在就含有这样的逻辑顺序。但如果对于"颜色"这样的类别,"蓝色""绿色""红色"分别编码成 $[0,2]$ 是不合理的,因为我们认为"蓝色"和"绿色"的差距与"蓝色"和"红色"的差距没什么不同。序号编码的代码示例如下:

```
1. import pandas as pd
2. from sklearn.preprocessing import OrdinalEncoder
3.
4. categorical_df = pd.DataFrame({'my_id': ['101', '102', '103', '104'],
5.                               'name': ['allen', 'chartten', 'bob','dory'],
6.                               'place': ['third', 'second', 'first', 'second']})
7.
8. print(categorical_df)
9. print('-'*30)
10.
11. encoder = OrdinalEncoder()   # 创建 OrdinalEncoder 对象
12.
13. # 方法 1
14. encoder.fit(categorical_df)   # 将数据 categorical_df 载入 encoder 中进行转换
15. categorical_df = encoder.transform(categorical_df)
```

```
16.
17. # 方法2
18. # categorical_df = encoder.fit_transform(categorical_df) # 代替上
面的fit()和transform()
19.
20. print(categorical_df)
```

输出：

```
   my_id       name    place
0    101      allen    third
1    102   chartten   second
2    103        bob    first
3    104       dory   second
-----------------------------
[[0. 0. 2.]
 [1. 2. 1.]
 [2. 1. 0.]
 [3. 3. 1.]]
```

（二）独热编码

如果类别特征本身有顺序（例如优秀、良好、合格、不合格），那么可以保留单列自然数编码，但是如果类别特征没有明显的顺序（例如红、黄、蓝），则可以使用独热编码（One-Hot Encoding），即每个类作为1个特征。输出的矩阵是稀疏的，含有大量0。独热编码通常用于处理类别间不具有大小关系的特征。可以通过导入 sklearn. pre-processing 中的 OneHotEncoder，创建哑变量处理。对于独热编码，存在几个类别就生成几个特征。pandas 与 sklearn 都提供了独热编码方式，具体如以下代码示例：

```
1. # 方法一
2. import pandas as pd
3.
4. df = pd.DataFrame({'f1': ['A', 'B', 'C'],
5.                    'f2': ['Male', 'Female', 'Male']})
6.
7. print(df)
8.
9. df = pd.get_dummies(df, columns=['f1', 'f2'])
10. print(df)
```

输出：

```
      f1      f2
0  A    Male
1  B  Female
2  C    Male
   f1_A  f1_B  f1_C  f2_Female  f2_Male
0    1     0     0          0        1
1    0     1     0          1        0
2    0     0     1          0        1
```

```
1.  # 方法二
2.  from sklearn.preprocessing import OneHotEncoder
3.
4.  enc = OneHotEncoder(handle_unknown='ignore')  # handle_unknown
5.
6.  df = pd.DataFrame({'f1': ['A', 'B', 'C'],
7.                     'f2': ['Male', 'Female', 'Male']})
8.
9.  array = enc.fit_transform(df).toarray()
10. print(array)
11. df = pd.DataFrame(array)
12. df
```

输出：

```
[[1. 0. 0. 0. 1.]
 [0. 1. 0. 1. 0.]
 [0. 0. 1. 0. 1.]]
     0    1    2    3    4
0  1.0  0.0  0.0  0.0  1.0
1  0.0  1.0  0.0  1.0  0.0
2  0.0  0.0  1.0  0.0  1.0
```

（三）标签编码

标签编码（Label Encoding）与序号编码类似，都是对类别特征按顺序编码，区别是标签编码是给某一列数据编码，而序号编码是给所有的特征编码。因此，标签编码常用于给标签（Label）编码，而序号编码常用于给数据集中的特征编码。

```
1. import pandas as pd
2. from sklearn.preprocessing import LabelEncoder
3.
4. categorical_df = pd.DataFrame({'my_id': ['101', '102', '103', '1
04', '102'],
5.                                'name': ['allen', 'chartten', 'bob
', 'dory', 'bob'],
6.                                'place': ['third', 'second', 'firs
t', 'second', 'third']})
7.
8. print(categorical_df)
9. print('-'*30)
10.
11. encoder = LabelEncoder()
12. categorical_df['place'] = encoder.fit_transform(categorical_df[
'place'])
13. categorical_df
```

输出：

```
   my_id      name   place
0    101     allen   third
1    102  chartten  second
2    103       bob   first
3    104      dory  second
4    102       bob   third
------------------------------
```

	my_id	name	place
0	101	allen	2
1	102	chartten	1
2	103	bob	0
3	104	dory	1
4	102	bob	2

四、特征缩放

有些特征的值是有界限的，比如经度和纬度，但有些数值型特征可以无限制地增加，比如计数值。有些模型是输入的平滑函数，比如线性回归模型、逻辑回归模型或包含矩阵的模型，它们会受到输入尺度的影响。相反，那些基于树的模型则根本不在乎输入尺度有多大。如果模型对输入特征的尺度很敏感，就需要进行特征缩放。特征缩放会改变特征的尺度，有些人将其称为特征归一化。特征缩放通常对每个特征独立进行。

对于数据尺度不相同,可以选用某种归一化操作,在机器学习流水线上处理该问题。特征缩放操作旨在将行和列对齐并转化为一致的规则。例如,归一化的一种常见形式是将所有定量列转化为同一个静态范围中的值(例如,所有数都位于 0—1)。我们也可以使用数学规则,例如所有列的均值和标准差必须相同,以便在同一个直方图上显示。标准化通过确保所有行和列在机器学习中得到平等对待,让数据保持一致。常见的标准化方法有:Z 分数标准化、min-max 标准化、行归一化。不论使用何种缩放方法,特征缩放总是将特征除以一个常数(称为归一化常数)。因此不会改变该特征分布的形状。

当一组输入特征的尺度相差很大时,就需要进行特征缩放。例如,一个人气很高的商业网站的日访问量可能是几十万次,而实际购买可能只有几千次。如果两个特征都被模型所使用,那么模型需要在确定如何使用它们时先平衡一下尺度。如果输入特征的尺度差别非常大,就会对模型的训练算法带来数值稳定性方面的问题。在这种情况下,就应该对特征进行标准化。

(1)Z 分数标准化。Z 分数标准化是最常见的标准化技术之一,利用统计学里简单的 Z 分数(标准分数)思想。Z 分数标准化的输出会被重新缩放,使均值为 0,标准差为 1。通过缩放特征,统一化均值和方差(标准差的平方),可以让 K 近邻等类型算法达到最优化,而不会倾向于较大比例的特征。

$$Z = \frac{x - \mu}{\sigma}$$

其中,Z 为新的值(Z 分数),x 是原数据,μ 是 x 所在列的均值,σ 是 x 所在列的标准差。Z 分数标准化的代码示例如下所示:

```
1. from sklearn.preprocessing import StandardScaler
2.
3. # 标准化,返回值为标准化后的数据
4. standard = StandardScaler()  # 对象实例化
5. zscore = standard.fit_transform(iris.data)  # 调用实例方法
6. zscore
```

此外,也可以手动计算如下:

```
1. import numpy as np
2.
3. # 创建一个示例数据集
4. data = np.array([[1.0, 2.0, 3.0],
5.                  [4.0, 5.0, 6.0],
6.                  [7.0, 8.0, 9.0]])
7.
8. # 计算特征的均值和标准差
9. mean = np.mean(data, axis=0)
10. std = np.std(data, axis=0)
11.
12. # 执行标准化操作
13. standardized_data = (data - mean) / std
14.
15. print("原始数据：")
16. print(data)
17. print("标准化后的数据：")
18. print(standardized_data)
```

（2）区间缩放。min-max 标准化与 Z-score 标准化类似，它是将原数据缩放为[0，1]的区间。具体公式为：

$$m = \frac{x - x_{\min}}{x_{\max} - x_{\min}}$$

其中，m 为新的值，x 为原数据，$x_{\min}$ 为该列最小值，$x_{\max}$ 为该列最大值。区间缩放的代码示例为：

```
1. from sklearn.preprocessing import MinMaxScaler
2.
3. # 区间缩放，返回值为缩放到[0, 1]区间的数据
4. zoom = MinMaxScaler()
5. minmax=zoom.fit_transform(iris.data)
6. minmax
```

当然，也可以手动计算如下：

```
1. import numpy as np
2.
3. # 创建一个示例数据集
4. data = np.array([[1.0, 2.0, 3.0],
5.                  [4.0, 5.0, 6.0],
6.                  [7.0, 8.0, 9.0]])
7.
8. # 计算特征的最小值和最大值
9. min_val = np.min(data, axis=0)
10. max_val = np.max(data, axis=0)
11.
12. # 执行归一化操作（将特征缩放到[0, 1]范围内）
13. normalized_data = (data - min_val) / (max_val - min_val)
14.
15. print("原始数据：")
16. print(data)
17. print("归一化后的数据：")
18. print(normalized_data)
```

（3）行归一化。该标准化方法适用于行而非列。行归一化不是计算每列的统计值（均值、标准差等），而是会保证每行有单位范数（Unit Norm），意味着每行的向量长度相同。如果每行数据都在一个 n 维空间内，那么每行都有一个向量范数（长度）。也就是说，每行都是空间内的一个向量。通俗地理解，行归一化就是把每一行看成一个向量，$x = (x_1, x_2, \cdots, x_n)$ 然后转化为单位向量。其中 L2 范数，也就是我们常说的欧式距离如下所示：

$$\| x \| = \sqrt{(x_1^2 + x_2^2 + \cdots + x_n^2)}$$

行归一化的代码示例为：

```
1. from sklearn.preprocessing import Normalizer
2.
3. # 归一化，返回值为归一化后的数据
4. Normalizer().fit_transform(iris.data)
```

（4）对定量数据进行离散化。有时连续的特征对于模型不是必需的，比如只关心及格与不及格，而不关心具体的分数，或者只关心年龄段而不关心具体的年龄，这时就需要将连续的特征按需分箱处理。pandas 的 cut()函数，可以将数据分箱（Binning），亦称为分桶（Bucketing），意思是创建数据的范围。也可以使用自定义函数对定量数据进行离散化。具体的代码示例为：

```
1. # 默认的类别名就是分箱
2. df = pd.DataFrame(iris.data)
3. pd.cut(df[1], bins=3, labels=False)  # 将 iris.data 的第 1 列划分为 3
个等距段
```

第四节　特征构造：生成新数据

从原始数据中构造新特征,在机器学习或统计学习中,又称为变量选择、属性选择或变量子集选择。这是指在模型构建中,选择相关特征并构成特征子集的过程。根据已有特征生成新特征,增加特征的非线性。常见的数据变换可以基于多项式、指数函数、对数函数等。特征工程中引入的新特征,需要验证它确实能提高预测精度,而不是加入一个无用的特征增加算法运算的复杂度。构造新的特征要求在样本数据上花费大量的时间并且思考问题的本质、数据的结构,以及怎样最好地在预测模型中利用它们。

一、数值特征的简单变换

常见的基于已有特征生成新的特征的变换,以及它们在各类机器学习算法中的价值以及局限性,可以做出如下总结:

(1)单独特征乘以一个常数(Constant Multiplication)或者加减一个常数,这对于创造新的有用特征毫无用处,只能作为对已有特征的处理。

(2)任何针对单独特征列的单调变换(如对数),不适用于决策树算法。对于决策树而言,X,X^3,X^5 之间没有差异,$|X|$,X^2,X^4 之间没有差异,除非发生舍入误差。

(3)线性组合(Linear Combination),仅适用于决策树以及基于决策树的集成算法(如梯度提升树、随机森林等),因为常见的 axis-aligned split function 不擅长捕获不同特征之间的相关性。该方法不适用于支持向量机、线性回归、神经网络等机器学习算法。

(4)多项式特征(Polynomial Feature),该方法通过对原有列的乘积创造新的列,用于捕获特征交互,一个关键方法是使用 scikit-learn 的 Polynomial Features 类创建。

(5)比例特征(Ratio Feature),即通过求特征比例创建新的特征,如 X_1/X_2。

(6)绝对值(Absolute Value)$|$、$\max(X_1, X_2)$,$\min(X_1, X_2)$。

常见的数据变换可以基于多项式或者基于对数函数,下面对其进行详细介绍。多项式变换是一种常见的技术,用于创建原始特征的高次多项式特征。例如,两个特征,幂为 2 的多项式转换公式如下:如果有 a 和 b 两个特征,则它的 2 次多项式为$(1, a, b, a^2, ab, b^2)$,这可以帮助模型捕捉特征之间的非线性关系,从而提高模型的性能。多项式变换的基本思想是将输入特征的组合作为新特征添加到数据集中,以更好地拟合数据。需要注意的是,多项式特征变换可能导致特征维度的急剧增加,特别是在较高次数的情况下。因此,在应用多项式特征变换时,要谨慎选择多项式的次数,以避免维度灾难。通常,我们可以使用交叉验证等技术确定最佳的多项式次数。多项式特征变换通常在数据预处理阶段用于改进模型性能,特别是在涉及非线性关系的问题中,如回归和分类。以下是多项式变换的示例代码:

```
1. import numpy as np
2. from sklearn.preprocessing import PolynomialFeatures
3.
4. # 创建一个简单的示例数据集
5. X = np.array([[1, 2],
6.               [3, 4],
7.               [5, 6]])
8.
9. # 创建 PolynomialFeatures 对象, 将特征升高到 2 次多项式
10. poly = PolynomialFeatures(degree=2)
11.
12. # 进行多项式特征变换
13. X_poly = poly.fit_transform(X)
14.
15. # 打印变换后的数据
16. print("Original Data:")
17. print(X)
18. print("\nPolynomial Transformed Data:")
19. print(X_poly)
```

对数变换(Logarithmic Transformation)是一种常用的数值特征转换方法,主要应用在数据分布偏斜的场景。对数变换的主要作用有:一是减少数据的偏斜性,对数变换可以压缩数据中极大值和极小值的距离,使得偏斜分布的数据变得更加对称。这有助于降低少数极端数据对模型的影响。二是使数据更加符合正态分布,许多算法对输入数据有正态分布的假设,对数变换可以使偏离正态分布的数据更加贴近正态分布。三是稳定方差,对数变换可以降低数据方差不稳定的问题,对数压缩后,数据分布两端的方差不同会得到一定程度的纠正。四是提高模型解释力和预测力,通过上述作用,对数变换可以帮助提高模型的解释力和预测性能。

对数变换的常用形式有自然对数变换、10 为底对数变换等。需要根据具体问题和数据分布情况,选择合适的对数底。使用 preproccessing 库的 FunctionTransformer 对数据进行对数函数转换的代码如下:

```
1.  import numpy as np
2.  import pandas as pd
3.
4.  # 创建一个示例数据集
5.  data = pd.DataFrame({'A': [1, 2, 3, 4, 5],
6.                       'B': [10, 20, 30, 40, 50]})
7.
8.  # 对特征 A 进行对数变换
9.  data['A_log'] = np.log(data['A'])
10.
11. print(data)
```

二、类别特征与数值特征的组合

用 $N1$ 和 $N2$ 表示数值特征,用 $C1$ 和 $C2$ 表示类别特征,利用 pandas 的 groupby 操作,也可以创造出以下几种在某些场景下很有意义的新特征:

median(N1)_by(C1) \ 中位数

mean(N1)_by(C1) \ 算术平均值

mode(N1)_by(C1) \ 众数

min(N1)_by(C1) \ 最小值

max(N1)_by(C1) \ 最大值

std(N1)_by(C1) \ 标准差

var(N1)_by(C1) \ 方差

freq(C2)_by(C1) \ 频数

第五节 特征选择:筛选属性

当特征构造完后,需要选择有意义的特征输入机器学习的模型进行训练。通常来说,可以从两个方面选择特征:一是特征是否发散,如果一个特征不发散,例如方差接近于 0,也就是说样本在这个特征上基本没有差异,那么这个特征对于样本的区分没有什么作用。二是特征与目标的相关性,这点显而易见,与目标相关性高的特征,应当优先选择。除方差法外,本章介绍的其他方法均从相关性考虑。

根据特征选择的形式又可以将特征选择方法分为 3 种。过滤法(Filter),即按照发散性或者相关性对各个特征评分,设定阈值或者待选择阈值的个数,选择特征。包装法(Wrapper),即根据目标函数(通常是预测效果评分),每次选择若干特征,或者排除若干特征。嵌入法(Embedded),即先使用某些机器学习的算法和模型训练,得到各个特征的权值系数,根据系数从大到小选择特征。嵌入法类似过滤法,但它是通过训练来确定特征的优劣。下面我们简要总结这三个方法的实操要点。

一、过滤法

特征工程中的属性筛选可以使用过滤法来进行。过滤法是一种基于统计指标或相关性评估的特征选择方法,它通过计算每个属性与目标变量之间的相关性筛选出具有预测能力的属性。

(1)方差选择法(Variance Thresholding)。使用方差选择法,先要计算各个特征的方差,然后根据阈值,选择方差大于阈值的特征。在 Python 中,可以使用 feature_selection 库的 VarianceThreshold 类选择特征,具体代码如下:

```
1. from sklearn.feature_selection import VarianceThreshold
2.
3. # 创建方差选择器对象, 设置阈值
4. selector = VarianceThreshold(threshold=0.1)
5.
6. # 应用方差选择器进行特征选择
7. X_selected = selector.fit_transform(iris.data)
8.
9. # 打印选择后的特征
10. print(X_selected)
```

(2)相关系数法(Correlation Coefficient)。使用相关系数法,首先要计算各个特征跟目标值的相关系数以及相关系数的 P 值。具体而言,有两种方法:一是 pandas 提供了 df.corr()计算相关系数;二是用 feature_selection 库的 SelectKBest 类结合相关系数。我们通过对相关系数排序,然后选择相关系数高的特征。两个方法的代码分别为:

方法一:

```
1. import pandas as pd
2. import numpy as np
3. import seaborn as sns
4.
5. x = pd.DataFrame(np.random.rand(100, 8))
6. print(x.corr())
7. sns.heatmap(x.corr())
8.
9. # 假定第 7 列为响应变量，查看与响应变量最相关的特征
10. x.corr()[7].sort_values(ascending=False)
```

方法二：

```
1. from sklearn.feature_selection import SelectKBest
2. from sklearn.feature_selection import SelectKBest
3. from sklearn.feature_selection import f_classif
4.
5. # 创建相关系数选择器对象，第一个参数为计算评估特征是否好的函数，第二个参数 k 为
选择的特征个数
6. selector = SelectKBest(score_func=f_classif, k=4)
7.
8. # 应用相关系数选择器进行特征选择
9. X_selected = selector.fit_transform(iris.data, iris.target)
10.
11. # 打印选择后的特征
12. print(X_selected)
```

（3）卡方检验(Chi-Square Test)。卡方检验适用于分类问题，计算每个属性与目标变量之间的卡方统计量，选择卡方值较高的属性。经典的卡方检验是检验定性自变量对定性因变量的相关性。具体的操作代码如下：

```
1. from sklearn.feature_selection import SelectKBest
2. from sklearn.feature_selection import chi2
3.
4. # 创建卡方选择器对象
5. selector = SelectKBest(score_func=chi2, k=3)
6.
7. # 应用卡方选择器进行特征选择
8. X_selected = selector.fit_transform(iris.data, iris.target)
9.
10. # 打印选择后的特征
11. print(X_selected)
```

　　(4)互信息(Mutual Information)。该方法是计算每个属性与目标变量之间的互信息,选择互信息较高的属性。互信息是一种用于度量两个随机变量之间相关性的方法。它基于信息论的概念,衡量了两个变量之间的共享信息量。互信息可以用来衡量一个变量对另一个变量的贡献程度,或者说它们之间的相互依赖程度。它的数值范围为 0 到正无穷,数值越大,表示两个变量之间的相关性越高。互信息的计算方法可以根据具体的情况选择不同的算法,常用的包括经验互信息和最大信息系数等。在特征选择过程中,互信息可以作为一种过滤法的评价指标,用于选择与目标变量相关性较高的特征。相关的代码如下:

```
1. from sklearn.feature_selection import SelectKBest
2. from sklearn.feature_selection import mutual_info_classif
3.
4. # 创建互信息选择器对象
5. selector = SelectKBest(score_func=mutual_info_classif, k=4)
6.
7. # 应用互信息选择器进行特征选择
8. X_selected = selector.fit_transform(iris.data, iris.target)
9.
10. # 打印选择后的特征
11. print(X_selected)
```

　　(5)方差分析(Analysis of Variance,ANOVA)。适用于分类问题,计算每个属性对目标变量的方差贡献,选择方差贡献较大的属性。相关的操作代码如下:

```
1. from sklearn.feature_selection import SelectKBest
2. from sklearn.feature_selection import f_classif
3.
4. # 创建方差分析选择器对象
5. selector = SelectKBest(score_func=f_classif, k=2)
6.
7. # 应用方差分析选择器进行特征选择
8. X_selected = selector.fit_transform(iris.data, iris.target)
9.
10. # 打印选择后的特征
11. print(X_selected)
```

　　这些过滤法都是基于属性与目标变量之间的统计关系进行特征选择的。我们通过筛选出与目标变量相关性较高的属性,可以提高模型的预测性能和泛化能力。但需要注意的是,过滤法只考虑属性与目标变量之间的关系,可能会忽略属性之间的相互关系。因此,在进行特征选择时,还需要结合其他方法综合考虑。

二、包装法

包装法是一种特征选择方法,它通过构建不同的特征子集,然后使用一个特定的机器学习模型评估,来确定哪些特征对模型性能的提高最为显著。包装法通常比过滤法和嵌入法计算更复杂,因为它需要多次训练模型,但它可以更准确地选择最佳特征子集。包装法的一个常见类型是递归特征消除。以下是一些包装法中常用的特征筛选的方法。

(1)递归特征消除(Recursive Feature Elimination,RFE)。递归特征消除从包含所有特征的全集开始,反复训练模型并剔除对模型性能贡献最小的特征,直到达到指定的特征数量或达到性能指标的最佳值。通常,递归特征消除使用交叉验证评估模型性能。使用 feature_selection 库的 RFE 类选择特征的代码如下:

```
1. from sklearn.feature_selection import RFE
2. from sklearn.linear_model import LinearRegression
3.
4. # 创建线性回归模型
5. model = LinearRegression()
6.
7. # 创建 RFE 对象,指定要选择的特征数量
8. rfe = RFE(estimator=model, n_features_to_select=2)
9.
10. # 拟合 RFE 模型
11. fit = rfe.fit(iris.data, iris.target)
12.
13. # 打印所选特征的排名
14. print("Num Features: %s" % (fit.n_features_))
15. print("Selected Features: %s" % (fit.support_))
16. print("Feature Ranking: %s" % (fit.ranking_))
```

(2)前向选择(Forward Selection)。前向选择从一个空特征集开始,逐步添加一个特征,每次选择对模型性能提升最大的特征,直到达到预定的特征数量或性能指标。具体的操作代码如下:

```
1. from sklearn.feature_selection import SequentialFeatureSelector
2. from sklearn.linear_model import LinearRegression
3.
4. # 创建线性回归模型
5. model = LinearRegression()
6.
7. # 创建 SequentialFeatureSelector 对象，选择前 3 个最重要的特征
8. sfs = SequentialFeatureSelector(model, n_features_to_select=2, d
irection='forward')
9.
10. # 拟合前向选择模型
11. sfs.fit(iris.data, iris.target)
12.
13. # 打印所选特征的索引
14. print("Selected Features: %s" % (sfs.get_support(indices=True)))
```

（3）后向消除（Backward Elimination）。后向消除从包含所有特征的全集开始，逐步剔除对模型性能贡献最小的特征，直到达到预定的特征数量或性能指标。具体的操作代码如下：

```
1. from sklearn.feature_selection import SequentialFeatureSelector
2. from sklearn.linear_model import LinearRegression
3.
4. # 创建线性回归模型
5. model = LinearRegression()
6.
7. # 创建 SequentialFeatureSelector 对象，选择前 2 个最重要的特征
8. sfs = SequentialFeatureSelector(model, n_features_to_select=2, d
irection='backward')
9.
10. # 拟合后向消除模型
11. sfs.fit(iris.data, iris.target)
12.
13. # 打印所选特征的索引
14. print("Selected Features: %s" % (sfs.get_support(indices=True)))
```

（4）正向逐步回归（Forward Stepwise Regression）。正向逐步回归是一种用于线性回归等模型的包装法，它逐步添加一个特征并调整模型，评估性能，然后继续添加下一个特征，直到达到特征数量或性能指标的预定条件。具体的操作代码如下：

```
1. from mlxtend.feature_selection import SequentialFeatureSelector
2. from sklearn.linear_model import LinearRegression
3.
4. # 创建线性回归模型
5. model = LinearRegression()
6.
7. # 创建 SequentialFeatureSelector 对象，选择前 2 个最重要的特征
8. sfs = SequentialFeatureSelector(model, k_features=2, forward=True)
9.
10. # 拟合正向逐步回归模型
11. sfs.fit(iris.data, iris.target)
12.
13. # 打印所选特征的索引
14. print("Selected Features: {}".format(sfs.k_feature_idx_))
```

以上示例代码提供了基本的特征选择方法的实现示例。实践中，需要根据读者的具体问题和数据集选择适合自己的方法，并根据需要调整。特征选择是一个迭代过程，通常需要根据实验结果确定最佳的特征子集。

三、嵌入法

（1）基于正则化的特征选择法。正则化方法包括 L1 正则化（Lasso）和 L2 正则化（Ridge），在线性模型中被广泛使用，它们可以通过特征的系数评估特征的重要性。较小的系数通常表示较不重要的特征。使用正则化的基模型，除筛选出特征外，同时也进行了降维。具体的代码如下：

```
1. from sklearn.linear_model import LogisticRegression
2.
3. # 创建 L1 正则化逻辑回归模型
4. lr = LogisticRegression(penalty='l1', solver='liblinear')
5.
6. # 拟合模型
7. lr.fit(X, y)
8.
9. # 打印特征的系数（重要性）
10. coefficients = lr.coef_
11. print("Feature Coefficients:")
12. for i, coef in enumerate(coefficients[0]):
13.     print(f"Feature {i+1}: {coef}")
```

（2）基于树模型的选择法。决策树、随机森林和梯度提升树等基于树的模型可以

提供特征重要性分数。可以使用这些分数选择最重要的特征。树模型中梯度提升树也可用来作为基模型进行特征选择,使用 feature_selection 库的 SelectFromModel 类结合梯度提升树模型,选择特征的代码如下:

```
1. from sklearn.ensemble import RandomForestClassifier
2.
3. # 创建随机森林分类器
4. rf = RandomForestClassifier(n_estimators=100, random_state=0)
5.
6. # 拟合模型
7. rf.fit(X, y)
8.
9. # 打印特征重要性分数
10. feature_importances = rf.feature_importances_
11. print("Feature Importances:")
12. for i, importance in enumerate(feature_importances):
13.     print(f"Feature {i+1}: {importance}")
```

第六节　特征转换:数据降维

当特征选择完成后,可以直接训练模型,但是由于特征矩阵可能过大,导致出现计算量大、训练时间长等问题,因此,降低特征矩阵维度在很多场景下必不可少。常见的降维方法除了以上提到的基于 L1 惩罚项的模型以外,还有主成分分析法、线性判别分析法等。主成分分析和线性判别分析有很多相似点,其本质是要将原始的样本映射到维度更低的样本空间,但是主成分分析和线性判别分析的映射目标不一样:主成分分析是为了让映射后的样本具有最大的发散性;而线性判别分析是为了让映射后的样本有最好的分类性能。所以,主成分分析是一种无监督的降维方法,而线性判别分析是一种有监督的降维方法。

一、主成分分析法

主成分分析(PCA)是一种常用的降维技术,它可以用于数据预处理、可视化、特征选择以及去除数据中的噪音。主成分分析的主要目标是通过线性变换将高维数据投影到低维空间,同时最大限度地保留原始数据的方差。这些新的投影维度被称为主成分。在第六章无监督学习算法中,我们已经学习了主成分分析的原理,以下是使用 Python 中的 Scikit-Learn 库进行主成分分析的代码示例:

```
1. from sklearn.decomposition import PCA
2. from sklearn.datasets import load_iris
3. import matplotlib.pyplot as plt
4.
5. # 加载示例数据集
6. iris = load_iris()
7. X, y = iris.data, iris.target
8.
9. # 创建 PCA 模型，降维到 2 维
10. pca = PCA(n_components=2)
11.
12. # 拟合模型
13. X_pca = pca.fit_transform(X)
14.
15. # 打印投影后的数据
16. print("PCA Projection:")
17. #print(X_pca)
18.
19. # 绘制投影后的数据
20. plt.scatter(X_pca[:, 0], X_pca[:, 1], c=y)
21. plt.xlabel('PCA Component 1')
22. plt.ylabel('PCA Component 2')
23. plt.title('PCA Projection of Iris Dataset')
24. plt.show()
```

二、线性判别分析法

线性判别分析(Linear Discriminant Analysis,LDA)[①]也是一种用于降维和分类的统计技术,通常用于模式识别和机器学习任务。不同于主成分分析法,线性判别分析是一种监督学习方法,主要用于解决分类问题,但也可以用于数据压缩和特征选择。线性判别分析的主要目标是找到一个线性变换,将多维数据投影到低维空间,以最大限度地减少类别之间的散布(使得不同类别的数据点尽可能分开),同时最大化同一类别数据点的散布。这样做的结果是在低维空间中更容易实现数据分类。以下是使用Python 中的 Scikit-Learn 库进行线性判别分析的代码示例:

---

① 关于 LDA 模型有两种含义,一种线性判别分析(Linear Discriminant Analysis),一种是概率主题模型:隐含狄利克雷分布(LDA)。本章讲的是前者。

```
1. from sklearn.discriminant_analysis import LinearDiscriminantAnal
ysis
2. from sklearn.datasets import load_iris
3. import matplotlib.pyplot as plt
4.
5. # 加载示例数据集
6. iris = load_iris()
7. X, y = iris.data, iris.target
8.
9. # 创建 LDA 模型，降维到 2 维
10. lda = LinearDiscriminantAnalysis(n_components=2)
11.
12. # 拟合模型
13. X_lda = lda.fit_transform(X, y)
14.
15. # 打印投影后的数据
16. print("LDA Projection:")
17. print(X_lda)
18.
19. # 绘制投影后的数据
20. plt.scatter(X_lda[:, 0], X_lda[:, 1], c=y)
21. plt.xlabel('LDA Component 1')
22. plt.ylabel('LDA Component 2')
23. plt.title('LDA Projection of Iris Dataset')
24. plt.show()
```

思考题

1. 什么是特征工程，它在机器学习过程中处于什么位置？

2. 在对缺失值处理中，哪种情况下可以删除？对于连续变量和类别变量的缺失值的填充有何不同？

3. 特征缩放一般有几种方法，每种方法有什么适用场景？

4. 在特征构造中，怎么的特征变换是没有用处的？

5. 在数据降维中，主成分分析法（PCA）与线性判别分析法（LDA）在原理上有何不同，各自适用于哪些场景？

参考文献

[1]锡南·厄兹代米尔，迪夫娅·苏萨拉(2019)，《特征工程入门与实践》，庄嘉盛译，北京：人民邮电出版社。

[2]爱丽丝·郑，阿曼达·卡萨丽(2019)，《精通特征工程》，陈光欣译，北京：人民邮电出版社。

第九章　机器学习与因果识别

 本章导读

　　因果识别是以经济学为代表的社会科学非常重要的实证研究方法,机器学习凭借其在处理非结构化大数据和预测上的突出优势,有助于拓展因果识别方法的适用边界。在本章,我们在简要介绍机器学习助力因果识别的基本逻辑后,重点总结了机器学习对因果关系识别的价值,例如更好地识别和控制混淆因素、更好地构建对照组、更好地识别异质性因果效应以及更好地检验因果关系的外部有效性。同时,本章还简要讨论了在大数据和机器学习广泛应用的背景下,因果关系识别面临的几个挑战,例如在某些情形下因果识别变得不再重要或更加困难,以及部分机器学习算法缺乏可解释性。通过本章的学习,社会科学研究者可以拓展自己的工具箱和思想库。

第一节　机器学习助力因果识别的基本逻辑

　　随着社会科学研究数据和工具的逐渐丰富,社会科学研究者以及政策制定者变得越来越野心勃勃,他们不再满足于获得两个变量间简单的因果关系。他们还希望了解如何更进一步得到一个令人置信和稳健的结论;如何在全新的、非结构化的、高维度的、高频率的大数据和领域中挖掘出一些新问题;希望知道传统方法因假设无法满足而失效时,有什么其他实证工具可以备选;研究结论如何能够保证在样本外依然有预测能力;希望了解什么样的政策是最优的;如何设计政策可以实现收益—成本最大化;谁应该被政策覆盖(处理);政策对某一个个体的影响又是怎样的;等等。

　　诸如此类的问题,都是传统社会科学研究关心却没办法很好回答的,甚至超出传统社会科学的研究范式,而回答这些问题也正是引入机器学习的必要所在。简言之,机器学习对于因果关系识别的特殊价值和意义是它可以拓宽因果识别经典方法的适用边界,从而助力我们更好地认识社会规律本源。

　　与传统社会科学实证方法追求样本内有效性不同,在机器学习实践中,人们会采取各种做法来提高机器学习算法的泛化能力,即样本外预测能力(Mullainathan and Spiess,2017;Athey and Imbens,2019)。例如,机器学习研究者会将样本随机分成训练集和测试集,训练集用来训练模型参数,测试集则用来检验模型的预测性能,这样处理可以避免出现在给定样本中拟合得很好,但对全新样本的预测却一塌糊涂,即机器学习中所谓的过拟合现象。如果未经任何处理,过拟合现象实际上是很可能会发生的。

因此,为了更好地提高算法在测试集和样本外的泛化能力,机器学习中一种常用的方式是正则化(Regularization),它是机器学习区别传统估计方法的一个重要特征。传统社会科学实证研究更关心无偏性,而对有效性要求较低。为了实现无偏估计,不知道也无法获得数据的真实分布,最好的策略是建立一个非常复杂的模型,以尽可能实现一致估计。但这种情形下,模型通常会"过度拟合"样本数据,从而导致模型拟合结果在样本外的数据中无效(Yarkoni and Westfall,2017)。

与此不同,机器学习更追求预测准确性,因此会牺牲部分无偏性来降低估计结果的误差,以得到有效性。传统社会科学实证建模与经验解释大多基于样本内拟合,而机器学习这种避免过度拟合的方法无疑会很大程度上保证模型的样本外预测能力。实践中,为了避免这种"过拟合",机器学习方法一般会在目标函数中加入惩罚项,给予复杂模型更大惩罚,简单模型较小惩罚,以实现适度拟合的状态。

另外,数据驱动也是机器学习方法区别于传统因果分析方法最为典型的特征之一。在传统方法中,模型的构建一般都是理论驱动,通常以数据为基础构建一个低维参数模型,优势在于简洁、易理解,但这种理论驱动的方法不擅长处理复杂的大数据,因此会带来模型误设的问题(洪永淼和汪寿阳,2021)。而机器学习的数据驱动模式,其目的是让数据说话,尤其是在处理复杂系统的大数据时提供了一个强大的分析工具,能够让研究者更清晰地看到数据背后所要表达的内容(黄乃静和于明哲,2018)。

相比传统的因果推断方法,机器学习可以通过数据驱动的方式减少模型错误设定的概率。比如,很多情况下我们并不知道变量之间的准确关系是什么,因而我们没办法捕捉交互项混淆、平方项、对数项等,这时候通过人为添加的方式,可能会产生模型错误设定的问题,最终导致估计偏误。而如决策树、支持向量机等算法依靠学习和解析数据的方式可有效捕捉交互效应等非线性特征,且不用担心模型错误设定导致的无效推断(洪永淼和汪寿阳,2021;Athey and Imbens,2015;2016)。

第二节　更好识别和控制混淆因素

一、挑选好的控制变量

社会科学在实证分析中重点是考察某个处理变量对结果变量的因果效应,例如某地区最低工资对就业的影响、主导党派对民众疫情防控态度的影响,等等。但最低工资、主导党派等经济社会变量往往并非随机产生。在估计上述因果效应时,一个常规做法是假定如果控制了这些地区的其他经济社会特征,那么我们关心的核心变量(最低工资、主导党派)就具有某种随机性,从而可以估计其对结果变量的因果效应。因此问题的核心就在于识别、控制这些被称为混淆因素的其他经济社会特征。选择控制变量在传统社会科学实证分析中的一个常规方法是依据理论分析或理论直觉,但这个方法可能带来两个问题:一是控制变量会存在人为操纵,以获得统计上的显著性(Fafchamps and Labonne,2016);二是大数据时代依据理论分析或理论直觉选取控制变量,有时候变得非常困难,因为非结构化大数据一个非常显著的特征就是高维稀疏:潜在的控制变量可能成百上千个,而最终能被用上的可能只有数个。为此,Belloni *et al.*(2014;2019)等提出一种称为"Post Double Selection"的数据驱动策略:首先通过Lasso等附带正则项的机器学习算法,经过交叉验证等方法,识别出一组对结果变量有解释力的变量,进而重新将结果变量对这些挑选出的特征变量进行普通的线性回归。

除上述方法外,在控制混淆因素时,还可以使用诸如基于树的方法(Athey and Imbens,2016;Wager and Athey,2018;Athey and Wager,2019)、非参贝叶斯(Hill,2011;Hill and Su,2013)、神经网络和深度学习(Johansson *et al.*,2016;Shalit *et al.*,2016;Shi *et al.*,2019;Zhang *et al.*,2021)等机器学习方法。事实上,这些方法在控制混淆因素的方式上都是通过正则化引入对复杂度的惩罚。所不同的是,他们各自采用了不同的技术手段。基于树的方法惩罚手段是"剪枝"。即依赖于交叉验证和拟合优度,通过建立惩罚项选择树的深度。惩罚项的目的是使得交叉验证的样本中最大化拟合优度,也就是使得均方误差最小,如果某片叶子上存在极端估计值,则会被施以惩罚,也就是所谓的剪枝。剪去树的一些子树和叶节点后,便降低了树的复杂度,这也是挑选变量的过程。对于贝叶斯的方法,正则化则等价于对模型引入先验的限制或约束,从而缩小解空间。这里的正则先验项可以用L1范数,因而挑选变量的原理和Lasso回归是一致的。神经网络和深度学习在选择变量时则是在损失函数中加入正则项,比较常用的是 Dropout,即随机扔掉一些神经元,赋予一些对结果变量预测较差的特征更小的权重,从而达到和上述方法一样的目的。

另外,Chernozhukov *et al.* (2017;2018)还提出了一种双重机器学习(Double Machine Learning)的方法以应对高维数据,其思想类似于两阶段最小二乘法。我们在传统的参数回归中,会因为担心模型错误设定而选择诸如"核回归"的非参回归。但非参回归仍然无法解决协变量远多于样本数的"维度诅咒"问题。机器学习在应对上述问题时,Lasso 回归、基于树的方法、神经网络方法等正则化手段都极为有效。但是,一般的机器学习方法在有限的样本下,其因估计收敛速度较慢也无法实现渐近无偏,进而导致正则偏差(Regularization Bias)。为解决这个偏误,双重机器学习采用两阶段估计的方式:首先,在机器学习模型中运用纽曼正交条件(Neyman Orthogonal Condition)获得处理变量残差,即过滤掉大量混淆因素的影响以获得正交化的处理变量。然后再在机器学习模型中使用正交化的处理变量对结果变量进行二次回归。这种方式可以很好地减少待估参数对干扰参数的敏感度。除此之外,双重机器学习方法还通过交叉拟合,分别拟合求平均的方式防止过拟合。这种方法不仅适用于线性模型,还可以应用于平均处理效应模型、局部处理效应模型等。

二、剔除坏的控制变量

对于哪些控制变量应该被控制,而哪些变量不应该控制,因果图也有一套行之有效的准则。社会科学实证研究中在控制混淆因素的时候,通常会借助理论谨慎地选取哪些变量必须进入模型,但较少会考虑哪些变量不应该控制。这种选择是传统社会科学研究过度关注"一致性"的结果,而实际上这种倾向可能会带来样本选择偏差的问题(Heckman,1979;Elwert and Winship,2014)。例如"美貌(D)→明星(X)←才华(Y)",即一个人拥有才华使其可能成为明星,一个人长得更漂亮或更帅也有可能成为明星。但一旦控制明星(X)这个变量,分析美貌(D)对才华(Y)的影响时会得出结论:越丑的人,越有才华。实际上,才华和美貌本身是互相独立的,导致错误结论的原因是成为明星往往是拥有才华和美貌之一即可,而控制 X 变量,即以明星为条件(明星=1)时反而产生了样本选择偏差。这在因果图中称之为"对撞偏倚"或"辩解效应",是因控制处理变量(D)和结果变量(Y)的共同结果而产生的偏误(Pearl and Mackenzie,2018)。为了挑选出哪些变量应该被控制,而哪些变量不应该控制,因果图有一套行之有效的准则。本章将其简述为:分析 $D→Y$ 的影响,通过控制共同原因变量可以控制混淆,即控制图 9-1(a)的 X_1 可以控制混淆因素;控制中介变量会关闭部分路径,即控制 X_3 或 X_4 则切断了 $D→Y$ 的部分效应;控制共同结果变量可能会带来样本偏误,即控制 X_2 或 X_5 会打开后门路径[①],从而带来偏误。这也是为什么很多人口学特征不适合作为控制变量的原因之一。以教育回报研究为例,职业实际上并不需要控制,因为教育程度往往会决定职业选择,继而影响收入。控制一个非后门路径的节点非但不能减少偏误,反而可能切断了一条中间机制或打开后门路径而带来估计偏误。

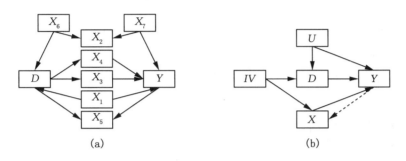

图 9—1 因果图模型

三、挑选工具变量

上述"Post Double Selection"策略也可以用于挑选工具变量。工具变量法是社会科学家解决内生性问题,实现因果推断时非常倚重的方法(陈云松,2012)。工具变量方法的核心是寻找一个外生的,但同时又与内生变量相关的变量,即对预测内生变量变动有帮助的外生变量。工具变量法通过这种为内生变量寻找外生变动源的方式实现对内生变量与结果变量之间因果关系的识别。而预测又是机器学习擅长之处,因此,工具变量方法的第一阶段分析完全可以使用机器学习方法来分析内生变量和工具变量之间的关系。而且,在某些情形下,可能并不存在一两个性能非常突出的工具变量,而是需要在众多潜在变量中寻找合格的工具变量。如果潜在的工具变量太多,可能会产生弱工具变量问题,而工具变量数量比内生变量多 1~2 小时才是最优的(Bollen,2012),此时可以使用机器学习算法挑选工具变量。例如,Belloni *et al.*(2012)推荐使用 Lasso 方法,在一些潜在的工具变量池中,挑选与内生变量最为相关的变量作为工具变量,然后重新进行两阶段最小二乘法回归,并证明了这一方法满足相关的统计学假设。Kang *et al.*(2016)、Windmeijer *et al.*(2019)证明在工具变量池中部分变量无效时(如这些变量与被解释变量有直接的关系),Lasso 方法也能帮助选出有效的

---

① 后门路径(Backdoor Path):这是因果图模型中非常重要的概念。$D \to Y$ 的后门路径是指连接 D 和 Y,但箭头不从 D 出发的路径。例如图 9—1(a)中 $D \leftarrow X \to Y$。如果我能够阻断 $D \to Y$ 的全部后门路径,则可以识别 $D \to Y$ 的因果效应。阻断的方式有两种:一是控制混淆因素,通过匹配、分类和回归;另一种就是出现一个对撞结合(Collider),例如图 9—1 中 $D \to X_6 \to X_2 \leftarrow X_7 \to Y$ 就存在以 X_2 为结合点的对撞。对撞结合点是不应该被控制的,一旦控制 X_2,后门路径便会重新打开,从而产生偏误。

工具变量。在社会科学实证研究中,已经有一些文献利用 Lasso 等正则化方法挑选工具变量,例如 Qiu *et al*. (2020)通过 Cluster-Lasso 方法在一组天气等变量池中,寻找各地新冠病例的最佳工具变量;Gilchrist and Sands(2016)、方娴和金刚(2020)利用 Lasso 方法,选择最优的天气与空气污染变量作为电影首映周非预期票房的工具变量,进而考察电影首映周票房对随后几周电影票房的影响。

关于在高维数据下,利用 Lasso 方法挑选工具变量(或挑选控制变量)的更详细讨论,还可以参阅 Chernozhukov *et al*. (2015)、Belloni *et al*. (2017)等文献。其他用机器学习方法挑选工具变量的文献还包括利用岭回归挑选工具变量(Hansen and Kozbur,2014)。此外,Hartford *et al*. (2017)还提出了一种"反事实预测＋IV"的 Deep IV 的方法,与普通的工具变量法相比,其优势在于估计时不需要满足线性假设,以及研究对象接受处理时反应敏感同质性假设,因此适用范围更广,而且被证明有效性更好。

因果图在选取工具变量方面也有独特优势,以图 9—1(b)为例。$D{\rightarrow}Y$ 的影响中存在后门路径 $D{\leftarrow}U{\rightarrow}Y$,而 U 是不可观测的混淆变量。为此,我们通常找到变量 IV 作为干预。如果是单路径从 $IV{\rightarrow}D{\rightarrow}Y$,则 IV 是一个好工具变量。但多数情况下 IV 并不是单一路径,它可能存在其他的路径对 Y 产生影响,如 $IV{\rightarrow}X{\rightarrow}Y$。这个时候我们控制 X,切断这条路径则 IV 依然可行。但如果路径变为 $IV{\rightarrow}X{\leftarrow}Y$,则 X 无需控制。若是路径变为 $IV{\rightarrow}X{\leftrightarrow}Y$,则控制 X 则会打开后门路径,不控制又存在非单一路径,因而 IV 不能作为工具变量。

传统因果推断方法中,为了更好地识别和控制混淆因素,总结下来就是上述提到的两种策略:依可观测值假定和工具变量法。很多传统的监督学习方法也是基于这两个策略的改进。但实际上,使用这两种策略仍然存在很苛刻的适用环境。比如,工具变量难以寻觅(陈云松,2012);依可观测值假设又是无法被检验的,其合理性完全取决于对给定原因的不同取值进行分配的决定机制(Morgan and Winship,2015)。在这种情形下,研究者更迫切需要了解不可观测变量带来的混淆对处理变量和结果变量影响是怎样的,它的分布如何。为此,深度学习领域的表征学习(Representations Learning)提供了一个思路,即隐变量表征法(Louizos *et al*.,2017)。这种方法的提出是考虑到传统方法难以测量所有混淆因素和避免噪音干扰,它试图通过神经网络直接学习可观测混淆因素或个体的表征向量,以了解不可观测变量的分布情况。这种思路类似于社会科学实证研究中代理变量的思想。例如在研究教育回报率的问题时,不可观测的父母社会经济地位可能会同时影响个体接受教育的可能,也同样会影响其收入。那么我们可能会找到父母的财富、收入等变量作为父母社会地位的代理变量。也就是说,研究者实际上也可以通过学习可观测混淆分布 $P(X,D,Y)$ 估计不可观测混淆的

分布 $P(Z,X,D,Y)$。Louizos *et al.*（2017）就在这一思想的基础上不要求满足依可观测假设,并借助变分自编码器将可观测协变量 X 编码得到不可观测变量 U 的后验分布,再通过该后验分布重构 X,进而获得相应的结果。

第三节　更好地构建对照组

反事实结果不可观测是因果效应识别的"根本性问题"（Holland,1986）。[①] 但是,如果能够为处理组寻找到非常合宜的对照组,就可以通过对照组构造出如果没有处理政策的发生,处理组应该具有的反事实结果,从而得到科学的因果效应估计。因此,因果效应识别的一个重要途径就是为处理组选择、构造一个合宜的对照组。在传统因果识别的文献中,双重差分法、匹配法、合成控制法、断点回归法、随机试验等都是基于通过为处理组构造合适对照组,进而实现反事实结果估计和因果效应识别的思路,但这些方法又各有苛刻的条件限制,因此在本小节我们分别阐述机器学习在这些方法框架下可能发挥的作用,从而拓宽这些因果识别方法的适用边界。

一、机器学习与双重差分法

在处理组和对照组非随机分配的情况下,双重差分法是社会科学中常见的替代性方法,其适用的场景为样本既存在处理组与对照组的区分,又存在处理前与处理后的区分。双重差分法的核心思想是:虽然处理组和对照组并非随机分配,但如果在没有政策发生之前处理组和对照组增长趋势一致,就可以使用对照组在政策前后的增长趋势,以及处理组在处理前的趋势,构建如果没有政策发生,处理组的"反事实"结果,进而获得政策的因果效应。

双重差分法有非常广泛的应用,但其有一个非常重要的前提就是处理组和对照组在政策之前保持相同的增长趋势,这是利用对照组构造处理组反事实结果的前提条件,即所谓的事前平行性趋势条件。然而,在某些情况下,处理组和对照组在处理政策前可能并非同样的线性趋势,而一旦变量间是非线性的关系,使用传统的线性回归来进行双重差分法的估计就会存在问题。而机器学习构建模型的过程是数据驱动的,它能够通过数据信息有效地捕捉变量间线性或非线性的关系,并尤其擅长处理变量间复杂的非线性关系。对此,我们以 2019 年年末暴发的新冠疫情的相关研究为例,阐述机器学习方法在双重差分法框架下的应用。一些文献在研究该次新冠疫情时,例如人口

[①]　关于反事实分析框架的更详细讨论,参阅李文钊（2018）。

流动对疫情传播的影响(Fang *et al*.,2020)、疫情对消费的影响(Chen *et al*.,2020)、疫情对空气污染的影响(He *et al*.,2020),均将 2020 年视为处理组,2019 年视作对照组,进行双重差分法分析。但由于春节等因素的干扰,2020 年疫情前后,与 2019 年疫情对应日期前后,可能并不满足相同的线性趋势,即不满足平行性趋势。因此,本书作者团队同样利用上述双重差分法框架,但将线性回归改成了机器学习中的梯度提升树(Gradient Boosting Decision Tree),利用 2020 年疫情前数据、2019 年同期数据,成功预测了如果没有疫情发生,2020 年应该具有的反事实结果,从而获得了疫情对线下微型商户冲击的科学估计(Guo *et al*.,2022)。Seungwoo *et al*.(2018)也提到传统双重差分法中线性回归并不能很好地拟合政策处理的增长趋势,因此他们就利用非线性的享乐价格模型拟合地铁开通对地铁周边房价的影响。

另外,我们在使用双重差分法开展政策评估时还需要注意是否存在外溢效应或再分配效应。外溢效应或再分配效应是指那些被政策干预的组别,通过其他渠道,把政策的影响也传递给了非政策干预组,而导致政策效应低估或高估。以 Cicala(2017)为例,这篇研究评估了美国将发电权从国家计划放开到市场决定所带来的收益。而逐年逐地区推行的政策,完全适用于标准的多时点双重差分的分析框架。但是,这其中就出现外溢效应,而渠道可能是影响发电的重要因素——燃料价格。例如 A 地电力实行市场决定,相邻的 B 地电力实行国家计划。当 A 地电力可以实现市场交易时,可能会影响相邻地区的燃料价格,进而影响 B 地发电。而且因为产能原因,相同燃料价格的变动对不同地区的电量供给也是不一样的。因而,传统的双重差分法在存在不满足独立性条件假设、异质性对照组的情况下往往难以精准识别。研究者会合理地想到,如果能够通过自身历史数据构建自己的反事实,这便能很好地解决上述问题。此时,便转化为预测问题,而预测是机器学习优势所在,Cicala(2017)便利用随机森林预测了假如不是市场决定时的发电量的反事实结果。

二、机器学习与匹配法

在进行政策或项目评估时,我们通常将参与政策或项目的个体放入处理组,而将未参与政策或项目的个体归为对照组。然而,个体在一组既定的协变量下,常常会因为自身特征的分布差异导致参与项目或政策的可能性存在差异,也就是我们通常所说的"自选择偏差"(Yao *et al*.,2020)。当自选择偏差取决于个体的可观测特征时,我们就需要寻找那些与参与者有相同特征的非参与者作为可比对象,进而实现因果关系识别。这时候,传统社会科学实证方法推荐使用一种称为匹配(Matching)的方法,而机器学习在匹配法上也有不少助益。

首先,机器学习方法为匹配提供诸多候选算法,这些算法能够为匹配提供一个稳健性检验。如果将是否成为处理组视作结果变量，控制变量视作特征变量，那么这就成为一个典型的分类问题，机器学习方法在分类问题上的出色表现为匹配法提供了很多选择。例如，通过决策树、神经网络（Westreich *et al.*，2010）、广义 Boosting 方法（McCaffrey *et al.*，2004；Westreich *et al.*，2010；Lee *et al.*，2010；Wyss *et al.*，2014）、判别分析法（Linden *et al.*，2016）等机器学习方法，都可以更好地识别是否成为处理组与其他控制变量之间的关系，进而实现更好的对照组匹配。以判别分析法为例，Linden *et al.*（2016）是一个典型的采用分类算法用于匹配的例子，它的基本思路是：首先通过数据训练出一个最优分类算法，这个算法可以通过特征变量完美地预测（分类）哪些人应该是在处理组，哪些人会在对照组；然后再将该算法应用于已经通过传统倾向得分匹配法匹配好的两组样本，看通过该算法能否成功地将已经匹配好的研究对象分开，如果不能，那么我们可以认为倾向得分匹配是成功的，处理组和对照组样本具有可比性。这种运用机器学习在分类方面的优势，可以实现对传统匹配方法稳健性的补充分析。

其次，机器学习算法适合处理非线性的匹配关系。在匹配方法当中，一个常见的方法为倾向得分匹配，在这当中常用的估计模型是 Probit 或 Logit 模型，这相当于假定是否成为处理组与控制变量之间的关系是线性的，而实际上这一点很难保证（Westreich *et al.*，2010）。当用 Probit 或 Logit 回归模型估计倾向得分值时，如果连续型协变量与 Logit(y) 不满足线性关系的约束条件时，结果的准确性将受到影响。因此，An（2010）提出一种贝叶斯倾向得分匹配法，除了可以应对上述非线性问题外，与传统的倾向得分匹配相比，其优势还在于通过掌握因果效应的先验信息，进而可以提高因果效应估计的精确性和可靠性，尤其在缺失数据、小样本、高维数据中比传统方法表现更为优异。

在数据缺失、样本较少的情况下，传统匹配方法很容易因为数据不足而产生无法满足"共同支撑"的假设，也即因处理组和对照组特征差异太大而无法匹配到可比对象的情况。此时，它仅能为处在共同支撑区域的个体找到相应的对照组，当因为不满足共同支撑假设而无法为某些个体找到相应的"反事实"时，传统的做法就是丢弃这部分样本，这进一步减少了处理个体。这在样本较少的情境下，估计出的结果并不是平均处理效应，甚至无法保证样本内有效性。在这种情况下，Hill and Su（2013）提出采用贝叶斯加性回归树（Bayesian Additive Regression Trees，BART）的算法能很大程度上削弱这一问题的影响。这一算法相较于倾向得分等匹配方法的优势在于：匹配法的前提假设是模型必须设定正确，而 BART 则不需要；最为关键的是，匹配策略更多地考虑给予能预测处理变量的协变量较高的权重，而完全忽略结果变量中关于共同支撑的信息，BART 则可以根据后验标准差分布提取这一信息。换言之，匹配法并不能保证选取的协变量是否对结果变量也有很好的预测能力,从而无法得知该协变量是不是有匹配价值的变量。错误地给予对结果变量没有解释力的变量更高权重,虽不会影响样本的随机性,但是会很容易在匹配时损失大量样本。这正如在预测图片中吃鱼的是不是一只猫的时候,不应该用猫的毛发颜色特征去匹配一样。这种情形并不少见,例如,研究母乳喂养对小孩成长的影响时,有母乳喂养和没有母乳喂养的小孩存在很大差异,这使得在传统匹配的时候很容易造成样本损失和结论高估。而相比匹配法,BART 在这一研究中样本损失要少得多,结果也极为稳定(Hill and Su,2013)。另外,一些观点认为机器学习仅适用于样本更大的大数据。如上述案例,事实则截然相反,对于小样本的数据采用机器学习的方法相比传统实证分析可能获得更好的结果,原因是机器学习擅长处理变量数大于样本数的高维稀疏大数据。

再者,机器学习方法可以处理高维数据的匹配问题。在传统的倾向得分匹配当中,协变量一般不能太多,比如最好是 5～50 个(Rubin and Thomas,1996)。在传统的倾向得分匹配方法中,要求协变量不能太多的原因是因为在数据量较小的观测数据研究中往往面临共同支撑假设和协变量平衡性两个条件无法满足的情况。但不可否认的是,即便在极少的协变量情况下满足了协变量平衡和共同支撑假设,我们也无法置信十几个特征,甚至几个特征相似就让我们认为处理组和对照组可比。也就是说,在能够满足共同支撑假设和协变量平衡假设的前提下,协变量的数量应该是越多越好。Knaus et al.(2020)就利用 Post-Lasso 的方法在 1 268 个协变量中进行特征筛选然后匹配,最终获得是否参与工作培训项目对失业人员就业时间的因果效应。在文本、图像等高维度数据大行其道的当今,匹配高维数据已经成为迫切需求。比如,传播学研究者可能关心在中国社交媒体中,有被审查经历是否会增加其再次被审查的概率。对此,Robertsy et al.(2020)设计了一个机器学习方法来解决文本数据的匹配问题,进而应用在上述问题的因果识别当中。具体而言,他们使用一个合适的主题模型表征文本,然后再用倾向得分匹配文本主题。其实,对于文本数据的匹配,核心在于两点:如何度量文本,即如何将文本数据表征为一个低维数据;以及如何定义文本"距离"以描述文本之间的相似性。对于这两点,Mozer et al.(2020)都进行了非常详细的讨论。对于涉及文本数据的因果推断的文献还包括 Pham and Shen(2017),该文献利用深度学习算法处理文本数据的优势估计了在 Kiva 平台上组团贷款能多大程度上提升贷款效率。Li et al.(2016)还提出了另外一种结合降维的解决办法:先将数据投影到几个随机的线性子空间上,进而对每个子空间进行匹配,然后求这些子空间因果效应的中位值,这其实相当于借鉴了机器学习中的集成算法思想。

最后,机器学习方法在匹配中的应用还包括其他场景。例如当处理变量是连续变量或者多值变量,而不是 0－1 型的虚拟变量时,广义倾向得分匹配不失为一种选择

（Imben，2000；Hirano and Imbens，2004）。该方法最大的优势就在于突破传统倾向得分必须是二元选择的约束，同时保留倾向得分匹配能够减少处理组和对照组在接受政策处理前的异质性导致的自选择偏差特性。譬如，我们不仅想知道是否注射某药物对健康的影响，更希望了解不同剂量的药物对健康的处理效应。对于广义倾向得分匹配方法，其结果对模型设定极为敏感，在估计连续处理—响应曲线时会因为参数的设定而产生巨大差异（Kreif *et al.*，2015）。因此，Kreif *et al.*（2015）引入超级学习者（Super Learner）算法（Hirano and Imbens，2004），用于结果和广义倾向得分匹配模型的选择。模型通过数据驱动，而不是事先设定，这样能够很大程度上规避因为模型错误设定而产生偏差（Austin，2012）。我们知道，当不知道正确模型，以及模型之间又存在很大分歧时，采用加权各类模型集成是最优的（van der Laan and Dudoit，2003）。超级学习者作为集成算法就是这一类方法，它的目的是通过交叉验证的方式，在不同的预测模型中获得最佳凸组合，删除无预测能力的模型，从而实现渐近最优。

三、机器学习与合成控制法

在处理组非常独特，难以寻找或匹配到合适的对照组情况下，也可以考虑利用众多对照组"合成"一个合适的对照组（Abadie and Gardeazabal，2003；Abadie *et al.*；2010；Abadie，2021）。这种被称为合成控制法（Synthetic Control Method）的方法，被认为是过去20年中因果识别领域最重要的进步（Athey and Imbens，2017）。合成控制法适用的前提是在处理前，处理组与其他众多对照组之间的拟合关系能够在处理政策后（如果没有处理政策发生）仍然保持不变。如果在处理政策之前，处理组与对照组之间拟合得较好，但这种拟合关系到处理政策后，可能就不存在了，那么用机器学习的术语，这就是出现了过拟合的问题。如果将上述条件理解成机器学习在训练组习得的算法在测试集上的泛化能力，那么显然机器学习方法可以在合成控制法中发挥非常重要的作用。

此外，当合成控制法中潜在的对照组个体数量较少，以及处理组个体属于异常点时，合成控制法会出现权重参数无解的情况，即无法合成的情境。比如上海因其特殊的经济特征，使得传统的合成控制方法无法通过其他城市加权合成得到（刘甲炎和范子英，2013）。这时，Doudchenko and Imbens（2016）提出基于机器学习思想的新合成方法便适用这个存在异常点的合成对照组的情形。该方法在双重差分法和合成控制法基础上进一步放松为更加一般的线性组合函数来构建反事实，即可以赋予对照组个体负数权重以及权重和可以不为1。这种合成带来两个优势：第一，因为结合双重差分方法，则允许不同个体存在持久性的差异；第二，因为放松权重为非负以及权重和为1的约束，则当处理对象是一个异常点时，我们仍有可能找到一组权重参数的解。最为重要的是,放松权重约束,使得我们可以利用惩罚项筛选对照组个体,这样即便存在对照组很多的情况,这一方法依然可以保证其适用性。Kinn(2018)也在合成控制的框架下,从"偏差—有效"权衡的角度讨论了几种方法的优劣,例如匹配双重差分、传统标准合成控制等,结果发现合成控制框架下的机器学习方法比传统的合成控制方法以及匹配双重差分等都有更强的适用性。Abadie et al. (2010)也指出,当面临有大量的对照组用于合成时,合成控制法会产生估计结果无效的问题。这是因为,权重约束的情况下,这一传统方法会因为无法捕捉一些权重为负数的对照组个体而产生有偏估计。Kinn(2018)就在具体实例中证明了,加入 Lasso 惩罚项的合成控制方法可以减少71%的估计偏误。

另外,在合成控制法应用中,我们还可能面临政策干预前期的期数相对较少,传统的合成控制很难完全复制处理地区的经济特征与干预前的结果变量的情形,这时合成估计会产生"内插偏差"(Interpolation Bias)的问题。而机器学习放松约束条件并施以正则的方法是可以减少偏差存在的。在具体实践中,Kumar and Liang(2019)在考察美国得克萨斯州 1998 年房地产信贷制度改革对经济增长的影响时,就利用 Doudchenko and Imbens(2016)提出的机器学习算法对该州进行了合成控制。而这篇文章的问题就在于数据中政策干预前期的期数相对较少。另外,Guo and Zhang(2019)在研究襄樊市更名为襄阳市对经济增长的影响时,也使用了机器学习算法(Lasso 和 Elastic Net)进行控制个体的筛选,以便为襄樊市合成出一个更好的对照组。不过,Lasso 等机器学习方法仍属于线性模型,适用性仍然存在一定局限,特别是当考虑到对照组之间可能存在的交互影响后,常见的机器学习算法也可能不太适用。因此,为了进一步克服处理组和对照组之间关系的拟合中可能存在的非线性关系,Mühlbach(2020)提出了一种基于树(随机森林)的合成控制方法,并证明在考察美国驻以色列大使馆迁址的后果时,该方法比其他方法可以取得更好的效果。

四、机器学习与断点回归

断点回归(Regression Discontinuity Designs,RDD)方法典型的应用场景是:将配置变量低于(或高于)某一阈值的个体作为处理组,而在另一侧的个体作为对照组。断点回归的逻辑是如果我们仅关注断点附近的个体,则可以很大程度上保证处理组和对照组之间可比,从而估计因果效应。断点回归在具体分析时,一般会假定结果变量与配置变量之间在断点附近是线性、多项式(如二次项、三次项)分布,或者局部线性分布,但这些往往依赖于研究者对函数形式的事先设定。对于传统的断点回归而言,函数形式的错误设定会导致估计存在偏差。而且,在估计中常用的局部线性方法因为构造置信区间一阶偏差的存在,得到的置信区间在实际应用中效果也并不好(Calonico *et al.*,2014)。为此,Branson *et al.*(2019)提出了一种贝叶斯非参的方法估计结果变量与配置变量在断点附近的非线性关系,例如使用 Gaussian 过程回归,这种方法的优势在于不会过分依赖函数形式的设定。进一步,他们将这个方法应用于研究 NBA 第一轮选秀对篮球运动员的表现和上场时间的影响,对比传统断点回归的局部线性回归和稳健局部线性回归,他们发现 Gaussian 过程回归和前两个回归方法结果差别很大,最后证明 Gaussian 过程回归的结果与实际情况更为吻合。Rischard *et al.*(2018)也将 Gaussian 过程回归拓展到了地理断点回归中并用于拟合断点两侧的结果,进而研究了纽约的"学区房"对房价的影响。

此外,断点回归运用的首要任务是寻找合适的配置变量及其断点,在传统的断点回归设计中,配置变量一般都是一维的,研究者可以通过了解研究问题背景,明确断点的位置。但如果考虑多维的配置变量,则断点的具体位置就变得不直观了,甚至无法通过人工观察而确定,此时可以使用机器学习的方法自动判别断点的具体位置(Herlands *et al.*,2018)。最后,考虑到断点回归的核心逻辑在于估计出如果没有政策冲击的发生,那么结果变量在断点右侧应该具有的分布(反事实结果),因此便可以利用断点左侧的数据,对结果变量与配置变量(以及其他变量)之间的关系进行建模,进而将建模参数泛化到断点右侧,从而估计断点右侧如果没有处理政策的话应该具有的"反事实结果",而预测正是机器学习算法的优势(Imbens and Wager,2019;王芳等,2020),但我们尚未在社会科学文献中发现这一思路的具体应用。

五、机器学习与随机试验

随机试验被认为是因果识别的黄金法则,而随着试验条件和试验方法的进步,越来越多的社会科学研究者通过随机试验的方法来进行因果识别。在进行随机试验分析时,我们通常采用多元线性回归,而不是简单地报告处理组和对照组之间的均值差异,目的是通过调整协变量减少因果效应的方差。但当协变量个数和样本数量相当的时候,回归的结果可能会因为过拟合而影响结论的外部有效性。在这种情况下,Bloniarz *et al.*(2016)提出基于 Neyman-Rubin 模型下的 Lasso 方法能够保证估计量更有效,获得一个渐近方差的保守估计以及更为紧凑的置信区间。Chernozhukov *et al.*(2018)将上文提到的双重机器学习的方法运用到一个随机干预实验中,用以研究失业保险对失业持续时间的影响,以克服因年龄、性别、种族等协变量的大量存在而产生的过拟合偏差和正则偏差,得到无偏估计。Imai and Ratkovic(2013)也提出一种结合Lasso 和 L2－支持向量机的分析框架,并应用于二元处理变量和多值处理变量随机试验的异质性因果效应推断。另外,无论对于随机试验,还是其他常规因果推断的方法,在异质性分析的时候都无法解决讨论不充分的问题,因此有很多文献将机器学习方法应用于随机试验进行高维数据的分析(Davis and Heller,2017)。

目前,在互联网科技公司中,随机试验(A/B Test)已经成为评估一项产品(政策)的商业效果的重要途径。[①] 有时候,一些公司为了考察多个变量之间的因果关系,例如不同维度的产品组合的市场效果,可能会发起很多次随机试验。比如,对于互联网视频公司而言,他们希望了解哪一种类型的节目(如搞笑 Vs. 严肃,短节目 Vs. 长节目)会影响收视者的行为(如增加观看时间,订阅这个频道)。但是一旦发起多次随机试验,即调整节目类型,观众就会产生比较大的反应,即可能不再观看该频道,导致客户流失。对于这种情形,Peysakhovich and Eckles(2017)建议使用一种工具变量交叉验证的方法,即通过以往的观测数据,并使用 Lasso 筛选工具变量的方法达到干预的效果,从而有效识别因果效应,以获得哪一类处理能够获得更高的收视率。

此外,A/B Test 在应用中还有很明显的缺点:由于 A/B 检验是依赖于统计显著性的经典统计检验,因此处理组和对照组必须要有足够的样本。当处理组明显优于对照组时,我们仍需要保证对照组有足够的样本,才能获得统计显著性。这样会在花费大量时间的同时,很有可能造成用户流失。特别是面临在上文提到的多个处理变量的时候,该缺陷更为明显。为此,Athey and Imbens(2019)提到一种改进随机试验的多臂老虎机(Multi-Armed Bandit)方法。这一方法的基础是贝叶斯更新。通俗来说就是,当我们观测到某一处理明显更好,我们将更多的用户增加到这个处理中,从而更快地找到因果效果最好的处理政策组合。其优势在于它识别最佳臂(最佳处理)所需要的试验次数远低于简单 A/B Test 所需要的试验次数,进而推广至多实验组随机试验。

在社会科学简约模型(Reduced Form)中,随机试验被认为是政策评估最好的识别设计。但是它依然没办法很好地回答什么样的政策是最优的,或者说什么样的政策是收益—成本最大化的。Knittel et al.(2019)就将因果森林算法应用于一个大规模行为干预实验的评估,讨论发送家庭能源报告是否有助于推动家庭节能,这一研究对传统随机试验有很好的借鉴意义。具体而言,能源报告的主要内容是告知用户相比其邻居的能源使用情况,以及相应的节能建议。使用因果森林进行高维异质性分析,发现有些群体接收到家庭能源报告后其能源消耗下降,但是有些特征的群体反而上升了。也即发现了社会学中飞反效应(Boomerang Effect)的证据:那些得知相比邻居其电能消耗更多的家庭,会产生正向的处理效应。但是,当得知自己相比邻居用电消耗更少后,一些家庭反而会在未来更多用电。进一步,研究者依据因果森林获得的异质

---

① A/B Test 是依赖于统计显著性的经典统计检验,往往应用于互联网的新产品测试。在实际应用中,当我们想要测试两种网页类型哪一种效果更好时,我们通常是向整个用户群发布,测试也包括两组:实验组和对照组,然后观测两个群体的关键指标,也就是我们关注的效果。

性因果效应的结果,再次针对性地设计干预政策,即仅对具有正向处理效应的家庭发送家庭能源报告,发现社会效益会额外提升12%～120%。这篇文献的贡献不仅在于细微粒度异质性因果效应的发现,还在于针对异质性因果效应结论有目标地进行"多轮干预"的思路,这一点值得随机干预实验实操中借鉴。

第四节　更好地识别异质性因果效应

如上文所述,因果效应往往只能在总体样本上取得,即平均因果效应。然而,因果效应在不同群体,甚至在不同成员之间都很可能有所不同,因此,异质因果效应分析对于社会科学实证研究而言意义重大。通过分析异质性因果效应,我们可以得到关于稀缺社会资源在非平等社会中的分布和关于社会政策的重要见解(Brand,2010;Brand and Davis,2011;Brand and Xie,2010)。相比传统社会科学实证分析关注某一政策的平均因果效应,异质性因果效应的评估能够回答如下问题:怎样的催票组合方式能够带来最有效的选票(Imai *et al.*,2013)、哪些人最应该得到失业人员工作求职培训(Knaus *et al.*,2022)、上大学更能提高哪些人的工资收入(Xie *et al.*,2012)、单亲家庭父母哪一方被裁员对儿童教育获取和精神健康的负面影响更大(Morgan,2013),以及地铁开通使周边哪一类型的住房增值最大(Seungwoo *et al.*,2018)。不过,即便我们已经清楚异质性因果效应的识别在社会科学研究中的重要性,但在以往的应用研究中,我们也往往缺乏对异质性因果效应的足够重视(Xie *et al.*,2012;Wager and Athey,2018)。胡安宁等(2021)总结了分析异质性处理效应的两类传统手段:第一类是回归模型中交互项分析或分组,即将某个可能带来异质性的变量与处理变量交互(Aiken and West,1991;Vivalt,2015),或将该变量按照某一标准进行分组回归;第二类是以倾向值为导向的异质性讨论,[①]即看处理效应如何随着倾向值取值变化而变化。交互和分组是社会科学异质性分析常用的手段,以倾向值为导向的处理效应异质性分析也在 Xie and Wu(2005)、Xie *et al.*(2012)以及胡安宁等(2021)等文章中有比较详细的讨论,因此本章不再讨论其中的技术细节,而是将重点放在机器学习如何能帮助社会科学研究者更好地开展异质性因果效应分析,特别是如何改进交互项、倾向值得分等传统的异质性因果识别方法,在下一章我们还将更详细地讨论异质性政策效应分析的意义和机器学习对其可能的帮助。

---

① 在这里,倾向值是指个体接受处理变量某个取值水平影响的概率(Xie and Wu,2005;Xie *et al.*,2012;胡安宁等,2021)。

一、交互项分析或分组的问题及机器学习的改进

根据 Hainmueller et al.(2019)和胡安宁等(2021)的分析,交互项模型和分组回归对异质性处理效应分析的准确性可能存在问题:其一,存在异质性的变量可能很多,但是在给定数据的情况下,我们不可能无限制地在模型中添加大量交互项,尤其是存在高维数据的时候。分组回归中也是如此,我们也无法获知哪一个变量具有异质性特征。即便我们知道,对于连续变量如何切分也是一个难题。因而,传统方法中,交互项和分组的设置有一定的主观性。其二,不能处理多重异质性问题,即交互或分组变量具体形式很可能是二次、三次甚至更多变量的交互等非线性形式,而这种设定往往是研究者主观设置的,未必符合数据生成过程的特征。

这两个问题实际上可以进一步转化并归纳为四个问题:高维数据变量筛选、变量切分、复杂和非线性的数据建模、模型错误设定。对于第一个问题,如何在成百上千的协变量中筛选变量并且保证计算的可行,便成为机器学习正则化算法的优势。Knaus et al.(2022)发现一个奇怪的现象,他们通过数据发现瑞士花费巨大的就业培训项目对其就业的影响竟然是消极的,这显然违背了政策制定的初衷。他们进一步用 Post-Lasso 算法在 1 268 个特征变量中进行筛选,对几乎所有可能的样本分组进行异质性分析,发现原因是培训项目分配给了那些处理效应为负的人,也即那些已经掌握了就业技巧的人更多地参加了该项目,反而造成了其错过就业的最佳时期。文章依据异质性因果效应的结果,将培训机会更多分配给那些具有更高处理效应的群体,发现可以减少就业率的消极影响大约为 60%。在最优政策选择方面,Imai and Ratkovic(2013)也使用 Lasso 筛选变量,并结合支持向量机算法分析了包括登门拜访、电话留言、发送0~3 封邮件、靠公民义务、邻里呼吁等 193 种处理组合对美国选举拉票效果的影响,发现亲自登门拜访是获得选票最有效的拉票方式,发三封邮件并附上公民义务的消息是除上门访谈最为有效的方式,而通过邻里呼吁或电话留言则会降低公众投票率。

而在数据驱动的变量切分、复杂和非线性的数据建模方面,树模型优势明显。Athey and Imbens(2015)将机器学习中常用的分类回归树引入传统的因果识别框架,用它们来考察异质性因果效应。[①] 这一方法的优势还在于,数据驱动的树模型算法可以处理多重异质性问题,即交互或分组变量很可能是多变量的交互等非线性形式。这

[①] 用决策树实现异质性因果效应估计的具体步骤是:第一步,建立一个尽可能复杂的模型,在训练样本中估计;第二步,在训练集中通过拟合度比较模型优劣,并排名;第三步,再将训练好的一些候选模型放入测试集比较拟合优度,也对它们排名并估计出异质性因果效应。需要注意的是,这种方法是通过构建惩罚项调节不同模型,以及惩罚函数的参数,通常在第三步中进行(Athey and Imbens,2015)。

一点,对异质性分析尤为重要[①]。例如,Seungwoo *et al.*(2018)就发现地铁开通使得不同房屋增值(处理效应高)是房屋大小、房间数量、厕所面积等诸多异质性特征搭配产生的结果。此外,他们借助机器学习中的回归树算法,在双重差分法的框架下,讨论了首尔某地铁开通对周边房地产市场的异质性因果效应:在地铁周边住房的 142 个特征变量中,有 89 个特征会带来住房价格增值,53 个特征会使得房价减值。这篇文章还发现了一些有趣的现象,即自地铁开通后,地铁附近新建的公寓基本按照正向因果效应的特征建造。这一理论与现实的吻合进一步凸显高维数据异质性因果效应分析的政策价值。Athey and Imbens(2016)在回归树的基础上进一步提出了因果树的方法。[②] 因果树的思想是使用决策树分组,在每片叶子中用实验组平均减去对照组平均,得到每片叶子的因果效应,这样会形成单个因果树的估计值,而因果树是很多决策树的组成,每棵树会输出一个估计值。最后,在生成不同外观的树后平均,从而可以提高泛化能力。此外,在模型设定方面,传统的线性或者 logistic 回归用于考察异质性处理效应还可能存在函数设定错误,以及引入大量自由裁量的问题。针对这些问题,Hill(2011)提出将贝叶斯加性回归树算法用于异质性因果推断。BART 算法由两部分构成,一个是树模型,一个是正则化先验。因此在处理维度诅咒、变量切分以及减少自由裁量上有着独特优势。除此之外,它还能够预测特征变量和结果变量线性或非线性的关系,包括交互变量,从而减少模型的错误设定(Green and Kern,2012)。

值得一提的还有 Davis and Heller(2017),该研究将因果森林应用于随机干预试验,研究在暑期给一些社会脱钩的青年工作的项目对他们行为的影响。这篇文章讨论了两个问题:第一,哪些人在暑期工作项目中受益? 第二,为什么针对与社会脱钩青年的暑期项目对改善就业没有任何好处,即便减少了暴力性犯罪,但却增加了财产性犯罪,其中机制是什么? 这两个问题的回答都非常依赖更细微粒度的异质性处理效应,即到底哪些人在项目中获得就业改善,哪些人没有。在这里,显然使用机器学习方法(因果森林)更优,因为传统交互中每增加一个交互项,就会带来一个假设检验,进而增加推断错误的概率。而且经典的交互项会很大程度减少变量的变异,不利于因果推断。而因果森林可以通过特征估计每个人的处理效应。当通过异质性分析获知哪些

---

① 以一项资金有限的惠民政策为例,当政府在权衡资源应该给谁会使得社会福利最大的时候,如果研究仅能提供非此即彼的异质性结论,无疑会对政策实施没有任何益处。而给政府一个更多维度的特征,很容易帮助政府将资源给予最为需要的人。

② Athey and Imbens(2017)指出与传统回归树不同,因果树使用不同的标准建立树,它侧重于因果效应的均方误差。该方法依赖于样本分割,其中一半样本用于确定协变量空间(树结构)的最优划分,而另一半用于估计叶子节点的因果效应。尤其值得注意的是,该方法的输出是每个子组的因果效应和置信区间。总体而言,因果树相比回归树有两点改进:(a)引入诚实估计,保证因果效应的结果是无偏的;(b)引入方差惩罚,提高了泛化能力,对因果树的进一步了解可参阅 Athey and Imbens(2016)、Athey *et al.*(2019)、Wager and Athey(2018)。

人在该项目中改善了就业后,我们就可以将其和没有在该项目中改善就业的人比较暴力性犯罪是否有差异,从而获知就业是否会减少暴力犯罪。结果发现,两类群体都减少了暴力性犯罪,而改善就业的人财产性犯罪却增加了。这一发现有力地反驳了通过提高社会脱钩青年的收入、人力资本可以很大程度上增加其犯罪成本的理论(LaLonde,2003)。而实际上的机制是:因为暑期项目只是一个短期、临时的工作项目。一个子群体就业,意味着本可以长期雇佣的另一个子群体被挤出,所以整体就业没有改善。而获得就业的那部分青年,因为工作接触到了更多可以偷窃的机会,从而提高了财产性犯罪。换言之,暑期项目对于他们而言仅仅是换了一种犯罪方式而已。当然,作者在文末还是指出暑期项目中学习了自我调节和冲突管理技能有助于暴力性犯罪减少,作者反驳的仅是就业减少犯罪这一经典理论。

二、以倾向值为导向的异质性讨论的问题及机器学习的改进

Xie *et al*.(2012)和 Zhou and Xie(2019)提出了三种以倾向值为导向的异质性处理效应分析方法。分别是:分层法(Stratification-multilevel Method)、匹配—平滑法(Matching-smoothing Method)、平滑—差分法(Smoothing-difference Method)。其核心思想都是看处理效应如何随着倾向值变化而变化。对于这三种方法的技术细节,胡安宁等(2021)有非常清晰且简洁的梳理,此处便不再赘述。相比交互和分组的方式,上述三种方法均有很大改进,但仍然存在一些缺陷:第一,因为采用哪些变量估计倾向值仍然不确定,这使得倾向值模型可能设定错误(胡安宁,2017)。第二,将变量降维为倾向值,但是让我们损失了很多信息,即我们仍然不知道究竟哪个变量有异质性特征。第三,这种方法更无法让我们获得每一个人的个体处理效应。

对于上述三个问题,机器学习方法却有用武之地。一些集成算法在最优模型设定、高维数据处理以及个体处理效应估计方面已经相当成熟。比如,因果森林在个体处理效应估计方面表现尤为出色。因果森林的提出是因为因果树得到的是每一个子样本组的因果效应,但无法区分组内的差异。这样带来的问题是,估计出来的结果仍然不是个体因果效应,因为对于同一片叶子上的个体来说估计值是相同的。为克服这一缺陷,Wager and Athey(2018)提出了因果森林的方法,并用该方法估计个体因果效应。这一方法产生很多不同的树,并对结果进行平均,其与随机森林的区别是,构成森林的树是因果树。相对于识别一种分割并估计每个分割中的因果的因果树而言,因果森林的因果效应估计随着协变量更平滑地变化,并且从原则上说,每个个体都有不同的估计。最近的研究结果证明,因果森林的预测是渐近正态的,且以每个个体的条件平均因果效应为中心(Wager and Athey,2018)。从文献来看,因果森林是探究异质性因果效应运用最为广泛且最为成熟的方法之一,除上述文献外,还应用在教育学

(Athey and Wager,2019)、医学(何文静等,2019)等领域。

Athey et al.(2019)基于随机森林,提出了一种广义随机森林(Generalized Random Forests)的算法,并讨论了异质性因果效应。广义随机森林的思想实际上和因果森林的思想非常接近,不同之处在于因果森林最终的结果是通过对树的简单平均来估计,而广义随机森林则通过森林来估计一个自适应的加权函数。每个观测值得到加权等于目标观测值落在同一片叶子上的频率,这些权重用于求解局部 GMM 模型。此外,Cui et al.(2020)还基于随机森林提出因果生存森林算法,这种算法在估计异质性因果效应时的优势是即便数据存在右删失依然适用。Oprescu et al.(2019)则提出一种结合 Lasso 和随机森林的正交随机森林算法,这种方法更多地适用于标准的稀疏性假设下的高维数据。Alaa and Schaar(2017)提出了一种非参贝叶斯的方法,这个方法用于个体异质性处理效应识别,并且可以获得个体化的置信区间,在精确医疗方面有较广的应用前景。基于贝叶斯方法估计异质性因果效应的思路还应用于手机定位数据(Athey et al.,2018)、数字实验数据(Taddy et al.,2016)等。

除上述算法外,神经网络算法因其出色的表达能力和处理非结构化数据的能力,在图像和文本数据的分析中取得了突出成就。加上该算法有着丰富的拓展和变型,促使很多学者将其优势用于异质性处理效应的估计。例如,深度学习(Chen and Liu,2018;Zou et al.,2020a;2020b)、表征学习(Representation Learning;Shalit et al.,2016;Guo et al.,2020)、适应性神经网络(Shi et al.,2019),以及元学习(Meta-learners;Künzel et al.,2019;Nie and Wager,2017;Knaus et al.,2018),等等。尤其值得关注的是元学习,其一个突出优势是:当某一个处理组的数据量远比对照组数量小的时候,这个方法仍然有效,这在实际应用中其实也经常遇到。除此之外,也有文献在分析异质性因果时使用了支持向量机(Imai and Ratkovic,2013)、集成算法(Grimmer et al.,2017)等方法,由于实际应用还比较少,便不再展开讨论。

第五节　更好地检验因果关系的外部有效性

在传统因果推断的社会科学实证研究中,一般都缺乏结论是否能够外推的考察,很少强调模型的验证问题,似乎默认存在根据理论推导而得来的一个"正确"的实证模型。给定这一假定,研究人员的任务是估计模型中的参数,而不是验证整个模型对研究问题和情形的适用性。而机器学习方法特别强调模型的泛化能力,即整个模型和参数在更多数据中的预测能力。因此为提升泛化能力,机器学习方法有很多特别的做法,例如训练集和测试集的划分、交叉验证等。这些方法也可以应用在因果关系识别的框架下,以提高传统因果关系识别的外推能力(Wager and Athey,2018;Fafchamps and Labonne,2016;Chernozhukov *et al.*,2018;Egami *et al.*,2018;Fong and Gimmer,2016)。

其实,实证结论可能缺乏外部有效性这一问题之所以会经常出现是因为其跟目前社会科学领域的研究和学术发表惯例相关。在经济学、管理学等社会科学领域,学术发表中非常重要的一点就是讨论研究发现的统计显著性:p 值。但根据 Gerber and Malhotra(2008)和 Brodeur *et al.*(2016)的研究,社会科学领域学术论文中,p 值明显存在一个围绕习惯门槛(0.05)的异常聚集。上述证据说明在社会科学学术界存在有意识或无意识地选择更好的模型方法、分析样本和控制变量等现象。而根据机器学习的启示,我们可以轻松知悉,这一精巧、反复地敲打给定数据得出的显著的"因果效应",泛化能力很可能会很差。换言之,在这个给定的数据集上得到的显著回归结果和因果关系结论,在新的数据集上很可能就不存在。没有外部有效性的因果关系,不能称为真正的因果关系。而使用机器学习实践中的标准做法,可以更好地验证模型的外部有效性。例如,参考机器学习方法,可以将待分析样本分成训练集和测试集两部分,训练集数据用于建模分析,估算因果效应,测试集则用来评估上述因果效应结论的稳健性和泛化能力,这是一个在样本量充足的研究设计中非常值得推荐的方法。实际上,使用一部分样本建模分析,另一部分数据验证分析的思想至少已经有 80 年的历史(Larson,1931;Stone,1974;Snee,1977),但直到机器学习方法流行后,才大行其道。Anderson and Magruder(2017)对于分割样本以避免错误结论做法的背后思想、技术路径等都给予了详细的介绍,我们这里不再详细展开。

第六节   大数据和机器学习对因果识别的冲击

在大数据时代,机器学习为因果关系的识别,提供了很多新的方法和新的场景,拓宽了其适用边界,但同时大数据和机器学习方法的广泛应用,也给因果关系识别带来一些新的冲击,本部分对此进行简要的讨论。

一、因果关系在某些情形下变得不再重要

因果关系在我们社会科学研究中确实具有非常重要的价值,但是,我们也应该承认,在某些情形下,并不是非要识别出因果关系才算是有价值的研究,这一点在大数据时代更加凸显。首先,在很多政策问题当中,并不是非要知道因果关系,有时只需要预测到一个结果。例如,政府要评估一个准备推出的政策的成本收益,而这个政策的收

益成本跟未来的经济社会状态高度相关,因此就要对此有一个简单的预测,而不用非要了解这个经济社会状态的背后因果(Kleinberg *et al.*,2015)。再比如,作为法官更希望知道做出保释判决后,嫌疑人会不会存在新的犯罪行为或者潜逃等危险行为,因此对嫌疑人"危险评估"非常重要,但此时也只需要能够准确预测嫌疑人的行为,而不一定需要了解什么样的特征会导致未来的危险(Berk,2012;Kleinberg *et al.*,2018)。

其次,当要研究某些重要的经济社会问题,而又缺乏直接的数据时,有时候放弃对因果关系的执着,改为只关注经济社会变量的相关关系,会为我们开辟一个新的"脑洞"。例如,在财富和贫困问题的讨论上,有文献利用手机使用记录数据推断一个人的社会经济地位,并进一步预测整个国家社会财富区域分布(Blumenstock *et al.*,2015),或个人的贷款违约概率(Björkegren and Grissen,2019)。这类研究的意义在于对那些存在资源约束或者缺少普查和调查数据的地方,可以通过这类方法为某些重要的经济社会特征寻找替代性的统计指标:不能认为手机使用习惯"导致"该个体的信用状况,但又不能否认这种大数据征信的巧妙之处。再比如,战争的危害无需过多强调,但战争正在进行时,对战争实况的了解和针对性的人道主义援助存在很大挑战。Li and Li(2015)就独辟蹊径,利用夜间灯光数据预测叙利亚战争状况和后果。Jean *et al.*(2016)、Engstrom *et al.*(2016)也采用类似的逻辑预测了全球和斯里兰卡贫困人群分布情况。

社会科学一直作为"解释性"的学科,往往在实际应用中受到很多限制,根据解释提出的政策建议有时候不尽如人意。相比自然科学,社会科学的成果转化率也较弱,这致使社会科学置于尴尬的境地。但随着统计工具的发展,特别是在计算机技术的帮助下,社会科学实证方法得到了极大的进步。在大数据中通过预测、分类等手段得出的结论,即便非因果关系,也往往具有很高的商业价值,能够为研究者和政策实施者提供可行方案。对此,社会科学研究者应该保持开放的心态。

二、大数据和机器学习让某些情形下因果关系识别更困难

关于为什么大数据和机器学习可能让因果关系识别变得更加困难,我们以文本数据为例来说明。文本大数据的一个鲜明特征是其为非结构化的高维数据。在因果识别中,不管文本数据是处理变量,还是结果变量,都需要将文本数据通过某种人工和机器学习的方法,映射到一个低维的结构化数据上,例如将一段文本数据映射到它体现的政治态度、情感或主题上。由于这种映射函数并不是唯一的,因此可能会产生识别问题或过拟合问题(Egami *et al.*,2018)。

具体而言,在这当中之所以会出现识别问题,主要在于映射函数的不稳定。上述方法实质上是从文本大数据中构造出一些指标,然后纳入传统的因果关系识别框架分

析,但这些构造出的指标准确率其实并不太高,可能产生测量误差。而且这种测量误差,很多情形下又跟处理变量相关,从而也就成为因果关系识别中一个新的挑战(Wood-Doughty *et al*.,2018)。而产生过拟合的原因则主要是为了更好地获得处理变量和结果变量之间的关系,在映射函数的选择设计上,可能会穷尽训练集数据中的各种细节和噪音,从而在训练集得到的处理变量和结果变量之间的关系,无法泛化到一般化的情形当中,产生虚假的因果关系。

三、部分机器学习算法缺乏可解释性

如上文所述,机器学习确实可以拓展传统因果识别方法的适用边界,而因果识别是现代社会科学家理解经济社会运行规律的重要手段,因此机器学习对我们社会科学研究者更好地认清社会科学规律本源,具有一定的帮助。但同时,机器学习在拓展因果识别适用边界的同时,确实也带来一些挑战,特别是其存在可解释性差的问题。具体而言,为了提高预测能力,机器学习方法的很多创新,在社会科学研究者看来都是"离经叛道"的,如前文提到过的神经网络,其计算过程类似一个黑箱,可解释性很差,这给因果关系识别带来很大干扰(Steinkraus,2018)。学者们仅知道黑箱的输入和输出,而对于黑箱内部的运算是如何进行的,往往不得而知,这是很多社会科学研究者对机器学习方法持批评态度的一大原因。例如,在使用 IV 的两阶段回归的一阶段分析中,如果使用神经网络等机器学习算法进行内生变量与工具变量(以及协变量)之间的建模,很可能无法解释清楚工具变量与内生变量之间到底有什么关系。再比如,利用机器学习方法进行因果识别时,一个常见的方法是利用处理组被处理之前的数据和对照组数据等预测如果没有发生处理政策,处理组应该具有的"反事实结果",而很多机器学习算法在进行这样的预测中,仍然是一个"黑洞",无法解释清楚这个反事实结果到底是如何预测出来的,这对于注重理论分析的社会科学家而言,是非常尴尬的。

此外,在传统的社会科学研究中,历来强调估计值的大样本特征,例如一致性、正态性和有效性等,而在机器学习方法当中,强调的则是预测的准确率等,两者有时候并不完全一致。很多机器学习算法甚至无法估计标准误和置信区间等(Athey,2017)。虽然最近两年在机器学习的统计推断上有了一些重要的研究进展,例如对随机森林的统计推断问题(Wager and Athey,2017),以及对神经网络的统计推断(Farrell *et al*.,2019),学者们都进行了一些探索。但总的来说,机器学习在这一方面仍然存在很多问题,这是机器学习方法在社会科学实证应用,特别是因果关系识别当中进一步拓展的重要瓶颈(Athey and Imbens,2019)。

第七节　未来展望

随着机器学习方法在社会科学定量分析中的大规模应用,我们仍然有必要重新思考 Angrist and Pischke(2009)提出的"方法是否有必要如此复杂",以及"它们是否有害"这两个问题。关于社会科学领域的因果推断,Holland(1986)认为其"根本问题"是个体的"反事实"状态无法同时观察到。因此,为处理组找到"可比"的对照组,这个目标的实现也就使得社会科学的研究一步步靠近真理。传统的社会科学实证分析工具,从控制变量到固定效应回归,从工具变量、双重差分、倾向得分匹配、合成控制、断点回归等时髦的新方法,到随机干预实验等,无一不是向寻找"可比"对象靠近的过程。这些方法都有其科学性,但在某些特殊情形下,又存在一定的局限。当那些近乎苛刻的条件无法满足时,使用这种方法得出的结论可能就与真理背道而驰。而机器学习在获得变量间的非线性关系、控制混淆因素、帮助构建反事实、应对高维数据、评估政策效应异质性和外部有效性上的优势,以及其在分类、降维、预测等方面的成功,帮助我们可以获得一个更为置信和稳健的结论;可以在非结构化、高维的大数据和领域中发掘出一些有价值的新问题;可以在传统方法因假设无法满足而失效时依然有方法可以备选;可以让我们的结论在样本外也有预测能力;可以帮助制定最优的政策设定以实现收益—成本最大;帮助我们从更细微的维度了解每一个人的处理效应;等等。因此,虽然机器学习对社会科学来说是一个全新的领域和全新分析工具,说其复杂也并不为过,但是如果结合机器学习能够帮助这个学科进一步靠近真理,将是非常值得尝试和进一步探索的工作。

而且,本文认为机器学习方法对于因果效应识别的重要意义还不仅仅限于提供了一些新方法,更重要的是将机器学习方法应用在因果识别中,还可以帮助社会科学家发现新问题。具体而言:机器学习方法可以帮助社会科学研究者从图像、文本等非常规数据中提取出一些全新的信息,以及在高维数据中提炼出一些新的问题。没有机器学习的帮助,很难想象对文本大数据也可以进行匹配和因果识别。而且,机器学习不仅有助于我们更充分讨论异质性处理效应,也能帮助我们回答每个个体的处理效应是怎样的,这对于政策的提出以及改进也非常具有启发作用。

当然,对于其是否有害的问题,本章也总结了机器学习给社会科学因果关系识别带来的几个挑战。这也是我们社会科学研究者在利用机器学习和其他大数据方法时,需要保持警惕的地方。倘若我们过分地追求机器学习方法,也可能会与社会科学目标相悖。社会科学的目标是能够回答一个实质性的问题,提升人们对社会状况的理解,最终带来理论上的进步。如果过分关注机器学习的预测能力而忽视社会科学的解释功能，无疑也会本末倒置。未来，我们应该如何处理大数据、机器学习和因果推断的关系，我们认为应该如 Grimmer(2015)的倡导，我们首先是一个社会科学家，其次才是一个数据分析人员，我们只是在利用大数据和机器学习的工具，帮助我们更好地理解这个社会。

思考题

1. 什么是大数据？大数据对传统因果推断方法的影响是什么？

2. 因果图如何帮助识别问题中的潜在混杂因素？你能简述一下它的标准吗？

3. 在进行因果推断时，什么情况下最适合使用机器学习方法？

4. 机器学习方法如何解决社会科学数据中的高维度问题？

5. 在社会科学中过分依赖机器学习进行因果推断可能会遇到哪些潜在的陷阱？

参考文献

[1]陈云松(2012),"逻辑、想象和诠释:工具变量在社会科学因果推断中的应用",《社会学研究》,第 6 期,第 192—216 页。

[2]方娴、金刚(2020),"社会学习与消费升级:来自中国电影市场的经验证据",《中国工业经济》,第 1 期,第 43—61 页。

[3]何文静、尤东方、张汝阳,等(2019),"利用因果森林估计异质性人群下个体的处理效应",《中华流行病学杂志》,第 6 期,第 707—712 页。

[4]胡安宁(2017),"统计模型的'不确定性'问题与倾向值方法",《社会》,第 1 期,第 186—210 页。

[5]胡安宁、吴晓刚、陈云松(2021),"处理效应异质性分析——机器学习方法带来的机遇与挑战",《社会学研究》,第 1 期,第 91—114 页。

[6]李文钊(2018),"因果推理中的潜在结果模型:起源、逻辑与意蕴",《公共行政评论》,第 1 期,第 124—149 页。

[7]刘甲炎、范子英(2013),"中国房产税试点的效果评估:基于合成控制法的研究",《世界经济》,第 11 期,第 117—135 页。

[8]马长峰、陈志娟、张顺明(2020),"基于文本大数据分析的会计和金融研究综述",《管理科学学报》,第 9 期,第 19—30 页。

[9]苗旺、刘春辰、耿直(2018),"因果推断的统计方法",《中国科学:数学》,第 12 期,第 1753—1778 页。

[10]王芳、王宣艺、陈硕(2020),"经济学研究中的机器学习:回顾与展望",《数量经济技术经济研究》,2020 年第 4 期,第 146—164 页。

[11]Abadie, A. (2021), "Using Synthetic Controls: Feasibility, Data Requirements, and Methodological Aspects", *Journal of Economic Literature*, Vol. 59(2), pp. 391—425.

[12]Abadie, A. Diamond, A. and Hainmueller, J. (2010), "Synthetic Control Methods for Comparative Case Studies: Estimating the Effect of Californias Tobacco Control Program", *Journal of the American Statistical Association*, Vol. 105(490), pp. 493—505.

[13]Abadie, A. and Gardeazabal, J. (2003), "The Economic Costs of Conflict: A Case Study of the Basque Country", *American Economic Review*, Vol. 93(1), pp. 113—132.

[14]Aiken, L. S. and West, S. G. (1991), "Multiple Regression: Testing and Interpreting Interactions", London: Sage Publication.

[15]Alaa, A. M. and Schaar, M. V. D. (2017), "Bayesian Inference of Individualized Treatment Effects Using Multi-task Gaussian Processes", *in Neural Information Processing Systems*, pp. 3424—3432.

[16]An, W. (2010), "Bayesian Propensity Score Estimators: Incorporating Uncertainties in Propensity Scores into Causal Inference", *Sociological Methodology*, Vol. 40(1), pp. 151—189.

[17]Anderson, M. and Magruder, J. (2017), "Split-Sample Strategies for Avoiding False Discoveries", NBER Working Papers, No. 23544.

[18]Angrist, J. D. and Pischke J. S. (2009), *Mostly Harmless Econometrics*, Princeton University Press.

[19]Athey, S. (2017), "Beyond Prediction: Using Big Data for Policy Problems", *Science*, Vol. 355(6324), pp. 483—485.

[20]Athey, S. and Imbens, G. W. (2019), "Machine Learning Methods Economists Should Know About", *Annual Review of Economics*, Vol. 11(1), pp. 685—725.

[21]Athey, S. and Imbens, G. W. (2015), *"Machine Learning Methods for Estimating Heterogeneous Causal Effects"*, *Statistics*, Vol. 1050(5), pp. 1—26.

[22]Athey, S. and Imbens, G. W. (2016), "Recursive Partitioning for Heterogeneous Causal Effects", *Proceedings of the National Academy of Sciences*, Vol. 113(27), pp. 7353—7360.

[23]Athey, S. and Imbens, G. W. (2017), "The State of Applied Econometrics-Causality and Policy Evaluation", *Journal of Economic Perspectives*, Vol. 31(2), pp. 3—32.

[24]Athey, S. and Wager, S. (2019), "Estimating Treatment Effects with Causal Forests: An Application", *Observational Studies*, Vol. 5(2), pp. 37—51.

[25]Athey, S. Blei, D. Donnelly, R. *et al.* (2018), "Estimating Heterogeneous Consumer Preferences for Restaurants and Travel Time Using Mobile Location Data", *AEA Papers and Proceedings*, pp. 64—67.

[26]Athey, S. Tibshirani, J. and Wager, S. (2019), *"Generalized Random Forests"*, The Annals of Statistics, Vol. 47(2), pp. 1148—1178.

[27]Athey, S. (2018), *The Impact of Machine Learning on Economics*, The Economics of Ar-

tificial Intelligence: *An Agenda*. University of Chicago Press, pp. 507—547.

[28]Austin, P. C. (2012), "Using Ensemble-Based Methods for Directly Estimating Causal Effects: An Investigation of TreeBased G-Computation", *Multivariate Behavioral Research*, Vol. 47 (1), pp. 115—135.

[29]Babyak, M. A. (2004), "What You See May not be What You Get: A Brief, Nontechnical Introduction to Overfitting in Regression-type Models", *Psychosomatic Medicine*, Vol. 66(3), pp. 411—421.

[30]Belloni, A. Chen, D. Chernozhukov, V. and Hansen, C. (2012), "Sparse Models and Methods for Optimal Instruments with an Application to Eminent Domain", *Econometrica*, Vol. 80(6), pp. 2369—2429.

[31]Belloni, A. Chernozhukov, V. and Hansen, C. (2019), "Estimation of Treatment Effects with High-Dimensional Controls", *AEA Papers and Proceedings*.

[32]Belloni, A. Chernozhukov, V. and Hansen, C. (2014), "Inference on Treatment Effects after Selection among High-Dimensional Controls", *The Review of Economic Studies*, Vol. 81(2), pp. 608 —650.

[33]Belloni, A. Chernozhukov, V. and Fernández - Val, I. and Hansen, C. , (2017), "Program Evaluation and Causal Inference With High-Dimensional Data", *Econometrica*, Vol. 85(1), pp. 233— 298.

[34]Berk, R. (2012), *Criminal Justice Forecasts of Risk*: *A Machine Learning Approach*, Springer Science & Business Media.

[35]Björkegren, D. and Grissen, D. (2019), "Behavior Revealed in Mobile Phone Usage Predicts Loan Repayment", Policy Research Working Paper Series, The World Bank Working Paper.

[36]Bloniarz, A. Liu, H. Z. Zhang, C. H. Sekhona, J. S. and Yu, B. (2016), "Lasso Adjustments of Treatment Effect Estimates in Randomized Experiments", *Proceedings of the National Academy of Sciences*, Vol. 113(27), pp. 7383—7390.

[37]Blumenstock, J. Cadamuro, G. and On, R. (2015), "Predicting Poverty and Wealth from Mobile Phone Metadata", *Science*, Vol. 350(6264), pp. 1073—1076.

[38]Bollen, K. A. (2012), "Instrumental Variables in Sociology and the Social Sciences", *Annual Review of Sociology*, Vol. 38(1), pp. 37—72.

[39]Brand, J. E. (2010), "Civic Returns to Higher Education: A Note on Heterogeneous Effects", *Social Forces*, Vol. 89(2), pp. 417—433.

[40]Brand, J. E. and Xie, Y. (2010), "Who Benefits Most from College? Evidence for Negative Selection in Heterogeneous Economic Returns to Higher Education", *American Sociological Review*, Vol. 75(2), pp. 273—302.

[41]Brand, J. E. and Davis, D. (2011), "The Impact of College Education on Fertility: Evidence for Heterogeneous Effects", *Demography*, Vol. 48(3), pp. 863—887.

[42]Branson, Z. Rischard, M. Bornn, L. and Miratrix, L. (2019), "A Nonparametric Bayesian

Methodology for Regression Discontinuity Designs", *Journal of Statistical Planning and Inference*, Vol. 202, pp. 14—30.

[43]Brodeur, A. Lé, M. Sangnier, M. and Zylberberg, Y. (2016), "Star Wars: The Empirics Strike Back", *American Economic Journal: Applied Economics*, Vol. 8(1), pp. 1—32.

[44]Calonico, S. Cattaneo, M. D. and STitiunik, R. (2014), "Robust Nonparametric Confidence Intervals for Regression-discontinuity Designs", *Econometrica*, Vol. 82(6), pp. 2295—2326.

[45]Chen, H. Qian, W. and Wen, Q. (2020), "The Impact of the COVID-19 Pandemic on Consumption: Learning from High Frequency Transaction Data", AEA Papers and Proceedings, Vol. 111, pp. 307—311.

[46]Chen, R. and Liu, H. (2018), "Heterogeneous Treatment Effect Estimation Through Deep Learning", Working Paper.

[47]Chernozhukov, V. Hansen, C. and Spindler, M. (2015), "Post-Selection and Post-Regularization Inference in Linear Models with Many Controls and Instruments", *American Economic Review*, Vol. 105(5), pp. 486—490.

[48]Chernozhukov, V. Chetverikov, D. Demirer, M. Duflo, E. Hansen, C. Newey, W. and Robins, J. (2018), "Double/debiased Machine Learning for Treatment and Structural Parameters", *The Econometrics Journal*, Vol. 21(1), pp. 1—68.

[49]Chernozhukov, V. Chetverikov, D. Demirer, M. Esther D. Hansen, C. and Newey, W. (2017), "Double/Debiased/Neyman Machine Learning of Treatment Effects", *American Economic Review*, Vol. 107(5), pp. 261—265.

[50]Cicala, S. (2017), "Imperfect Markets versus Imperfect Regulation in U. S. Electricity Generation", NBER Working Papers.

[51]Cui, Y. M. Kosorok, R. Wager, S. et al. (2020), "Estimating Heterogeneous Treatment Effects with Right-censored Data Via Causal Survival Forests", Working Paper.

[52]Cunningham, S. (2021), "Causal Inference: The Mixtape", Yale University Press.

[53]Davis, J. M. and Heller, S. B. (2017), "Rethinking the Benefits of Youth Employment Programs: The Heterogeneous Effects of Summer Jobs", *Review of Economics and Statistics*, pp. 1—47.

[54]Doudchenko, N. and Imbens, G. W. (2016), "Balancing, Regression, Difference-In-Differences and Synthetic Control Methods: A Synthesis", NBER Working Papers.

[55]Egami, N. Fong, C. J. Grimmer, J. Roberts, M. E. and Stewart, B. M. (2018), "How to Make Causal Inferences Using Texts", Working Paper.

[56]Elwert, F. and Winship, C. (2014), "Endogenous Selection Bias: The Problem of Conditioning on a Collider Variable", *Annual Review of Sociology*, Vol. 40: pp. 31—53.

[57]Engstrom, E. Hersh, J. and Newhouse, D. (2016), "Poverty from Space: Using High Resolution Satellite Imagery for Estimating Economic Well-Being and Geographic Targeting", World Bank

Policy Research Working Paper.

[58]Fafchamps,M. and Labonne,J. (2016),"Using Split Samples to Improve Inference about Causal Effects",National Bureau of Economic Research Working Paper.

[59]Fang,H. Wang,L. and Yang,Y. (2020),"Human Mobility Restrictions and the Spread of the Novel Coronavirus (2019-nCoV)in China",*Journal of Public Economics*,Vol. 191,104272.

[60]Farrell,M. Liang,T. and Misra,S. (2019),"Deep Neural Networks for Estimation and Inference",Working Paper.

[61]Fong,C. and Grimmer,J. (2016),"Discovery of Treatments from Text Corpora",*Proceedings of the 54th Annual Meeting of the Association for Computational Linguistics*,Vol. 1,pp. 1600 — 1609.

[62]Gerber,A. and Malhotra,N. (2008),"Do Statistical Reporting Standards Affect what is Published? Publication Bias in Two Leading Political Science Journals",*Quaterly Journal of Political Science*,Vol. 3(3),pp. 313—326.

[63]Gilchrist,D. S. and Sands,E. G. (2016),"Something to Talk About: Social Spillovers in Movie Consumption",*Journal of Political Economy*,Vol. 124(5),pp. 339—1382.

[64]Green,D. P. and Kern,H. L. (2012),"Modeling Heterogeneous Treatment Effects in Survey Experiments with Bayesian Additive Regression Trees",*Public Opinion Quarterly*,Vol. 76(3),pp. 491—511.

[65]Grimmer,J. Messing,S. and Westwood,S. J. (2017),"Estimating Heterogeneous Treatment Effects and the Effects of Heterogeneous Treatments with Ensemble Methods",*Political Analysis*,Vol. 25,pp. 1—22.

[66]Guo,F. Huang,Y. Wang,J. and Wang,X. (2022),"The Informal Economy at Times of COVID-19 Pandemic",*China Economic Review*,Vol. 71,101722.

[67]Guo,J. and Zhang,Z. (2019),"Does Renaming Promote Economic Development? New Evidence from a City‐renaming Reform Experiment in China",*China Economic Review*,Vol. 57,101344.

[68]Guo,R. Li,J. and Liu,H. (2020),"Learning Individual Causal Effects from Networked Observational Data",*Proceedings of the 13th International Conference on Web Search and Data Mining*,pp. 232—240.

[69]Guo,R. Cheng,L. Li,J. Hahn,R. and Liu,H. (2020),"A Survey of Learning Causality with Data: Problems and Methods",*ACM Computing Surveys (CSUR)*,Vol. 53(4),pp. 1—37.

[70]Hainmueller,J. Mummolo,J. and Xu,Y. (2019),"How Much Should We Trust Estimates from Multiplicative Interaction Models? Simple Tools to Improve Empirical Practice",*Political Analysis*,Vol. 27(2).

[71]Hansen,C. and Kozbur,D. (2014),"Instrumental Variables Estimation with Many Weak Instruments Using Regularized JIVE",*Journal of Econometrics*,Vol. 182(2),pp. 290—308.

[72]Hartford,J. Lewis,G. Leyton-Brown,K. and Taddy,M. (2017),"Deep IV: A Flexible Approach for Counterfactual Prediction",*Proceedings of the 34th International Conference on Machine Learning*,Vol. 70,pp. 1414—1423.

[73]He,G. Pan,Y. and Tanaka,T. (2020),"The Short-term Impacts of Covid-19 Lockdown on Urban Air Pollution in China",*Nature Sustainability*,pp. 1—7.

[74]Heckman,J. (1979),"Sample Selection Bias as a Specification Error",*Econometrica*,Vol. 91: pp. 153—161.

[75]Herlands,W. McFowland,E. Wilson. A. and Neil,D. (2018),"Automated Local Regression Discontinuity Design Discovery",*Proceedings of the 24th ACM SIGKDD International Conference on Knowledge Discovery & Data Mining*,pp. 1512—1520.

[76]Hill,J. L. (2011),"Bayesian Nonparametric Modeling for Causal Inference",*Journal of Computational and Graphical Statistics*,Vol. 20(1),pp. 217—240.

[77]Hill,J. and Su,Y. S. (2013),"Assessing Lack of Common Support in Causal Inference Using Bayesian Nonparametrics: Implications for Evaluating the Effect of Breastfeeding on Children's Cognitive Outcomes",*The Annals of Applied Statistics*,Vol. 7(3),pp. 1386—1420.

[78]Hinton,G. E. and Salakhutdinov,R. R. (2006),"Reducing the Dimensionality of Data with Neural Networks",*Science*,Vol. 313(5786),pp. 504—507.

[79]Hirano,K. and Imbens,G. W. (2004),"The Propensity Score with Continuous Treatments",*Applied Bayesian Modeling and Causal Inference from Incomplete-data Perspectives*,pp. 73—84.

[80]Holland,P. W. (1986),"Statistics and Causal Inference",*Journal of the American Statistical Association*,Vol. 81,pp. 945—970.

[81]Imai,K. and Ratkovic,M. (2013),"Estimating Treatment Effect Heterogeneity in Randomized Program Evaluation",*The Annals of Applied Statistics*,Vol. 7(1),pp. 443—470.

[82]Imbens,G. W. (2020),"Potential Outcome and Directed Acyclic Graph Approaches to Causality: Relevance for Empirical Practice in Economics",*Journal of Economic Literature*,Vol. 58(4),pp. 1129—1179.

[83]Imbens,G. W. (2000),"The Role of the Propensity Score in Estimating Dose-response Functions",*Biometrika*,Vol. 87(3),pp. 706—710.

[84]Imbens,G. and Wager,S. (2019),"Optimized Regression Discontinuity Designs",*Review of Economics and Statistics*,Vol. 101(2),pp. 264—278.

[85]Jean,N. Burke,M. Xie,M. Davis,W. M. Lobell,D. B. and Stefano,E. (2016),"Combining Satellite Imagery and Machine Learning to Predict Poverty",*Science*,Vol. 353(6301),pp. 790—794.

[86]Johansson,F. D. Shalit,U. and Sontag,D. (2016),"Learning Representations for Counterfactual Inference",Working Paper.

[87]Kang, H. Zhang,A. Cai,T. T. and Small,D. S. (2016),"Instrumental Variables Estima-

tion with some Invalid Instruments and its Application to Mendelian Randomization", *Journal of the American Statistical Association*, Vol. 111, pp. 132—144.

[88]Kinn, D. (2018), "Synthetic Control Methods and Big Data", Working Paper.

[89]Kleinberg, J. Lakkaraju, H. Leskovec, J. Ludwig, J. and Mullainathan, S. (2018), "Human Decisions and Machine Predictions", *Quarterly Journal of Economics*, Vol. 133(1), pp. 237—293.

[90]Kleinberg, J. Ludwig, J. Mullainathan, S. and Obermeyer, Z. (2015), "Prediction Policy Problems", American Economic Review, Vol. 105(5), pp. 491—95.

[91]Knaus, M. C. Lechner, M. and Strittmatter, A. (2022), "Heterogeneous Employment Effects of Job Search Programs A Machine Learning Approach", *Journal of Human Resources*, Vol. 57(2), pp. 597—636.

[92]Knaus, M. C. Lechner, M. and Strittmatter, A. (2021), "Machine Learning Estimation of Heterogeneous Causal Effects: Empirical Monte Carlo evidence", *The Econometrics Journal*, Vol. 24 (1), pp. 134—161.

[93]Knittel, C. R. and Stolper, S. (2019), "Using Machine Learning to Target Treatment: The Case of Household Energy Use", *National Bureau of Economic Research* Working Paper.

[94]Kreif, N. and DiazOrdaz, K. (2019), "Machine Learning in Policy Evaluation: New Tools for Causal Inference", Working Paper.

[95]Kumar, A. and Liang, C. (2019), "Credit Constraints and GDP Growth: Evidence from a Natural Experiment", *Economics Letters*, Vol. 181, pp. 190—194.

[96]Künzel, S. R. Sekhon J. S. Bickel, P. J. *et al.* (2019), "Meta-learners for Estimating Heterogeneous Treatment Effects Using Machine Learning", *Proceedings of the National Academy of Sciences*, Vol. 116(10), pp. 4156—4165.

[97]Lalonde, R. J. (2003), "Employment and Trainning Programs", UCP.

[98]Larson, S. C. (1931), "The Shrinkage of the Coefficient of Multiple Correlation", *Journal of Educational Psychology*, Vol. 22(1), pp. 45—55.

[99]Lee, B. K. Lessler, J. and Stuart, E. A. (2010), "Improving Propensity Score Weighting using Machine Learning", *Statistics in Medicine*, Vol. 29(3), pp. 337—346.

[100]Li, D. and Li, X. (2015), "Applications of Night-Time Light Remote Sensing in Evaluating of Socioeconomic Development", *Journal of Macro-quality Research*, (3), pp. 1—8.

[101]Li, S. Vlassis, N. Kawale, J. and Fu, Y. (2016), "Matching via Dimensionality Reduction for Estimation of Treatment Effects in Digital Marketing Campaigns", *Proceedings of the Twenty-Fifth International Joint Conference on Artificial Intelligence*, pp. 3768—3774.

[102]Linden, A. and Yarnold, P. R. (2016), "Using Machine Learning to Assess Covariate Balance in Matching Studies", *Journal of Evaluation in Clinical Practice*, Vol. 22(6), pp. 844—850.

[103]Louizos, C. Shalit, U. Mooij, J. Sontag, D. Zemel, R. and Welling, M. (2017), "Causal Effect Inference with Deep Latent-Variable Models", Working Paper.

［104］McCaffrey，D. F. Griffin，B. A. Almirall，D. Slaughter，M. E. Ramchand，R. and Burgette，L. F. (2004)，"A Tutorial on Propensity Score Estimation for Multiple Treatments using Generalized Boosted Models"，*Statistics in Medicine*，Vol. 32(19)，pp. 3388－3414.

［105］Mitchell，T. M. (1997)，*Machine Learning*，New York：Mc Graw Hill.

［106］Morgan，S. L. and Winship，C. (2015)，*Counterfactuals and Causal Inference：Methods and Principles for Social Research*，Cambridge：Cambridge University Press.

［107］Morgan，S. L. (2013)，*Handbook of Causal Analysis for Social Research*.

［108］Mozer，R. Miratrix，L. Kaufman，A. R. and Anastasopoulos，L. J. (2020)，"Matching with Text Data：An Experimental Evaluation of Methods for Matching Documents and of Measuring Match Quality"，*Political Analysis*，Vol. 28(4)，pp. 445－468.

［109］Mühlbach，N. N. (2020)，"Tree-based Synthetic Control Methods：Consequences of moving the US Embassy"，CREATES Research Papers.

［110］Mullainathan，S. and Spiess，J. (2017)，"Machine Learning：An Applied Econometric Approach"，*Journal of Economic Perspectives*，Vol. 31(2)，pp. 87－106.

［111］Nie，X. and Wager，S. (2017)，"Quasi-oracle Estimation of Heterogeneous Treatment Effects"，Working Paper.

［112］Oprescu，M. ，Syrgkanis，V. and Wu，Z. S. (2019)，"Orthogonal Random Forest for Causal Inference"，Working Paper.

［113］Pearl，J. (1985)，"Bayesian Networks A Model of Self-Activated Memory for Evidential Reasoning"，Conference of the Cognitive Science Society.

［114］Pearl，J. (2009)，"Causality：Models，Reasoning，and Inference"，New York：Cambridge University Press.

［115］Pearl，J. (1988)，"Probabilistic Reasoning in Intelligent Systems：Networks of Plausible Inference"，San Francisco：Morgan Kaufmann.

［116］Pearl，J. and Mackenzie，D. (2018)，*The Book of Why：the New Science of Cause and Effect*，New York：Basic Books.

［117］Peters，J. *et al.* (2017)，"Elements of Causal Inference：Foundations and Learning Algorithms"，Cambridge：MIT press.

［118］Peysakhovich，A. and Eckles，D. (2017)，"Learning Causal Effects From Many Randomized Experiments Using Regularized Instrumental Variables"，Working Paper.

［119］Pham，T. and Shen，Y. (2017)，"A Deep Causal Inference Approach to Measuring the Effects of Forming Group Loans in Online Non-profit Microfinance Platform"，Working Paper.

［120］Qiu，Y. Chen，X. and Shi，W. (2020)，"Impacts of Social and Economic Factors on the Transmission of Coronavirus Disease 2019 (COVID-19) in China"，*Journal of Population Economics*，Vol. 33，pp. 1127－1172.

［121］Rischard，M. Branson，Z. Miratrix，L. and Bornn，L. (2018)，"A Bayesian Nonparametric

Approach to Geographic Regression Discontinuity Designs: Do School Districts Affect NYC House Prices?", Working Paper.

[122]Robertsy, M. Stewartz, B. and Nielsen, R. (2020), "Adjusting for Confounding with Text Matching", *American Journal of Political Science*, Vol. 64(4), pp. 887—903.

[123]Rubin, D. B. and Thomas, N. (1996), "Matching Using Estimated Propensity Scores: Relating Theory to Practice", *Biometrics*, Vol. 52(1), pp. 249—264.

[124]Seungwoo, C. Kahn, M. E. and Roger, M. H. (2018), "Estimating the Gains from New Rail Transit Investment: A Machine Learning Tree Approach", *Real Estate Economics*, Vol. 48(3), pp. 1—29.

[125]Shalit, U. Johansson, F. and Sontag, D. (2016), "Estimating Individual Treatment Effect: Generalization Bounds and Algorithms", Working Paper.

[126]Shi, C. Blei, D. M. and Veitch, V. (2019), "Adapting Neural Networks for the Estimation of Treatment Effects", Working Paper.

[127]Snee, R. D. (1977), "Validation of Regression Models: Methods and Examples", *Technometrics*, Vol. 9(4), pp. 415—428.

[128]Steinkraus, A. (2018), "Rethinking Policy Evaluation-Do Simple Neural Nets Bear Comparison with Synthetic Control Method?", Working Paper.

[129]Stone, M. (1974), "Cross-Validatory Choice and Assessment of Statistical Predictions", *Journal of the Royal Statistical Society. Series B (Methodological)*, Vol. 36(2), pp. 111—147.

[130]Storm, H. Baylis, K. and Heckelei, T. (2019), "Machine Learning in Agricultural and Applied Economics", *European Review of Agricultural Economics*, Vol. 47(3), pp. 849—892.

[131]Taddy, M. Gardner, M. Chen, L. and Draper, D. (2016), "A Nonparametric Bayesian Analysis of Heterogenous Treatment Effects in Digital Experimentation", *Journal of Business & Economic Statistics*, Vol. 34(4), pp. 661—672.

[132]Van der Laan M. J. and Dudoit S. (2003), "Unified Implementation and Cross-Validation of the Integral Equation-Based Formulations for the Characteristic Modes of Dielectric Bodies", Working Paper.

[133]Vivalt, E. (2015), "Heterogeneous Treatment Effects in Impact Evaluation", *American Economic Review*, Vol. 105(5), pp. 467—470.

[134]Wager, S. and Athey, S. (2018), "Estimation and Inference of Heterogeneous Treatment Effects using Random Forests", *Journal of the American Statistical Association*, Vol. 113, pp. 1228—1242.

[135]Westreich, D. J. Lessler, M. J. Funk(2010), "Propensity Score Estimation: Machine Learning and Classification Methods as Alternatives to Logistic Regression", *Journal of Clinical Epidemiology*, 63(8), 826.

[136]Windmeijer, F. Farbmacher, H. Davies, N. and Smith, G. D. (2019), "On the Use of the

Lasso for Instrumental Variables Estimation with Some Invalid Instruments", *Journal of the American Statistical Association*, Vol. 114(527), pp. 1339—1350.

[137]Wood-Doughty, Z. Shpitser, I. and Dredze, M. (2018), "Challenges of Using Text Classifiers for Causal Inference", *Proceedings of the 2018 Conference on Empirical Methods in Natural Language Processing*, pp. 4586—4598.

[138]Wyss, R. Ellis, A. R. Brookhart, M. A. Girman, C. J. Funk, M. J. LoCasale, R. and Stürmer, T. (2014), "The Role of Prediction Modeling in Propensity Score Estimation: An Evaluation of Logistic Regression, Bcart, and the Covariate-balancing Propensity Score", *American Journal of Epidemiology*, Vol. 180(6), pp. 645—655.

[139]Xie, Y. and Jann, B. B. (2012), "Estimating Heterogeneous Treatment Effects with Observational Data", *Sociological Methodol*, Vol. 42(1), pp. 314—347.

[140]Xie, Y. and Wu, X. (2005), "Reply to Jann: Market Premium, Social Process, and Statisticism", *American Sociological Review*, Vol. 70(5), pp. 865—870.

[141]Yao, L. Y. Chu, Z. X. Li, S. Li, Y. L. Gao, J. and Zhang, A. D. (2020), "A Survey on Causal Inference", Working Paper.

[142]Yarkoni, T. and Westfall, J. (2017), "Choosing Prediction over Explanation in Psychology: Lessons from Machine Learning", *Perspectives on Psychological science A Journal of the Association for Psychological Science*, Vol. 12(6), pp. 1100—1122.

[143]Zhang, C. Y. Bengio, S. Hardt, M. and Recht, B. (2021), "Understanding Deep Learning (Still) Requires Rethinking Generalization", Communications of the ACM.

[144]Zhou, X. and Xie, Y. (2019), "Marginal Treatment Effects from a Propensity Score Perspective", *Journal of Political Economy*, Vol. 127(6), pp. 3070—3084.

[145]Zou, W. Y. Du, S. Lee, J. , *et al.* (2020b), "Heterogeneous Causal Learning for Effectiveness Optimization in User Marketing", Working Paper.

[146]Zou, W. Y. *et al.* (2020a), "Learning Continuous Treatment Policy and Bipartite Embeddings for Matching with Heterogeneous Causal Effects", Working Paper.

第十章　机器学习与异质性政策效应分析

 本章导读

　　对公共政策效应的科学准确评估，是推动国家治理体系和治理能力现代化的重要前提。异质性政策效应评估作为一种新兴的研究范式，其重要性在政策效应评估文献中已经获得广泛认可。在本章，我们总结了异质性政策效应评估的重要价值，以及几个代表性传统方法的逻辑和局限性，并在此基础上重点梳理了机器学习方法在异质性政策效应评估中的重要价值和具体应用：更好地筛选和切分异质性变量、更好地评估多重异质性政策效应、更好地评估个体政策效应。此外，本章还指出机器学习在异质性政策效应评估的算法可接受性、过程可检验性以及结论稳健性中所存在的局限性，并基于此提出了异质性政策评估和机器学习的重点发展方向。

第一节　异质性政策效应评估的价值和传统方法

一、评估框架

　　最近几十年，因果识别和政策效应评估已经成为经济学、管理学和社会学等社会科学各学科领域实证研究的经典范式。而在这一理论的发展中，社会科学家从反事实和潜在结果的框架讨论了因果关系。他们的核心思想是：比较同一个研究对象在接受政策处理和不接受政策处理时的结果差异，认为这一结果的差异就是该政策对研究对象的因果效应（Hume，1959；Lewis，1974；Neyman，1923；Rubin，1974）。但是，对于同一对象而言，我们无法同时既观察其被政策处理的结果，又观察其未被政策处理的结果，这成为因果效应识别的"根本性的问题"（Fundamental Problem of Causal Inference，Holland，1986；Angrist and Pischke，2009）。因此，实证分析中只能用平均因果效应替代每个个体的因果效应，也即估算处理组与对照组之间收入的平均差异，即获得平均政策效应的估计。在这种情况下，为了简化分析，使得处理组和对照组之间的比较变得可行，学者一般直接对观察数据做出同质性假设，即不同个体在先天禀赋和后天条件上不存在本质差异,而且同一干预在不同个体所产生的效果也不存在本质差异。然而,在真实的政策实践中,同一政策对不同群体的影响可能存在很大差异,即异质性政策效应。所谓异质性政策效应,是指不同条件群体对于特定处理、事件或政策干预的反应存在不同。

为了更清晰地叙述异质性政策效应的主要思想,我们借鉴 Athey and Imbens (2015)、Wager and Athey(2018)和 Knaus et al.(2021)构建一个异质性政策效应评估的一般性框架。假设有 n 个独立同分布的训练个体 $i=1,\cdots,n$,每个个体有一组特征变量 $X_i \in [0,1]^d$,一个响应变量 $Y_i \in \mathbb{R}$,以及是否接受政策处理 $W_i \in \{0,1\}$。根据 Neyman(1923)和 Rubin(1974),可以用 Y_i^0 和 Y_i^1 分别表示个体 i 在未受到政策干预和受到政策干预时的潜在结果,那么实际观测到个体 i 的结果 $Y_i=Y_i^1 W_i+Y_i^0(1-W_i)$,此时异质性政策效应就是条件期望 $\tau(x)=E(Y_i^1-Y_i^0|X_i=x)$。一般而言,由于反事实难以观测,我们不能简单地通过可观测数据 (Y_i,X_i,W_i) 来计算 $\tau(x)$。

本章不考虑因为处理组和对照组本身的特质不同而对处理政策的反应不一致的情形,即假定了无混杂性(Unconfoundedness)条件成立。或更具体而言,在给定个体特征 X_i 时,潜在变量 (Y_i^0,Y_i^1) 与政策干预条件独立(Rosenbaum and Rubin,1983)。实际观测到的个体 i 的结果 $Y_i=\mu_{(0)}(X_i)+W_i\tau(X_i)+\varepsilon_i=m(X_i)+(W_i-e(X_i))\tau(X_i)+\varepsilon_i$,其中,$\mu_{(0)}(X_i)$ 表示基线效应,$W_i\tau(X_i)$ 是政策处理效应。$m(x)=E[Y_i|X_i=x]=\mu_{(0)}(x)e(x)\tau(x)$,其中 $m(x)=E[Y_i|X_i=x]$。在这样的假定之下,可以得到

$$\tau(x)=E\left[Y_i\left(\frac{W_i}{e(X_i)}-\frac{1-W_i}{1-e(X_i)}\right)|X_i=x\right] \tag{10.1}$$

其中,$e(x)=E[W_i|X_i=x]$,即在条件 $X_i=x$ 时的接受政策处理时的倾向。这时候,$\tau(\cdot)=\arg\min_{\tau'}\{E[L(\tau'(X_i);Y_i,X_i,W_i)\}$,其中损失函数为 $L(\cdot)=(Y_i-m(X_i)-\tau(X_i)(W_i-e(X_i)))^2$。因此,如果知道公式(10.1)中条件期望函数的具体形式,我们就可以获得 $\tau(x)$ 的一个无偏估计。

二、评估价值

关于异质性政策效应评估的研究很多,譬如低技能者相比高技能者在求职培训中可能获益更多(Knaus et al.,2022);小户型住房相比大户型住房在地铁开通后可能更具有升值空间(Seungwoo et al.,2018);大小城市合并对城市行政边界两侧地区经济增长产生了一种非对称的政策效应(郭峰等,2022)。异质性政策效应评估越来越得到各界的广泛关注,从废除科举的社会效应(Hao et al.,2022)到失业保险的经济后果(Chetty,2008),从农村电子商务推广(Victor et al.,2021)到户口价值评估(Chen et al.,2019),从精准医疗(Tian et al.,2014)到定制营销建议(Ascarza,2018),政策制定

者都需要了解政策在不同群体中产生的异质性政策效应。总的来说,异质性政策效应评估具有以下几方面的价值:

(1)验证政策效应的解释机制和理论预测。政策效应评估研究的目标是加强人们对公共政策后果的理解,提升政府科学决策水准。很多时候,仅仅发现一个平均政策效应,并不能为此自动提供一个解释机制,而有时候开展异质性政策效应分析则可以为此提供一个解释机制。我们以 Chetty(2008)评估失业保险政策的文献为例。他在解释失业保险为什么会导致失业时间变长时,指出这可能是因为获得失业保险的人拥有了更高的"流动性"。通俗来说,失业者在获得失业保险后,会更加从容地应对失业并可能需要较长的时间寻找一份更合适的工作。异质性分析就发现,对于拥有较少财富(更强的流动性约束)的家庭,获得失业保险津贴(高失业保险替代率),失业时间会显著更长,而随着家庭财富逐渐增加,这一差异则会逐渐消失。上述结论意味着失业保险通过缓解流动性约束这一机制发挥作用,作者通过这一异质性分析就为失业保险政策为什么反而导致失业时间更长提供一个合理的解释。此外,在废除科举制对农村地方治理恶化影响的研究中(Hao *et al.*,2022),以及房屋限购政策为什么使得在北京的外地研究生更可能选择离开的研究中(Sun *et al.*,2021),作者都通过异质性分析提供了很好的机制解释。另外,异质性分析还可以帮助研究者验证理论预测。如文章会提出一些假设或定理,这些假设或定理大多并不容易得到数据的检验,但当这些假设或定理被验证是正确的,则假设和定理产生的相应预测和推论也理应得到验证。某些情形下,便可以通过异质性分析验证理论的预测,为验证文章核心结论提供进一步的证据(DiPrete and Gangl,2004;Chen *et al.*,2019)。

(2)异质性分析也可以用于排除某些竞争性假说。在研究中,对同一个因果关系,经常会遇到一些竞争性的解释,此时通过开展异质性分析,也是一种间接但有时却非常有效的方式。我们以农村电子商务推广计划对农村居民消费的影响为例来阐述。Victor *et al.*(2021)认为农村电子商务推广计划促进农村居民消费增加的机制是克服了物流上的障碍(收货更方便)。但还存在另一个竞争性的解释:电子商务便利了农村居民的消费活动,即克服了交易障碍。为了排除这一竞争性解释,他们通过考察政策前该地区是否有快递点进而开展了异质性分析,发现政策只促进了最初没有快递点的村庄的消费,而对原来就有快递点的村庄影响并不显著。同时,在人均收入和零售品价格上,电商对这两类村庄都没有显著影响。这便意味着农村电子商务推广计划实现的渠道是克服了物流障碍而并非交易障碍。因为如果是克服了交易障碍,那么随着交易成本的下降,零售价格以及其人均收入在原来无快递点而后有快递点的村庄会下降,后者会上升,但实际却是无显著差异。其他利用异质性分析排除竞争性解释的文献还包括医疗补助政策对目标群体会产生影响是因为转嫁效应还是溢出效应(Baicker and Staiger,2005;Einav *et al*.,2022);有房者相比无房者劳动供给更少是因为财富效应还是安家成本效应(Li *et al*.,2020);等等。

(3)异质性政策效应的另一个重要价值是提供差别化的政策处理依据。在现实生活中,我们经常发现,一些政策的推进经常会变成"一刀切"。然而,不同的群体或地区受到政策的影响可能是截然不同的,通过一些异质性的讨论,了解影响不同群体和地区行为背后的逻辑,施加不同的政策,从而实现更大的社会福利增进。如李明和李德刚(2018)就评估了中国财政支出政策的异质性效应,讨论在发达与欠发达地区、经济繁荣与衰退阶段的财政支出乘数是否相同。对于发达与欠发达地区的区分,涉及财政资金的跨区域配置,如果某一类地区的财政支出效果更好,依据效率原则,该地区应有更大的支出权限。对于经济繁荣与衰退阶段的区分,则涉及财政资金的跨期配置,如果衰退阶段的支出效果更好,繁荣期就应该为衰退期融资,确保逆周期财政政策有坚实的财力基础。而异质性分析的结论是经济发达与欠发达地区的财政支出乘数无显著差异,但衰退期的财政支出乘数大于繁荣期。上述结论对于财政资金配置政策有重要启示:财政支出在地区之间的分配应该更加均等化,而繁荣期应该为衰退期财政支出融资,实施逆周期宏观调控政策。

三、评估方法

考虑异质性政策效应评估的重要性,社会科学家已经发展出多种异质性分析方法,其中以在回归中将异质性变量(也称调节变量)进行交互项回归,以及在互斥组中分样本回归最为常见。交互项本质上就是将公式(10.1)中的条件期望设置为一个线性函数,而分组回归则是将公式(10.1)中的条件期望设置为一个分段函数。

(一)交互项回归

在异质性分析中最为常用的方法就是直接将某个可能带来异质性效应的异质性变量与政策变量交互(Aiken and West,1991;Vivalt,2015;胡安宁等,2021)。我们其实可以将交互项的存在理解为某个解释变量对结果变量的作用以另一个解释变量的不同取值为条件。为方便理解,假设公式(10.1)中的条件期望是如下线性函数形式:$Y=\alpha+\beta W+\gamma X+\delta W\cdot X+\theta X^c+\varepsilon$,其中 Y 是结果变量,W 是政策变量,X 便是异质性变量。这时候,政策处理效应是 $\beta+\delta X$。异质性变量可能是虚拟变量,也可能是连续变量。对于前者,δ 表达的含义是 X 值为 1 的群体相比 X 值为 0 的群体政策处理相差 δ;对于后者,δ 表达的含义则是 X 特征值越高的群体,其政策处理效应会越高或越低(取决于 δ 是正数或负数),且在特征 X 每增加一单位,政策处理效应变化 δ。异质性政策效应为 $\tau(x)=E[\tau_i|X_i=x]=E[Y_i^1-Y_i^0|X_i=x]$,指的是特征变量 $X_i=x$ 的群体的条件平均政策效应。以性别作为异质性变量为例,$Y=\alpha+\beta W+\gamma male+\delta W$

$\cdot male + \theta X^c + \varepsilon = \alpha + (\beta + \delta male) W + \gamma male + \theta X^c + \varepsilon$。则对于男性而言,其条件处理效应为 $\tau(\widehat{male}) = \hat{\beta} + \hat{\delta} male$;对于女性而言,其条件处理效应则为 $\tau(\widehat{female}) = \hat{\beta}$。是否存在异质性在于检验 $\tau(\widehat{male})$ 和 $\iota(\widehat{female})$ 之间是否有显著性差异,也即 δ 的 t 检验是否显著。以年龄连续变量为例,$Y = \alpha + (\beta + \delta age) \cdot W + \theta X^c + \varepsilon$,条件处理效应为 $\tau(\widehat{age}) = \hat{\beta} + \hat{\delta} age$,是否存在异质性的关键也在于对 $\hat{\delta}$ 的检验。

（二）互斥组回归

在开展异质性分析时,我们也可以将异质性变量按照某一标准分组回归,并假设公式(10.1)中的条件期望是如下分段函数形式:

$$Y_i = \alpha_0 + \beta_0 W_i + \gamma_0 X_i + \delta_0 W_i \cdot X_i + \theta X_i^c + \varepsilon_i \quad X > x$$
$$Y_j = \alpha_1 + \beta_1 W_j + \gamma_1 X_j + \delta_1 W_j \cdot X_j + \theta X_j^c + \varepsilon_j \quad X \leqslant x$$

此时,β_0 和 β_1 分别是特征 i 群体和特征 j 群体的平均政策效应。对于 i 群体,平均政策效应为 $\tau(x) = E[\tau_i | X_i > x] = E[Y_i^1 - Y_i^0 | X_i > x]$。

值得注意的是,因为特征 i 群体和特征 j 群体的分布可能并非一致,这会使得采用分组回归的手段无法判定特征 i 群体和特征 j 群体之间的政策效应是否存在显著差异。这时候我们一般采用两种手段:第一种是采用上述交互的手段,将异质性变量作为虚拟变量放入模型,如果交互项显著,则说明两个样本存在异质性政策效应;第二种则是分别回归,然后通过"经验 p 值组间差异检验"检验两个组间政策变量的系数之间是否存在显著差异(连玉君等,2010)。我们依然以性别作为异质性变量为例,模型 $Y = \alpha + \tau(\widehat{male}) \cdot W \cdot male + \tau(\widehat{female}) \cdot W \cdot female + \theta X^c + \varepsilon$。则对于男性而言其条件处理效应为 $\tau(\widehat{male})$,对于女性而言,其条件处理效应为 $\tau(\widehat{female})$。是否存在异质性也在于检验 $\tau(\widehat{male})$ 和 $\tau(\widehat{female})$ 之间是否有显著差异。

除上述常见的异质性分析方法外,学术界还有一些其他异质性因果效应分析方法,或者在异质性条件下进行有效因果分析的方法。例如,估计政策效应如何随处理倾向值变化而变化的倾向值导向的策略,包括分层法、匹配平滑法和平滑差分法等(Xie and Jann,2012;Zhou and Xie,2019;胡安宁等,2021);以及刻画目标变量(或不可观测的扰动项)不同时,政策变量对目标变量不同的边际影响的分位数回归及其变种(Koenker and Bassett,1978;Donald and Hsu,2014;张征宇等,2021;蔡宗武等,2021)。此外,学者们早就关注到当存在异质性时,传统因果识别方法也面临一些挑战,例如当工具变量对不同群体政策变量的影响存在不同时(即工具变量和政策变量的关系存在异质性),使用工具变量进行的两阶段最小二乘法得到的因果估计只是局部平均处理效应(Imbens and Angrist,1994)。[①] 而且,关于渐进性双重差分法的最新研究显示,在不同时期的政策效应存在异质性的情况下,基于 OLS 回归得到的回归结果可能并非政策效应的无偏估计(De Chaisemartin and D'Haultfoeuille,2020;Sun and Abraham,2021)。不过,由于我们试图在有限的篇幅内,从更简洁、更易于理解的异质性分析方法出发讨论和拓展,这些方法这里就不再详细讨论。

第二节　传统异质性政策评估方法的问题

一、大数据的挑战

传统异质性政策效应评估方法为我们理解政策效果提供了很多参考,但在大数据时代,它也面临不小的挑战。在图 10—1 中我们详细阐述了大数据、机器学习方法和异质性政策效应评估三者的关系。首先,在大数据时代,给异质性政策评估提供了全新的原料;但大数据的高维、非结构化等特征,也给异质性政策效应评估带来很大挑战。其次,在大数据时代,由于数据维度丰富,样本量大,多重的异质性政策效应评估,甚至个体层面的政策效应评估也成为可能,从而在大数据时代,异质性政策效应评估需求反而更大,但传统的异质性政策效应评估方法对此则力不从心。最后,为了处理和挖掘大数据中隐藏的异质性政策效应,机器学习方法成为社会科学研究者工具箱的重要组成,改变了政策效应评估范式。下面我们将针对这三者的关系,进行更详细的阐述。

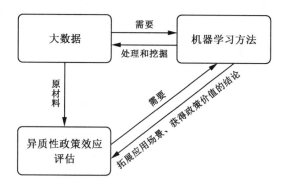

图 10—1　大数据、异质性政策效应评估和机器学习的关系

---

① 但一些研究表明,如果假定人们会根据比较优势对是否参与某项政策或倡议抉择时,我们通过局部工具变量估计可以估计出边际政策效应(Heckman *et al*.,2006)。

　　大数据广泛应用产生了数据挑战。在以互联网、移动互联网和人工智能为代表的计算机信息技术基础上产生的大数据,提供了以往传统数据所没有的信息和素材,这是一种"数据革命"(洪永森和汪寿阳,2020)。它给我们带来了很多新型数据,如文本数据、图形数据、音频数据、区间数据、符号数据等。同时,大数据时代来临也深刻影响了社会科学的研究范式(洪永森和汪寿阳,2021)。一方面,大数据具有高维、非结构化和低信息密度特征,超出了传统异质性政策效应评估方法的驾驭范围。另一方面,大数据是新时代政策评估不可回避的新研究环境,而数据多样化、结构复杂以及数据量大的特点所产生的新问题如何挖掘和处理这些数据,便需要引入机器学习方法。

　　虽然大数据给异质性政策效应评估带来很大挑战,但在大数据时代,异质性政策效应价值和需求反而更大。首先,大数据时代改变了研究数据的所有者。传统社会科学政策评估所使用的数据大多来自官方统计数据、问卷调查、实地调查、田野或者实验室等,数据拥有者多来源于科研机构,在学术创新目标的驱动下,异质性政策评估的主要任务和需求仍然是完成"从经验上验证经济理论"(萧政和周波,2019)。而大数据时代,数据的生产者和拥有者更多是那些资源受到约束的政府机构、需要衡量成本和收益的企业,他们进行异质性政策评估的需求是希望了解什么样的政策是最优的?如何设计政策可以实现收益—成本最大化?谁应该被政策覆盖?在这种情况下,异质性政策效应评估的价值就更大了。其次,机器学习凭借其独特优势,让估计政策的个体处理效应也成为可能,这使得一些问题也被纳入政策实施者的需求清单。例如,试点政策推广到其他地区会有什么预期结果?政策对某一个个体的影响又是怎样的?这些问题的重要性不言而喻,也是当下处于改革深水区的中国施政者迫切需要了解的。政策实施的偏差轻则浪费巨额财政资金,重则造成产业停滞、大量失业甚至系统性金融风险等(苑德宇和宋小宁,2018)。过往的不少研究对上述问题的讨论很容易流于泛泛之谈,因此迫切需要开展多重异质性政策效应评估,甚至是个体层面的政策效应评估。

　　在大数据时代,善于处理大数据的机器学习方法,可能同时带来政策效应评估范式的变革。在大数据时代,为了获得丰富的异质性政策效应的结论,以数据驱动、预测等为特征的机器学习方法就成为解决问题的关键,这将导致异质性政策评估的研究过程、研究手段和研究问题等发生变化。例如,在大数据时代,在数据中蕴藏着大量原本可能忽略的异质性规律(于晓华等,2019)。理论驱动的结果看起来直观、有道理,但有时候不容易获得有价值的结论。因此,我们可能需要在研究过程中使用能够自我分析学习这些数据的方法。再如,大数据时代,参照 P 值的统计显著性可能变得不再重要,因为模型的大部分解释变量都可能达到 5% 的显著性水平,这时候,分析中关注如何"选择一个模型"以提高拟合优度成为更有意义的工作(洪永森和汪寿阳,2021)。最后,大数据和机器学习还可能改变异质性政策评估的研究问题。大数据高维、异质性的特征给异质性政策效应评估提供了丰富的素材,因果机制关注减少,纯粹以精确估算目标变量为任务范畴的情形变得越来越多,如政策事前事中预测(陈云松等,2020)。但传统分析范式限制了研究者进一步探索上述政策效应的可能性。以传统的双重差分方法为例,我们可以通过事前平行趋势检验保证总体样本中处理组个体和对照组个体是可以比较的,但是放在子群体中,可能就不满足平行趋势,双重差分的适用性和结论的准确性是存在疑问的。这导致学者在进行一两个维度的异质性分析时需反复斟酌,更何况是大数据时代可能存在成百上千个潜在异质性变量。

二、传统方法存在的问题

不少文献使用传统方法下的交互项或者分组回归进行异质性政策效应评估,但上述处理思路还存在一定局限,例如,当异质性变量和政策变量高度共线性的时候,异质性变量和政策变量的交互项的回归显著性可能没有太大意义,因为这可能单纯反映了政策变量对结果变量的非线性效应(Daryanto,2019;朱家祥和张文睿,2021)。而且,异质性变量对政策变量的调节效应也可能是非线性的,此时简单使用交互项分析,会因为存在对公式(10.1)模型的误设,导致估计结果也不足信(Hainmueller *et al.*,2019)。即便可以采用核回归、序列回归等非参数方法估计公式(10.1)条件期望函数(Li and Racine,2007),仍然没法应对"维度诅咒"的问题。特别是随着大数据在社会科学,包括政策效应评估中的广泛应用,研究环境和研究需求都发生着巨大改变,异质性政策效应评估的传统方法更是力不从心。具体而言,本章认为异质性政策效应评估的传统方法在大数据时代存在如下几方面的问题:

(1)难以有效地筛选和切分异质性变量。传统方法通常是在给定 X_i 中包含哪些变量的前提下建模,但是在大数据时代,我们需要先在高维的特征变量中决定 X_i 中需要包含哪些变量。在高维的大数据背景下,传统的交互项回归和分组回归方法都无法基于现有的统计规则系统而全面地考察样本的异质性,从而忽略一些重要问题(Knaus *et al.*,2022),特别是一些强烈的但是却超出我们本身预期的异质性(Wager and Athey,2018)。以交互项这一方法为例,政策交互效应代表了解释变量对响应变量的联合作用。当交互效应出现时,这说明政策的反应依赖于其他变量(特征)的水平,通俗来说是政策效应在这一特征上是存在差异的。对于异质性政策效应评估而言,研究者可能此前并不清楚哪些特征可能存在政策效应异质性。要想充分讨论异质性,一种做法就是将尽可能多的协变量放入模型与处理变量交互,而在这种超高维度的交互效应模型中挑选理想的异质性变量就必须克服"维数诅咒"以及传统假设检验统计推断无效的问题(Belloni *et al*. ,2014;2017)。[①] 此外,在政策执行过程中,我们可能还需要了解群体之间差异最大的分组形式是怎样的。譬如,我们可以通过交互项的形式了解到年龄越大的群体,疫苗的副作用也越大。但即便如此,我们仍然无法在操作中针对这一结论给出多大年纪的人应该接种疫苗,多大年龄的人不应该接种的建议。传统的做法更多的是通过均值和中位数的方式人为地切分异质性变量,但是当该异质性变量并非线性的时候,这一操作得到的异质性政策效应可能并不是政策效应差异最大的分组形式,甚至可能得出不存在异质性的错误结论。在李明和徐建炜(2014)回答谁从中国工会会员身份中获益的研究中,如果采用传统的均值和中位数这一简单二分的形式,可能就无法得出中等技能职工于工会中获益最多的结论。

(2)难以全面讨论多重异质性问题。多重异质性是指处理效应的大小可能同时受到多个特征变量的组合影响,即交互项是多个异质性变量与政策处理的乘积,分组是按照不同变量的形式分割样本。传统方法的函数设定对于函数形式的约束性太强,如线性函数和分段函数,不符合现实数据的真实结构(即容易出现模型误设),也无法用于刻画多重异质性。即便是可以避免模型误设的传统非参数方法,但它通常假定 X_i 的维数是固定且低维的($d<n$),因没法克服"维度诅咒"同样也无法用于刻画多重异质性。在传统的分析框架下,加入交互项仅仅是为了对现实世界做出合理而简洁的解释,多重异质性下传统分析无法对其进行解释。这就使得传统方法下得到的处理效应异质性结论价值有限。例如,发现低技能者相比高技能者在求职培训中获益更多;新房相比旧房在地铁开通过后具有更大的升值空间等,这种非此即彼的结论可能对政策决策者并没有太多的参考价值。以一项资金有限的惠民政策为例,当政府在权衡资源给谁会使得社会福利最大时,如果研究仅能提供非此即彼的异质性结论,无疑会大大降低政策评估的价值。而给政府一个更多维度的特征,就很容易帮助政府将有限的资源给予最需要的群体。这便凸显出多重异质性分析的必要性和重要性。传统方法难以应对多重异质性,其中原因在于:一方面我们很难人为识别一些强烈的、相互依赖的变量,因此在变量挑选中就尤为困难,更难以考虑多重异质性的问题;另一方面,交互项通过由模型中的两个或多个自变量相乘得到,所以交互项与构成它的自变量低次项之间常常存在较强的相关关系,从而很容易导致多重共线性问题,这会很大程度上影响模型的有效性。

---

① 换言之,它们没法处理大量检验以及复杂的处理——协变量交互,很容易导致统计推断无效,医学上也称之为"假阳性现象(False Positive Findings)"(Tian *et al*. ,2014;Athey and Imbens,2015;2016)。例如,Knaus *et al*. (2022)就指出对于包含 50 个单一假设检验的模型,至少一个检验在 5%显著性水平上 I 类错误拒绝零假设的概率可能会高达 92%。简言之,传统方法下我们没办法挑选出理想的异质性变量,从而可能导致异质性讨论不充分。

(3)难以有效地评估个体政策效应。在大数据时代,特征变量 X_i 可能具有很高的维度,同时,如果想要评估针对个体的政策效应,也需要 X_i 包含足够多的信息,才能够通过 X_i 识别个体,而传统的回归方法在高维数据情形下可能失效。随着社会科学研究的数据和工具的逐渐丰富,社会科学研究者以及政策制定者希望了解更细微粒度的政策处理效应,甚至是希望知道政策对某一个人的影响结果是怎样的。个体政策效应评估在很多领域也极为重要。譬如,政府需要决定谁能从有补贴的工作培训中受益最大;经济学家需要知道金融危机对每个国家的经济影响差异是怎样的以及这种差异产生的原因是什么;或者医生需要决定哪种治疗方案对某病人有更好的治疗效果。尤其是在医学领域,根据每个人的具体特征而不是一刀切的方法治疗某一个体会导致治疗效果显著提升(Qian and Murphy,2011;Fu *et al*.,2016;Powers *et al*.,2018)。但是,传统的社会科学研究方法难以让我们观察到个体层面的政策效应(Shalit *et al*.,2017;Holland,1986)。政策评估中,对于某个个体,其要么被处理,要么没有被处理,我们无法保证处理组与对照组之间在可观测和不可观测因素上是可以比较的,因此无法估计个体层面的政策效应,现有因果推断方法所评估的均为群体层面的平均处理效应。即便理论上可以通过倾向得分匹配的方式获得基于个体倾向得分下的处理效应,即通过比较倾向得分相同的个体(被政策处理和没有被政策处理的个体),获得个体处理效应。但是这种降维匹配方式带来两个问题:一是如胡安宁等(2021)提到的"个体异质性变量不可知"的问题,即以倾向值为导向的分析由于众多"变量"被合成了一个"倾向得分",导致没法弄清究竟是什么因素影响了这种个体间处理效应的差异。二是通过倾向得分降维匹配出的个体反事实存在"不准确"的问题。因为倾向得分的意思是个体接受处理和不接受处理的倾向,两个人"接受政策处理的倾向"相同,并不意味着两个"个体"可比。或许我们可以认为具有相同倾向得分的群体在随机性的基础上是相似的,但是显然这很难适用于个体。因为衡量个体特征的参数很多,试图从对照组中选出一个跟实验组在各项参数上都相同或相近的"个体"是几乎不可能实现的。更为关键的是,由于传统的政策评估工具很难获得更细微粒度的政策效应估计,因此我们无法将试点政策在拟推广地区进行提前评估。虽然结构模型(Structural Form)试图通过构建反事实进行事前评估,但是这一方法非常依赖参数和理论假设,理想模型下的反事实可能与现实相差甚远。而机器学习简约模型(Reduced Form)的实证分析框架则不需要过分依赖假设,且能够较好地预测现实。

第三节　机器学习在异质性政策效应评估中的应用

机器学习方法相比传统方法,在异质性政策效应评估方面有着独特优势。事实上,异质性政策效应评估的本质是估计条件期望函数,实际上就是回归问题。而这一类问题对应机器学习方法的一个子集:有监督学习。首先,机器学习方法是数据驱动和算法导向,通常不设定数据生成过程的具体函数形式,并有相应的模型选择算法,所以能够有效地筛选和切分异质性变量,更好地刻画公式(10.1)中复杂的函数形式(包括多重异质性),同时可以应对高维数据的问题。再者,有监督学习的重要目标就是尽可能精确地预测,而个体政策效应的评估和政策推广前评估,都是试图针对一个新的特征取值 $X_i = x$ 来给出相应的政策效应 $\tau(x)$,而这实际上就是机器学习擅长处理的预测问题。为此,我们将进一步结合具体应用场景,总结机器学习方法在异质性政策效应评估中的重要应用。

一、更好地筛选和切分异质性变量

在上文中我们已经提到,无论是传统方法中的交互还是分组,都无法基于现有的统计规则系统而全面地考察样本的异质性,进而导致异质性政策分析不充分。这一方面是因为传统方法难以筛选一些强烈的但是却超出我们本身预期的异质性变量;另一方面,研究者常采用"人为二分法"的分组形式也无法让我们了解准确的政策异质性信息。而机器学习的优势,正好可以解决上述问题。例如,在挑选异质性变量时,诸如 Lasso 的方法(Knaus $et\ al.$,2022)、基于树的方法(Athey and Imbens,2016;Wager and Athey,2018;Athey and Wager,2019)、双重机器学习的方法(Chernozhukov $et\ al.$,2017)都可以很好完成筛选和切分异质性变量的任务。事实上,这些方法虽然各自采用了不同的技术手段,但本质上都是通过正则化对模型复杂度进行惩罚的方式来获得异质性变量。

以基于 L1 参数正则化的 Lasso 回归为例,Lasso 回归是将绝对值形式的惩罚项 $\lambda \|\delta\|$ 加到公式(10.1)的损失函数中,目标是希望估计误差尽可能小,同时也希望回归系数尽可能小。正是因为惩罚项的存在使其在异质性政策效应评估中具有很多用途。例如它具有在应对高维数据时引入稀疏性的特点[①],可以用来挑选异质性变量,选择交互项向量中的非零元或矩阵中的非零行相应地就选择了该异质性变量,而且可以避免过拟合(Belloni $et\ al.$,2014;2017)。在实际应用中,Imai and Ratkovic(2013)就使用该方法筛选变量,并应用于最优政策选择。具体而言,他们使用 Lasso 来筛选变量,并结合支持向量机算法分析了包括个人游说、电话留言、发送 0~3 封邮件、靠公民义务、邻里呼吁等 193 种异质性处理组合对美国选举拉票效果的影响。Belloni $et\ al.$

---

　　① 引入稀疏是指增加参数或数据中为零的个数。这样带来的好处是可以通过引入稀疏删除部分无预测力的特征变量,还可以进一步提高模型的可解释性。

(2014;2017)、Chernozhukov *et al*.(2018)等还提出一种称为"Post-Lasso"的数据驱动的挑选变量策略:首先通过 Lasso 等附带正则项的机器学习算法,经过交叉验证等方法,识别出一组包含政策交互变量且对结果变量有解释力的特征;然后再重新将结果变量对这些挑选出的交互项进行普通的线性回归,进而获得交互项上的异质性政策效应。Knaus *et al*.(2022)在评估瑞士的就业培训对失业者再就业影响中就使用了这一方法。具体来说,他们发现一个奇怪的现象:瑞士花费巨大的就业培训项目对参加培训者就业的影响竟然是消极的,原因可能是项目更多地分配给了最不需要的群体。因为对这部分群体而言,倘若花费更多的时间用于培训,则用于求职的时间会更少,反而对就业产生"锁定效应"。文章用 Post-Lasso 算法在 1 268 个特征变量中进行筛选,尽可能挑选出组间处理效应差异最大的变量,诸如技能、学历、就业能力、过去的收入等 17 个异质性特征。异质性分析发现,培训对那些各方面能力更为优秀的人的负面影响更大。因而,当该项目培训有意或无意地挑选这些更具资格的培训者时,反而降低了培训的效益。文章比较了 5 种培训项目分配策略的结果:随机分配、最佳分配、最差分配、有失业经历分配、低就业能力分配,发现最佳分配相比随机分配能提高收益 57.7%,相比当下政策减少就业率的消极影响达 60%。在考察美国最低工资对就业的影响时,Wang *et al*.(2019)利用 Lasso 方法和面板结构模型考察了在美国不同州层面最低工资对就业的异质性影响。Cengiz *et al*.(2022)也讨论了最低工资调整对最低工资受众群体的就业率、失业率、劳动力参工率等劳动力市场表现的影响。所不同的有两点,一是 Cengiz *et al*.(2022)通过机器学习的预测手段考虑到了因为失业而未被观测到的最低工资受众群体(以概率的形式呈现),而并非只关注就业人群中最低工资受众群体;二是 Cengiz *et al*.(2022)采用弹性网络正则化算法在高维数据中实现包括异质性变量在内的特征筛选。

实际上,诸如 Lasso 等正则化算法挑选异质性变量的思路均为一种解决带有交互项的超高维模型的独立特征选择问题,而 Tian *et al*.(2014)还提出一种修正协变量方法(Modified Covariate Method,MCM)来应对上述问题。MCM 能够将主效应和交互效应分开回归,并且这种修正方式只会改变主效应而不改变交互项系数。另外,这一做法的好处在于可以减少主效应的错误设定而仅对交互效应估计产生影响。更值得一提的是,这种方法不仅可以应用于随机试验数据,在观测数据中也适用,同时还可以将该方法与不同的机器学习方法结合用于挑选异质性变量。具体应用上,Tian *et al*.(2014)将这一方法应用到一个医学案例:在基因序列表达层面探究何种乳腺癌患者能从他莫昔芬药物治疗中取得更好的效果,患者样本量只有 393 个,但潜在的异质性变量基因序列表达则有 44 928 个,这是一个典型的高维数据异质性处理效应评估案例。此外,在医学领域,Su *et al*.(2009,2011)、Foster *et al*.(2011)、Lu *et al*.(2018)等也推荐使用树模型(如决策树、随机森林等)在高维混淆因素中挑选恰当数量的异质性变量。

在树模型中,剪去树的一些子树和叶节点后,便降低了树的复杂度,这也就实现了挑选异质性变量的过程。在具体的社会科学应用中,如 Sylvia *et al.*(2021)在通过随机干预实验评估一项"养育师入户亲子指导"项目对家庭育儿计划的影响研究中,就使用了广义随机森林的方法确定影响异质性的重要来源。众所周知,儿童初始技能的差异、儿童的家庭和社区各项特征的不同等都可能是这一项目效果存在异质性的潜在来源,而提供足够大样本的数据检验这种高维异质性往往令人生畏。广义随机森林就可以处理这种情形,进而减少重要的异质性遗漏问题。这一方法用于挑选异质性变量的思路是:先计算出每个变量的重要性,这个重要性度量的是一个变量在森林中用于分裂的频率;用于分裂频率越高,该变量用于预测异质性政策效应便越好。他们发现那些在认知发展方面落后且在干预开始时很少得到父母人力资本投资的儿童从该项目中获益最大,除此之外,育儿家庭离该项目干预实施干部办公室(计划生育办公室)的距离也存在很大的政策效应差异。此外,Strittmatter(2019)在研究美国康涅狄格州一个就业法案对劳动力供给的影响时,Farbmacher *et al.*(2021)在研究财务约束对注意力的异质性影响时,也使用了广义随机森林算法,在众多特征中挑选出最有影响的异质性变量。而 Athey *et al.*(2019)也给出一项心态干预对不同特征学生成绩影响的案例。类似地,还有文献将因果森林用于研究"用电分时定价"对不同特征家庭电力消费的影响(O'Neill and Weeks,2019)。而双重机器学习(Double Machine Learning)能够在其一般性的框架下采用任意一种机器学习模型,挑选异质性变量,如 Lasso、Post-lasso、Neural Nets、Boosted 回归树或者这些方法的集成(Chernozhukov *et al.*,2017)。除上述方法外,在挑选合适的异质性变量方面,因果图提供了一套判定何种变量不应该作为异质性变量的标准(郭峰和陶旭辉,2023)。[①]

而对于变量切分的问题,机器学习方法中诸如树模型的优良性质不仅可以帮助我们找到分组最好的变量,还可以让我们找到每个属性(变量)最优的分割点。而树模型的分叉标准是希望节点之间因果效应差异最大化,而组内差异最小化,这一做法实际上与异质性政策效应分析中的分组做法殊途同归。在关于地铁开通产生的房屋增值效应的研究中,Seungwoo *et al.*(2018)发现地铁开通后可能并不是房屋越大越好,也可能是中小面积的公寓处理效应最大,而树模型的分割点能够很好地帮助我们找到这一变量切分点。又如上文提到的,当我们不清楚所关心的异质性特征与该特征的条件

---

① 由遗传学家和计算机科学家开创的"因果图"分析方法,也被一些学科广泛应用于机器学习领域,其在社会科学领域的初步应用,可以参阅 Imbens(2020)、Cunningham(2021)等文献。

处理效应之间的关系是什么形态(线性或非线性)的时候,会让我们无法做到有效切分,进而没法找到处理效应最大的群体。而上文应用机器学习方法对"养育师入户亲子指导"项目评估研究中,就可以通过广义随机森林计算出条件处理效应如何随其特征变化而变化,并绘出散点图和拟合曲线。这可以帮助我们很清楚地掌握如何进行变量切分,以找到婴儿技能和离计划生育办公室的距离这两个变量异质性最大的分组形式,也能进一步明确对哪一部分群体进行干预能够带来最大的政策收益。根据图形,文中采用了分位数点的切分方式(Sylvia *et al.*,2021)。由于非线性关系的存在,如果采用传统人为二分切分或交互的形式可能会发现上述两个特征的异质性政策效应并不显著。

二、更好地评估多重异质性政策效应

正如上文提到的,传统异质性政策效应评估方法并不重视多重异质性的分析,其根源一方面在于传统方法存在局限,它们无法解决多重异质性分析带来的多重共线性和高次项参数检验的问题(即模型误设问题),也无法解决大数据时代的"维度诅咒"问题;另一方面,传统方法更注重模型的解释,而对模型获得结论是否可以带来更多的政策价值关注较少。这就使得传统社会科学实证方法下得到的处理效应异质性的结论对政策实施者而言价值有限。我们要了解如何制定"最优政策"的时候,往往需要了解处理的多重异质性问题(Andini *et al.*,2018)。一方面是政策制定者需要更细微粒度的信息,以帮助较少的资源分配到更合宜的群体中,即了解哪里是最优干预区域(Optimal Treatment Regime);更为重要的方面是因为很有可能一个好的政策效应实际上是多个异质性特征或多个政策组合共同作用的结果,而并非某一个特征和政策,即了解什么是最优干预政策(Optimal Policy)。这一点,对政策评估尤为重要,因为这样可以最大限度地发挥政策效果。

而机器学习算法,譬如上文提到的树模型,正好可以处理这类多重异质性政策效应。在决策树的逻辑中,树模型通过分叉和剪枝可以生成一棵树,其实完成的便是一个根据多个异质性变量分组的过程,而后我们在每片叶子中用处理组均值减去对照组均值,就得到每片叶子的条件因果效应,这便获得符合某些条件的多重异质性政策效应。在具体应用中,Seungwoo *et al.*(2018)就发现地铁开通产生的房屋增值效应,是房屋大小、房间数量、厕所面积等多重异质性特征搭配产生的结果。他们借助机器学习中的回归树算法,讨论了首尔某地铁开通对周边房地产市场的异质性因果效应:在地铁周边住房的房屋室数、房屋厕所数、房屋面积、房屋年龄等142个特征变量(包括彼此间的交互)中,有89个特征会带来住房价格增值,53个特征会使得房价减值。而且,他们还发现了一个有趣的现象,即地铁开通后,地铁附近新建的公寓基本都是按照正向因果效应的特征建造。这一理论与现实的吻合进一步凸显高维数据异质性因果效应分析的政策价值。

上述做法实际上便是通过机器学习下的多重异质性效应评估帮助找到"最优干预区域"的问题。Knaus et al.（2022）关于评估瑞士就业培训对失业者再就业的研究之所以可以直接比较和评估 5 种培训项目分配策略的效果，就是利用这一逻辑。一些文献也使用其他机器学习算法考察了这一问题。如 Ascarza（2018）利用机器学习算法和随机干预实验结合的方式，发现在企业进行客户流失管理时，不应该将焦点聚焦在那些流失倾向最大的用户，而应该聚焦在那些制止客户流失的干预措施最能发挥效果的用户身上，这样才能取得更好的干预效果。在评估美国国会议员对政府财政赤字的批评会如何影响不同特征选民对其本人支持率的影响时，Grimmer et al.（2017）利用集成算法发现议员批评财政赤字，选民的教育程度、收入、年龄、性别、种族、党派偏好的不同特征组合，会很大程度影响支持率，换言之这其中存在典型的多重异质性处理效应。Johansson（2019）也利用 T-learner 算法考察了学生心态干预对考试成绩的异质性影响，发现心态干预的平均效应为 0.26，而在学校规模、位置、学生事前预期等因素不同时，异质性影响则分布于 0.1～0.4。Künzel et al.（2019）还将这种元算法用于两个经典的随机试验，以评估社会压力对选民投票率以及挨家挨户上门游说对改变人们对变性者恐惧态度的异质性影响。此外，为了开展异质性处理效应评估，特别是其中涉及的统计推断问题，Chernozhukov et al.（2022）提出了一种可以包容正则化算法、树模型和集成算法等的通用机器学习框架（Generic Machine Learning Inference），该方法通过反复抽样的方法使用某种机器学习算法对处理组和对照组分别进行预测，然后计算异质性处理效应及其置信区间。Deryugina et al.（2019）使用这一方法考察了空气污染在影响健康和寿命上的多重异质性问题。在研究消费者对餐馆和就餐路途时间的异质性需求问题上，因为消费者在餐厅特征和移动时间的偏好上存在异质性，且该偏好又随餐厅自身不同而变化，进而影响消费者对餐厅的选择行为。在这一问题中，与餐馆自身属性相关的潜变量个数达到 80 个，与距离相关的潜变量个数也有 16 个，如何在这种高维变量中估计出不同特征组合下的消费者弹性，便成为多重异质性分析的重要议题。为此，Athey et al.（2018）构建了一个"路程时间因子分解"模型（Travel-Time Factorization Model，TTFM）用以解决此类问题。

实际上，多重异质性分析在政策效应评估中还可以理解为"最优政策组合的挑选"。有时候，政策实施者通常感兴趣的并非哪个政策能够带来最大的收益，而真正关注的是在一定的政策实施成本预算约束下，有哪些可供选择的政策组合以及相应的收益是怎样的。例如，在竞选活动中，虽然竞选者知道"个人游说"方式对竞选效果来说可能最为有效，但通常因为代价过于昂贵而少被采用，转而采用其他政策组合，例如发

3 封邮件并附上公民义务的消息同样可以带来竞选概率的提升(Imai and Ratkovic，2013)。机器学习方法下的多重异质性分析不仅可以帮助计算所有不同政策组合下相应的政策收益(政策效应)，我们还可以发现政策之间并不都是互补的。譬如 Imai and Ratkovic(2013)就指出，在"个人游说"方式下不能再叠加其他政策，否则会大幅减弱"个人游说"的效果。因此可以看出，利用机器学习算法得到多重异质性政策效应评估后，可以更好地助力制度设计。如 Andini et al.(2018)利用决策树和其他机器学习算法评估了意大利 2014 年一项退税政策对消费的影响，认为机器学习算法能更好地评估、利用政策的异质性效应，提高政策效率：如果退税能够按照机器学习算法来设计，食品消费可能会额外增加 41.8%(7.6 亿欧元)。多重异质性分析很多时候也被用于医学，因为个体化的最优治疗非常重要。许多疾病，由于基因、生理和环境因素之间的相互作用而有复杂的原因，特定治疗的效果通常不仅取决于患者当前的疾病状况，还取决于他过去的治疗、疾病史以及可能发生的其他并发医疗状况，因而会采用拓展一些机器学习方法实现多重治疗的选择(Tao and Wang，2016)。

需要强调的是，这里的"最优政策"是"相对"的而非"绝对"的概念，在理论和实证中判定政策是否最优，是在有限信息、一定假设、特定目标下的结论。譬如在实际应用中，针对不同的政策目标，可能就会出现不同的最优政策。其次，这里的"最优政策"还是"动态的"而非"静止的"，由于个体的理性反应、市场均衡的互动效应的存在，真正意义上的"最优政策"是一定条件下动态选择的结果。

三、更好地评估个体政策效应[①]

如上文阐述的，包括医疗在内的很多学科开始要求处理效应的精准性、个体性，即开始关注针对某个个体的处理效应(Qian and Murphy，2011；Powers et al.，2018)。Shalit et al.(2017)首次提出个体处理(政策)效应的概念，而后的一些机器学习算法在估计趋近的个体政策效应时提供了一些方法。如因果森林和广义随机森林(Wager and Athey，2018；Athey et al.，2019)、深度学习(Liu，2020)等，使得在复杂的异质性的情形下，准确地估计个体处理效应成为可能。

从上文可知，因果树可以帮助我们估计出每一个分组的效果，即每片叶子上的政策效应。而因果森林就是在因果树的基础上重复，每棵因果树都是从随机抽取(Bootstrapped)的数据子样本中生长出来的，最终形成 N 棵树，这时候对于某个个体 i 的政

[①]　即便在很多文献中提到因果森林等方法可以估计个体处理效应(Shalit et al.，2017)，特别是在医学领域(Qian and Murphy，2011；Fu et al.，2016；Powers et al.，2018)，但本文仍然认为上述方法为某个个体找到一个反事实的对照组个体的方法仍然只是一种趋近个体政策效应，但不可否认的是，这已经是相较传统异质性政策效应估计方法的很大进步。

策效应就是总和这 N 棵树的均值计算(Wager and Athey,2018),这便是"趋近个体处理效应"的估计值。在一项针对社会脱钩青年的暑期工作项目的随机实验研究中,Davis and Heller(2020)使用因果森林方法考察了其中存在的个体政策效应,研究发现暑期工作培训后,青少年暴力性犯罪明显减少。但作者试图分析是不是因为改善这些人的就业进而使得这些人都变好,该问题的回答非常依赖于更细微粒度的异质性处理效应,即到底哪些人在项目中获得就业改善,哪些人没有。因果随机森林的分析发现,改善就业和没有改善就业的两类群体暴力性犯罪下降没有显著差异,但改善就业的人财产性犯罪却增加了。其中逻辑是:获得就业的那部分青年,因为工作接触了更多可以偷窃的机会,从而提高了财产性犯罪。换言之,暑期项目仅仅是帮助他们换了一种犯罪方式。此外,在评估科特迪瓦一个公共工程就业援助项目对参与者未来就业和收入的影响时,Bertrand et al.(2017)也使用因果森林考察了其中存在的个体异质性政策效应。而在考察欧盟一项农业环境政策在德国东南部产生的生态效应时,Stetter et al.(2020)利用广义随机森林算法发现不同农场的个体政策效应与政策的总体平均效应大相径庭,由此他们认为在制定农业政策时一定要考虑不同农场的具体情形。

随着深度学习算法的日益成熟,一些研究也开始采用神经网络的方法估计个体处理效应(Liu,2020;Johansson et al.,2016)。这除了得益于其在视觉和语音等非结构化数据处理方面的成功外,还在于其优异的特征学习和推断未知数据之间未知关系的能力。尤其在多层神经网络加入特征学习后,可以通过可观测变量信息获取不可观测变量的分布(Hinton and Salakhutdinov,2006)。Liu(2020)就基于生成式对抗网络(Generative Adversarial Network,GAN)估计单个个体对应的不可观测的反事实,进而用于医疗领域的个体处理效应的估计。除此之外,还有很多方法可用于个体处理效应的估计,如 A-learning(Chen et al.,2017)、Boosting(Powers et al.,2018)等。

除了关心个体政策效应,我们还关心为什么个体之间会产生政策处理效应的差异,或者说为何差异会如此之大。为此,机器学习相关文献提供一种关于这种差异的因素分解的例子。Tiffin(2019)将因果森林算法应用于评估金融危机对一个国家经济增长的影响。作者构建的数据集包含 46 个变量,囊括了 107 个国家在 1985—2017 年的实体经济、进出口、财政、金融等方面的特征。根据模型预测结果,作者计算了每个国家金融危机的潜在损失,即假如一国发生金融危机,会拖累 GDP 增速多少个百分点。样本中所有国家效应的平均政策效应值为 7.2%,即平均金融危机会拖累国家未来两年累积 GDP 增速 7.2 个百分点。作者对每个国家(个体)政策效应与平均政策效应差异进行归因分解,发现相对平均水平,中国由于具有更高的制造业比例、更高的经济增速、更大的对外贸易规模以及更低的通货膨胀波动水平,因此具有更大的负面效应。而澳大利亚之所以低于平均处理效应,则是因为利率更高、制造业比例更低等因素。为了改进传统机器学习模型类似于黑箱的不可解释性,作者在文章中详细讨论了不同因素对总效应的贡献,以及不同变量之间的交互效应。

我们通过个体政策效应的评估还能在一定程度上实现"政策试点推广前评估"。政策先试点再推广,是中国改革开放历史进程中政策出台的重要模式。政策推广前评估本质上是样本外预测的问题,而这正是机器学习擅长的工作。其基本逻辑是,当个体对处理的反应存在差异时,处理效应会依据总体构成的不同而存在巨大差异,由此我们便可以通过获得新样本子群体特征构成,预估计其处理效应。如果一项政策更多地分配给了那些从中获利最大的试验对象,这样,推广到一些具有处理效应更小特征的实验对象的时候,就会导致平均处理效应下降,即政策的外部有效性降低。而倘若政策制定者了解一些细微粒度的处理效应异质性的模式,他们便可以在一些即将推广的地区和群体,提前评估出政策的处理效应(Morgan and Winship,2015),进而准确地评估政策结果的潜在影响。具体来说,当我们的数据尽可能多地反映试点地区的宏观和微观特征的时候,我们便可以获得针对每一个特征的处理效应,甚至每个微观个体的处理效应。这时候,当政策实施者试图在新的地区铺开政策时,便可以根据这些宏观特征以及微观特征的样本构成加权计算,从而评估该地区可能的政策效果,即实现对政策推广前评估。在如何将"国家工作支持项目"(National Supported Work,NSW)的实验结论推广到一个新目标群体的评估研究中,Imai and Ratkovic(2013)就运用了这一思路。首先,通过机器学习方法获得实验样本(NSW)的平均处理效应和条件处理效应。但是将实验结论推广到新的目标群体的评估核心是如何度量实验样本和新目标群体协变量的分布差异。为此,他们借鉴了 Stuart et al.(2011)倾向得分模型估计出倾向得分以量化实验样本和目标人群的相似性,并通过构建逆概率权重得到二者的权重关系。这使我们能够评估已识别的异质性效应的差异在多大程度上反映了实验样本和新目标人群之间协变量分布的潜在差异。当获得新目标样本每个个体的条件处理效应时,就可以通过计算其均值进而得到其平均处理效应,最终实现对此项实验的事前评估。但需要承认的是,以局部均衡效应为主的政策处理效果与推广之后包含一般均衡效应的政策处理效果是有差异的。不过,在借助机器学进行此类研究中,应当审慎地考察市场均衡互动效应对推广结果的影响。

个体政策效应的评估还可以指导多轮干预实验研究,即利用异质性结论指导新一轮政策的多轮干预实验,以达到检验政策评估模型和改进模型的目的。这一策略的思想是,当我们了解符合某一特征群体的条件处理效应或者了解某个人的处理效应时,就意味着我们找到了政策最希望干预的目标群体,进而可以对目标群体进行精准的政策干预,从而能够获得成本—收益最大化的结果。例如,Knittel and Stolper(2021)就将因果森林算法应用于一个大规模多轮行为干预实验的评估中,讨论发送家庭能源报告是否有助于推动家庭节能。能源报告的主要内容是告知用户相比其邻居的能源使用情况,以及相应的节能建议。使用因果森林进行高维异质性分析,作者发现有些群体接收家庭能源报告后其能源消耗下降,但有些特征的家庭能源消费反而上升。也即发现了社会学中飞反效应的证据:那些得知相比邻居其电能消耗更多的家庭,会产生正向的处理效应;但是,当得知自己相比邻居用电消耗更少后,一些家庭可能反而会在未来更多用电。研究者进一步依据前一年因果森林获得的异质性因果效应的结果,以目标函数最大化为标准再次针对性地对具有正向处理效应的居民实施干预政策,发现社会效益会额外提升12%~120%。这篇文献的贡献不仅在于细微粒度异质性因果效应的发现,还在于针对异质性因果效应结论有目标地进行"多轮干预"的思路,即利用异质性的结论指导政策的下一步执行,再通过执行后的估计结果检验研究模型的可靠性,这一点值得其他随机干预实验借鉴。

第四节　机器学习的局限以及未来方向

在大数据时代,机器学习的确可以拓宽传统异质性政策效应评估的适用边界,提供很多新的方法和新的应用场景。但同时,大数据和机器学习方法的广泛应用,也给异质性政策效应评估带来了一些新的冲击和挑战。本部分对此进行讨论,并在此基础上提出几个关于异质性政策效应评估与机器学习方法发展的未来方向。

一、机器学习在异质性政策效应评估中的局限

(一)异质性政策效应评估算法的可接受性问题

在上述综述中我们可以发现,机器学习算法通过数据驱动等方式能够很好地帮助我们进行政策评估并得出一些极富价值的政策建议。但由此也带来算法可接受性的问题,而问题来源于两个方面:一是机器学习算法运行存在可解释问题;二是数据驱动的伦理问题。

机器学习模型分为白箱模型和黑箱模型(Molnar,2019),如线性回归和单决策树之类的简单模型便是白箱模型,其将输入映射为输出的方式能够很容易理解。但是,这些简单的模型无法对数据集内的复杂性进行建模(如特征交互)。而诸如神经网络、随机森林等黑箱模型却可以处理这种变量间的复杂关系,并具有很高的准确性。但随之带来的问题是,对于这些模型,学者们仅知道黑箱的输入和输出,而对于黑箱内部的运算是如何进行的,往往不得而知。我们可以借助机器学习获得大量特征的条件处理

效应,理清楚政策对谁有益,因而可以精准地对这些群体实施政策处理,但却不知道为什么。如前所述,探索政策的影响机制是异质性政策效应评估的重要价值,而可解释性弱恰恰是以数据驱动的机器学习模型的局限。社会科学侧重于理论解释,而不仅仅是现象的描述和分类。能够回答为什么,而帮助人们从有限的经验观察推断出必然的因果关系,是这些学科追求的目标(Merton,1968;Pearl and Mackenzie,2018)。我们能够通过机器学习方法发现大量的、强烈的异质性特征,但当我们依然没办法解释所有异质性存在的原因时,机器学习所得到的结论在政策评估中的价值也将会大打折扣。而且如果缺乏可信的理论做支撑,单纯依赖数据驱动方式获得的异质性政策效应很有可能是虚假的(朱家祥和张文睿,2021)。

而另一个带来算法可接受性的问题是由于机器学习获得的异质性结论大多依赖于数据驱动,可能会带来算法伦理问题。例如,Kleinberg *et al*.(2015)提出一个案例用来说明通过机器学习解决资源分配可能存在的问题。在一项有关医疗保险健康政策中,医院在考虑决定哪些符合条件的患者不应该通过医疗保险接受髋关节置换手术的问题时,他们使用机器学习方法发现那些有并发症的、高风险的、年龄更大的患者手术收益最低,因为政策收益随着预期寿命增加而增加。如果仅仅考虑政策效益最大化的标准,这足以让我们在面对具有上述特征的患者时做出放弃手术的决定,而将资源留给其他人。同样的问题,我们会在很多政策分配问题中遇到,譬如是否应该重视可以带来更高录取率的优等生,而对差等生置之不理? 这是有关道德伦理和效率权衡的问题。另外,虽然数据没有价值取向,但是构建机器学习算法的建模者可能存在一些偏向性,加上大数据本来具有隐秘性,而由此带来的"算法霸权"对决策公平性的影响也是存在的(奥尼尔,2018)。在上文提到的政策试点推广前评估研究中,小范围的试点到大范围的推广存在市场互动效应,缺乏可解释性的机器学习如何让推广的算法结论变得可以接受也是一个值得讨论的重要问题。

即便上述问题在传统方法下也同样可能存在,但是随着机器学习方法在法官判案、贷款审批等领域的广泛应用,以缺乏解释性、数据驱动为特征的机器学习算法如何提高可接受性的讨论显然更有必要。

(二)异质性政策效应评估过程的可检验性问题

上文提到,机器学习方法下的异质性政策效应评估缺乏传统经济学的理论基础和可解释性,因而很难像传统社会科学分析方法一样通过作用机理、逻辑推演进一步判定结论的可靠性。这使得机器学习下的异质性政策评估好坏非常依赖数据生成过程的准确性以及数据处理过程的准确性。然而,在大数据时代,有时候对于数据生成过程的准确性和数据处理过程的准确性检验都变得非常困难。

此外,用大数据回答异质性问题会导致一些独特的新问题。例如,通过爬虫等手段获取的公共部门数据可能前所未有的大,我们不大可能知道数据存在什么样的选择偏误。因为大数据不意味着是全样本数据(洪永森和汪寿阳,2021)。更大更丰富的数据使其更加神秘,因为很难保证结论的准确性。另外,根据 Pearl and Mackenzie (2018)、郭峰和陶旭辉(2023),处理变量和结果变量的共同结果作为异质性变量时,可能会带来样本选择偏误。而机器学习方法很大程度上依赖数据驱动建模方式,这一特点在样本本身存在偏误,或不了解共同结果变量是否被筛选为异质性变量时,会导致结果可能存在偏误而无法被检验的情况。

再者,我们需要承认的是,大数据的确给我们提供了大量素材,帮助我们获得更高维度、更高频率、非结构化的数据(洪永森和汪寿阳,2021)。但是,大数据也带来一些统计困难,比如说存在高维数据(文本数据、图像数据、声音数据等)。这些数据的产生者往往来自个人或团体,而统计上的困难使得这类数据变得独特且稀有,在现有的发表规范下学者们无论是对于数据生成过程还是数据使用过程均没有意愿公开,这不仅会加剧学界的研究不平等(王芳等,2020),还可能因为学者数据的壁垒导致这类研究可复制性降低、结论的准确性难以得到学者们的检验,最终削弱机器学习在异质性政策效应评估应用中的优势。

(三)异质性政策效应评估结论的稳健性问题

在上文的介绍中,能够明显感觉机器学习和我们所熟知的统计模型之间的差异。传统的统计模型要点是表征数据和结果变量之间的关系,目的是要找出可以最小化所有数据的均方误差,无需训练也无需测试,在评估模型的时候会更多地注重参数的重要性和稳健性,对数据生成过程的平稳性和同质性以及统计模型的唯一性有一定的要求(洪永森和汪寿阳,2021)。与之不同的是,绝大多数机器学习方法不对数据与变量之间的关系给予具体的模型假设或限制,在算法评估时仅使用测试集验证其准确性。这种操作上的灵活性给异质性政策评估结论的稳健性带来一系列挑战。一个最为常见的问题是所谓的"异质性的异质性"问题,即在异质性政策效应评估中可能会出现异质性结论的情况(胡安宁等,2021)。具体而言,一方面是在使用同一数据下学者使用不同的机器学习算法会得到不同的异质性分析结论,即所谓的"外部异质性"问题;另一方面,即便使用同一数据和同一算法,异质性分析的结论还会因为学者参数设定的偏好而有所不同。这些问题很大程度上损害了机器学习下的异质性政策评估结论的稳健性。

机器学习被质疑结论稳健性的另一个更关键的因素是大多数机器学习方法缺少统计特性,更无法进行统计推断。Athey and Imbens(2017)就指出大多数机器学习方法没有有效的置信区间。但对异质性政策效应评估而言,无论是在理论分析还是实证应用中,单纯的点估计值是不够的,研究者还需要进行统计推断(构建置信区间或者执行假设检验），而很多机器学习的方法由于算法本身的复杂性，到目前为止还没有建立有限样本或者大样本分布理论，因而无法进行统计推断。即便对于 Wager and Athey（2018）和 Athey et al.（2019）提出的随机森林和广义随机森林推导出了渐近正态性，但是却依赖一些较强的假定，如特征 X_i 服从 $[0,1]^d$ 上的均匀分布等。而相比之下，传统统计模型可以使用置信区间，显著性检验和其他检验对回归参数进行分析，以评估模型的合理性。由于这些方法产生区间内的结果，因此很容易让我们认为它们是相同的，而不是不确定的、偶然的。

二、异质性政策效应评估与机器学习方法的未来方向

（一）引入和发展机器学习方法，重视异质性政策评估的政策价值及提升机器学习的可接受性

我们在综述以往研究中注意到，目前政策评估的研究依然以回答"政策产生了什么效果"为主要内容，而"政策影响了谁"这个问题则置于补充性分析的位置。但往往后者更容易帮助我们理解政策是如何运行的，以及政策应当如何改进。因此，异质性政策效应分析的价值不应该仅限于提供可解释性的结论，而是发挥更有用的政策指导的作用。本章认为未来的异质性政策评估应该更多地引入大数据和机器学习方法，以异质性分析为核心内容开展更细颗粒度的异质性政策评估，并围绕以下几个方向展开：第一，多维度探究政策运行机制。未来可以借助大数据和机器学习算法的优势充分讨论各维度的异质性，帮助理解政策的运行。例如上文中探索个体之间产生政策处理效应的差异因素能很大程度上理解政策的运行。第二，设计定制化的政策处理方案。借鉴医学领域的"精准医疗"的概念，探究政策对某个地区、某个行业，甚至是某个人的异质性影响，即个体政策效应，并针对性地实施定制化的政策方案。第三，发展政策推广前评估研究。传统的异质性政策效应评估更多地只能完成事后评估，机器学习方法则可以通过事先了解试点地区不同的异质性政策模式，对即将推广地区的政策进行相应的评估以及调整，进而避免政策试错成本和无谓损失。虽然这一应用尚未在学术界达成共识，但鉴于政策推广前评估研究的重要价值，可能会成为未来研究的重要发展方向。与此同时，还需要思考如何运用机器学习的"预测"优势解决以局部均衡效应为主的试点政策处理实际效果与推广之后包含一般均衡效应的政策预处理效果的差异问题。第四，动态优化政策分配规则。我们通过机器学习开展细颗粒度的异质性分析将政策分配给政策效应最大的群体，避免政策的负向选择（Negative Selection）问题，以实现资源的有效配置（Knaus et al.，2022）。但是，需要考虑到当政策制定者根据这些细颗粒度信息重新制定新的政策规则之后，微观个体的行为选择或经济反应也会产生系统性调整（类似于卢卡斯批判的原理），而并非完全跟从此前的行为模式。因

此,"最优政策"是一个动态选择的过程。未来可以借鉴多轮干预的思想,考虑政策后个体的理性反应、市场均衡的互动效应等环境变化,完善机器学习方法,实现"动态最优政策制定"。

我们认为未来的社会科学异质性政策效应评估应该将机器学习纳入学者的方法工具箱,一方面帮助我们进行稳健性分析;另一方面帮助我们拓展可能的应用场景。但同时,我们也应该注意到机器学习作为社会科学的舶来品有其特定适用场景和局限性。而机器学习要真正被社会科学学者接受并用于异质性政策效应评估,未来还需要朝如下方向发展:第一,提高机器学习模型的可解释性。围绕这一点,一些统计学的学者已经开始可解释性机器学习的研究(Molnar,2019)。另外,机器学习不断探索的细颗粒度的政策效应甚至是个体政策效应,均能极大地帮助我们理解政策运行机制(Knaus et al.,2022;Davis and Heller,2020)。第二,增加机器学习的统计性质,如有效置信区间或者可执行的假设检验等。Athey 等人正在探索这一工作,如因果树、因果森林和广义随机森林方法(Athey and Imbens,2016;Wager and Athey,2018;Athey et al.,2019)。未来引入社会科学的机器学习算法,应努力确保其所做出的决策和预测可被证明,模型在处理数据异常时也是稳健的(洪永淼和汪寿阳,2021)。甚至,未来可以发展能够进行统计推断的机器学习方法,以应对在大数据时代的政策效应评估问题。第三,警惕未来出现"算法霸权"的可能(胡安宁等,2021)。随着大数据和以算法为核心的机器学习的广泛使用,未来需要确保算法和大数据的公平性,建模者应该对算法承担责任,政策或项目制定者对模型的使用起到规范管理,维护社会的公平和民主(奥尼尔,2018)。

(二)结合传统分析范式,拓展机器学习在异质性政策评估中的新模式

如上文提到,传统方法与机器学习方法在进行异质性政策评估时有着很大不同。例如,传统社会科学实证方法重视可解释性,机器学习则试图让数据说话;传统分析重视简约性,即在模型选择时挑选那些能够刻画数据变量之间关系的最简约的模式,但机器学习以处理非线性关系、非结构化数据等复杂系统见长;机器学习追求预测的精准性,而传统的社会科学的统计推断擅长获得事物间的因果关系。虽然这一定程度上造成了机器学习与社会科学主流实证方法之间存在一定的隔阂,但是也形成了二者互补的可能。

因此,为了更好地利用大数据和机器学习方法,未来应该试图探究如何将传统的统计推断与机器学习算法优势互补。基于上述内容,本章认为应该围绕几个方向努力:第一,理论驱动的推理和数据驱动的预测相辅相成(黄乃静和于明哲,2018)。数据驱动的机器学习方法凭借其强大的预测能力,能够从高维数据中筛选重要的异质性变量,预测结论可以为政策和个人提供重要的决策参考(Kleinberg et al.,2015;姜富伟

等,2021;马甜等,2022)。但除了需要让数据说话,也需要了解结论深层次的原理。一方面,我们通过理论检验是否筛选了正确的异质性变量;另一方面可以利用机器学习的数据驱动获得异质性结论的同时,进一步结合传统理论分析拆解"机制黑箱",挖掘结论背后的理论。而且,我们还可以通过机器学习的预测反过来推动理论创新(陈云松等,2020)。第二,机器学习算法和传统统计推断分析方法结合。Imai and Ratkovic (2013)在实现政策效应事前评估中就利用这一思路,通过机器学习方法计算出细粒度的异质性,然后通过倾向得分模型量化政策处理组和推广组的相似性,从而计算出这一待推广政策在潜在人群的处理效应。这一类结合在目前文献中依然凤毛麟角,未来应该朝这一方向继续开展相关研究。第三,机器学习方法作为传统分析方法的补充性分析(Athey and Imbens,2017)。例如,在运用传统分析方法可能会遗漏一些强的异质性变量,这时候采用机器学习方法或许可以提供一些思路。另外,数据驱动的分析方法也可以为传统方法提供稳健性的讨论,例如,在应对样本选择偏误问题上,就可以运用数据驱动的机器学习方法为传统方法的结论提供稳健性分析。

(三)规范研究数据的采集和处理,推动数据和代码的公开透明

在过去十几年的社会科学政策评估的研究当中,我们大部分数据来源于公开的官方数据,较少面临数据采集和处理的问题。然而,随着大数据的广泛使用,每个行为、事件都能被研究者量化为数据信息,推动研究进步的同时也带来巨大的挑战。

在数据采集方面,由于获取信息的渠道多为个人、企业或政府组织,出于数据安全和数据采集成本的考虑,数据生产主体很难有动机公开所获得的数据。这一方面会加剧学者间数据不平等的问题(王芳,2020),另一方面对于数据可能带来的偏误也无从查验。而机器学习的异质性政策效应评估结论具有很强的政策导向,同时其准确性却非常依赖数据的质量。为此,未来学术研究应该讨论如何逐步规范数据采集方式、数据公开透明化标准。大数据和机器学习广泛运用的时代,异质性政策效应的结果会因为参数和模型的不稳定性带来很大差异,因此数据处理的代码公开化不仅利于学者对文章的检验,同时也可以监督学者规范学术行为。但是,不可否认,对一些大数据的采集,学者们付出了巨大的成本。为此可以借鉴自然科学专利保护、体育行业兴奋剂保存备检的方式,逐步改进数据和代码的可得性,提高异质性政策效应评估结论的可检验性,减少排他性的问题。

思考题

1. 机器学习方法克服了传统政策效应评估方法的哪些局限性?

2. 为什么说理解政策的异质性效应对于政策制定者来说是很重要的?

3. 大数据和机器学习如何改变了我们对政策效应评估的理解?

4. 机器学习方法在政策效应异质性评估中遇到的伦理问题有哪些,我们如何应对这些问题?

5. 你如何看待机器学习在未来政策评估研究中的角色和发展?

6. 如何评价机器学习方法在政策评估中的准确性和可解释性?你觉得在研究中是准确性更重要,还是解释性更重要?

参考文献

[1]凯西·奥尼尔(2018),《算法霸权:数学杀伤性武器的威胁》,马青玲译,中信出版集团。

[2]蔡宗武、方颖、林明,等(2021),"部分条件分位数处理效应的估计",《计量经济学报》,第 4 期,第 741—762 页。

[3]陈云松、吴晓刚、胡安宁,等(2022),"社会预测:基于机器学习的研究新范式",《社会学研究》,第 3 期,第 94—117 页。

[4]郭峰、陶旭辉(2023),"机器学习与社会科学中的因果关系:一个文献综述",《经济学(季刊)》,第 1 期,第 1—17 页。

[5]郭峰、吕斌、熊云军,等(2023),"大小城市合并与行政边界地区经济增长:基于机器学习算法的合成控制评估",上海财经大学公共经济与管理学院工作论文。

[6]姜富伟、马甜、张宏伟(2021),"高风险低收益?基于机器学习的动态 CAPM 模型解释",《管理科学学报》,第 1 期,第 109—126 页。

[7]郝大鹏、李力(2019),"异质性主体宏观模型研究进展",《经济学动态》,第 8 期,第 116—129 页。

[8]洪永淼、汪寿阳(2020),"数学、模型与经济思想",《管理世界》,第 10 期,第 15—27 页。

[9]洪永淼、汪寿阳(2021),"大数据如何改变经济学研究范式?",《管理世界》,第 10 期,第 40—55 页。

[10]胡安宁、吴晓刚、陈云松(2021),"处理效应异质性分析——机器学习方法带来的机遇与挑战",《社会学研究》,第 1 期,第 91—114 页。

[11]黄乃静、于明哲(2018),"机器学习对经济学研究的影响研究进展",《经济学动态》,第 7 期,第 115—129 页。

[12]李明、李德刚(2018),"中国地方政府财政支出乘数再评估",《管理世界》,第 2 期,第 49—58 页。

[13]李明、徐建炜(2014),"谁从中国工会会员身份中获益?",《经济研究》,第 5 期,第 49—62 页。

[14]连玉君、彭方平、苏治(2010),"融资约束与流动性管理行为",《金融研究》,第 10 期,第 158—171 页。

[15]马甜、姜富伟、唐国豪(2022),"深度学习与中国股票市场因子投资——基于生成式对抗网络方法",《经济学(季刊)》,第 3 期,第 819—842 页。

[16]秦磊、夏传信、施建军(2018)，"异质性数据下广义线性模型的 Maximin 似然比估计及应用"，《统计研究》，第 6 期，第 109－116 页。

[17]王芳、王宣艺、陈硕(2020)，"经济学研究中的机器学习：回顾与展望"，《数量经济技术经济研究》，第 4 期，第 146－164 页。

[18]萧政、周波(2019)，"一名计量经济学家对大数据的展望"，《财经智库》，第 4 期，第 124－137 页。

[19]于晓华、唐忠、包特(2019)，"机器学习和农业政策研究范式的革新"，《农业技术经济》，第 4 期，第 4－9 页。

[20]苑德宇、宋小宁(2018)，"公共政策评估的计量经济学方法运用刍议"，《财经智库》，第 3 期，第 79－92 页。

[21]沈艳、王靖一(2021)，"媒体报道与未成熟金融市场信息透明度——中国网络借贷市场视角"，《管理世界》，第 2 期，第 35－50 页。

[22]张征宇、孙广亚、杨超，等(2021)，"异质性政策效应分析——一种新的因变量条件分位数回归方法及应用"，《经济研究》，第 6 期，第 177－190 页。

[23]朱家祥、张文睿(2021)，"调节效应的陷阱"，《经济学(季刊)》，第 5 期，第 1867－1876 页。

[24]Aiken，L. S. and West，S. G. (1991)，*Multiple Regression：Testing and Interpreting Interactions*，London：Sage Publication.

[25]Andini，M. Ciani，E. de Blasio，G. D'Ignazio，A. and Salvestrini，V. (2018)，"Targeting with Machine Learning：An Application to a Tax Rebate Program in Italy"，*Journal of Economic Behavior and Organization*，Vol. 156，pp. 86－102.

[26]Angrist，J. D. and Pischke，J. S. (2009)，*Mostly Harmless Econometrics*，Princeton University Press.

[27]Ascarza，E. (2018)，"Retention Futility：Targeting High-Risk Customers Might Be Ineffective"，*Journal of Marketing Research*，Vol. 55(1)，pp. 80－98.

[28]Athey，S. (2018)，*The Impact of Machine Learning on Economics*，*The Economics of Artificial Intelligence：An Agenda*，Chicago：University of Chicago Press.

[29]Athey，S. and Imbens G. W. (2015)，"Machine Learning Methods for Estimating Heterogeneous Causal Effects"，*Statistics*，Vol. 1050，pp. 1－26.

[30]Athey，S. and Imbens G. W. (2016)，"Recursive Partitioning for Heterogeneous Causal Effects"，*Proceedings of the National Academy of Sciences*，Vol. 113，pp. 7353－7360.

[31]Athey，S. and Imbens，G. W. (2017)，"The State of Applied Econometrics：Causality and Policy Evaluation"，*Journal of Economic Perspectives*，Vol. 31，pp. 3－32.

[32]Athey，S. and Imbens，G. W. (2019)，"Machine Learning Methods Economists Should Know About"，*Annual Review of Economics*，Vol. 11，pp. 685－725.

[33]Athey，S. Blei，D. Donnelly，R. Ruzi，F. and Schmid，T. (2018)，"Estimating Heterogeneous Consumer Preferences for Restaurants and Travel Time Using Mobile Location Data"，*AEA Papers*

and Proceedings, Vol. 108, pp. 64—67.

[34]Athey, S. Tibshirani, J. and Wager, S. (2019), "Generalized Random Forests", *The Annals of Statistics*, Vol. 47, pp. 1148—1178.

[35]Athey, S. and Wager, S. (2019), "Estimating Treatment Effects with Causal Forests: An Application", *Observational Studies*, Vol. 5, pp. 37—51.

[36]Baicker, K. and Staiger, D. (2005), "Fiscal Shenanigans, Targeted Federal Health Care Funds, and Patient Mortality", *The Quarterly Journal of Economics*, Vol. 120, pp. 345—386.

[37]Belloni, A. Chernozhukov, V. and Hansen, C. (2014), "Inference on Treatment Effects after Selection among High-Dimensional Controls", *The Review of Economic Studies*, Vol. 81, pp. 608—650.

[38]Belloni, A. Chernozhukov, V. Fern'andez-Val, I. and Hansen, C. (2017), "Program Evaluation and Causal Inference with High-dimensional Data", *Economerica*, Vol. 85, pp. 233—298.

[39]Bertrand, M. Crépon, B. Marguerie, A. and Premand, P. (2017), "Contemporaneous and Post-Program Impacts of a Public Works Program: Evidence from Côte d'Ivoire", Working Paper, World Bank. https://elibrary.worldbank.org/doi/abs/10.1596/28460.

[40]Cengiz, D. Dube, A. Lindner, A. S. and Zentler-Munro, D. (2022), "Seeing Beyond the Trees: Using Machine Learning to Estimate the Impact of Minimum Wages on Labor Market Outcomes", *Journal of Labor Economics*, Vol. 40: pp. 203—247.

[41]Chen, S. Tian, L. Cai, T. and Yu, M. (2017), "A General Statistical Framework for Subgroup Identification and Comparative Treatment Scoring", *Biometrics*, Vol. 73, pp. 1199—1209.

[42]Chen, Y. Shi, S. and Tang, Y. (2019), "Valuing the Urban Hukou in China: Evidence from a Regression Discontinuity Design for Housing Prices", *Journal of Development Economics*, Vol. 141, 102381.

[43]Chernozhukov, V. Chetverikov, D. Demirer, M. Duflo, E. Hansen, C. and Newey, W. (2017), "Double/debiased/neyman Machine Learning of Treatment Effects", *American Economic Review*, Vol. 107, pp. 261—265.

[44]Chernozhukov, V. Chetverikov, D. Demirer, M. Duflo, E. Hansen, C. Newey, W. and Robins, J. (2018), "Double/Debiased Machine Learning for Treatment and Structural Parameters", *Econometrics Journal*, Vol. 21(1), pp. C1—C68.

[45]Chernozhukov, V. Demirer, M. Duflo, E. and Fernández-Val, I. (2022), "Generic Machine Learning Inference on Heterogenous Treatment Effects in Randomized Experiments, with an Application to Immunization in India", NBER Working Papers No. 24678, National Bureau of Economic Research.

[46]Chetty, R. (2008), "Moral Hazard Versus Liquidity and Optimal Unemployment Insurance", *Journal of Political Economy*, Vol. 116, pp. 173—234.

[47]Cunningham, S. (2021), Causal Inference: The Mixtape, New Haven: Yale University

Press.

[48]Daryanto, A. (2019), "Avoiding Spurious Moderation Effects: An Information Theoretic Approach to Moderation Analysis", *Journal of Business Research*, Vol. 103, pp. 110−118.

[49]Davis, J. M. and Heller, S. B. (2020), "Rethinking the Benefits of Youth Employment Programs: The Heterogeneous Effects of Summer Jobs", *Review of Economics and Statistics*, Vol. 102 (4), pp. 664−677.

[50]De Chaisemartin, C. and D' Haultfoeuille, X. (2020), "Two-way Fixed Effects Estimators with Heterogeneous Treatment Effects", *American Economic Review*, 2020, Vol. 110, pp. 2964−2996.

[51]Deryugina, T. Heutel, G. Miller, N. Molitor, D. and Reif, J. (2019), "The Mortality and Medical Costs of Air Pollution: Evidence from Changes in Wind Direction", *American Economic Review*, Vol. 109(12), pp. 4178−4219.

[52]DiPrete, T. A. and Gangl, M. (2004), "Assessing Bias in the Estimation of Causal Effects: Rosenbaum Bounds on Matching Estimators and Instrumental Variables Estimation with Imperfect Instruments", *Sociological Methodology*, Vol. 34, pp. 271−310.

[53]Donald, S. G. and Hsu, Y. C. (2014), "Estimation and Inference for Distribution Functions and Quantile Functions in Treatment Effect Models", *Journal of Econometrics*, Vol. 178, pp. 383−397.

[54]Einav, L. Finkelstein, A. Ji, Y. and Mahoney, N. (2022), "Voluntary Regulation: Evidence from Medicare Payment Reform", *The Quarterly Journal of Economics*, Vol. 137(1), pp. 565−618.

[55]Fan, J. Han, F. Liu, H. (2014), "Challenges of Big Data Analysis", *National Science Review*, Vol. 1(2), pp. 293−314.

[56]Farbmacher, H. Kögel, H. and Spindler, M. (2021), "Heterogeneous Effects of Poverty on Attention", *Labour Economics*, Vol. 71(C), 102028.

[57]Foster, J. C., Taylor, J. M. and Ruberg, S. J. (2011), "Subgroup Identification from Randomized Clinical Trial Data", *Statistics in Medicine*, Vol. 30(24), pp. 2867−2880.

[58]Fu, H. Zhou, J. and Faries, D. E. (2016), "Estimating Optimal Treatment Regimes via Subgroup Identification in Randomized Control Trials and Observational Studies", *Statistics in Medicine*, Vol. 35, pp. 3285−3302.

[59]Grimmer, J. (2015), "We Are All Social Scientists Now: How Big Data, Machine Learning, and Causal Inference Work Together", *Political Science & Politics*, Vol. 48, pp. 80−83.

[60]Grimmer, J. Messing, S. and Westwood, S. J. (2017), "Estimating Heterogeneous Treatment Effects and the Effects of Heterogeneous Treatments with Ensemble Methods", *Political Analysis*, 2017, Vol. 25, pp. 413−434.

[61]Hainmueller, J. Mummolo, J. and Xu, Y. (2019), "How Much Should We Trust Estimates from Multiplicative Interaction Models? Simple Tools to Improve Empirical Practice", *Political A-*

nalysis, Vol. 27, pp. 163—192.

[62]Hao, Y. Liu, K. Z. Weng, X. and Zhou, L. A. (2022), "The Making of Bad Gentry: The Abolition of Keju, Local Governance and Anti-elite Protests: 1902 — 1911", *Journal of Economic History*, Vol. 82(3), pp. 625—661.

[63]Hastie, T. Tibshirani, R. and Friedman, F. (2017), *The Elements of Statistical Learning: Data Mining, Inference, and Prediction*, Second Edition, Springer.

[64]Heckman, J. Urzua, S. and Vytlacil, E. (2006), "Understanding Instrumental Variables in Models with Essential Heterogeneity", *The Review of Economics and Statistics*, Vol. 88, pp. 389—432.

[65]Hill, J. L. (2011), "Bayesian Nonparametric Modeling for Causal Inference", *Journal of Computational and Graphical Statistics*, Vol. 20, pp. 217—240.

[66]Hinton, G. E. and Salakhutdinov, R. R. (2006), "Reducing the Dimensionality of Data with Neural Networks", *Science*, Vol. 313, pp. 504—557.

[67]Holland, P. W. (1986), "Statistics and Causal Inference", *Journal of the American Statistical Association*, Vol. 81, pp. 945—970.

[68]Hume, D. (1959), *An Enquiry Concerning Human Understanding*, La Salle, IL: Open Court Press.

[69]Imai, K. and Ratkovic, M. (2013), "Estimating Treatment Effect Heterogeneity in Randomized Program Evaluation", *The Annals of Applied Statistics*, Vol. 7, pp. 443—470.

[70]Imai, K. and Strauss, A. (2011), "Estimation of Heterogeneous Treatment Effects from Randomized Experiments, with Application to the Optimal Planning of the get-out-the-vote Campaign", *Political Analysis*, Vol. 19, pp. 1—19.

[71]Imbens, G. W. (2020), "Potential Outcome and Directed Acyclic Graph Approaches to Causality: Relevance for Empirical Practice in Economics", *Journal of Economic Literature*, Vol. 58, pp. 1129—1179.

[72]Imbens, G. W. and Angrist, J. D. (1994). "Identication and Estimation of Local Average Treatment Effects", *Econometrica*, pp. 467—476.

[73]James, G. Witten D. Hastie, T. and Tibshirani R. (2013), *An Introduction to Statistical Learning*, Berlin: Springer.

[74]Johansson, F. D. (2019), "Machine Learning Analysis of Heterogeneity in the Effect of Student Mindset Interventions", *Observational Studies*, Vol. 5, pp. 71—82.

[75]Johansson, F. D. Shalit, U. and Sontag, D. (2016), "Learning Representations for Counterfactual Inference", In International Conference on Machine Learning.

[76]Kleinberg, J. Ludwig, J. Mullainathan, S. and Obermeyer, Z. (2015), "Prediction Policy Problems", *American Economic Review*, Vol. 105, pp. 491—495.

[77]Knaus, M. C. Lechner, M. and Strittmatter, A. (2022), "Heterogeneous Employment

Effects of Job Search Programs A Machine Learning Approach", *Journal of Human Resources*, Vol. 57(2), pp. 597—636.

[78]Knaus, M. C. Lechner, M. and Strittmatter, A. (2021), "Machine Learning Estimation of Heterogeneous Causal Effects: Empirical Monte Carlo Evidence" *The Econometrics Journal*, Vol. 24, pp. 134—161.

[79]Knittel, C. R. and Stolper, S. (2021), "Machine Learning about Treatment Effect Heterogeneity: The Case of Household Energy Use", *AEA Papers and Proceedings*, Vol. 111, pp. 440—444.

[80]Koenker, R. and Bassett, G. (1978), "Regression Quantiles", *Econometrica*, Vol. 46, pp. 33—50.

[81]Künzel, S. Sekhon, J. Bickel, P. and Yu, B. (2019), "Meta-learners for Estimating Heterogeneous Treatment Effects Using Machine Learning", *Proceedings of the National Academy of Sciences*, Vol. 116, pp. 4156—4165.

[82]Lehrer, S. F. and Xie, T. (2022), "The Bigger Picture: Combining Econometrics with Analytics Improves Forecasts of Movie Success", *Management Science*, Vol. 68, pp. 189—210.

[83]Lewis, D. (1974), "Causation", *Journal of Philosophy*, Vol. 70, pp. 556—567.

[84]Li, H. Li, J. Y. Lu, Y. and Xie, H. H. (2020), "Housing Wealth and Labor Supply: Evidence from a Regression Discontinuity Design", *Journal of Public Economics*, Vol. 183, pp. 104—139.

[85]Li, Q. and Racine, J. S. (2007), *Nonparametric Econometrics: Theory and Practice*, Princeton: Princeton University Press.

[86]Liu, Y. (2020), Personalized Estimation and Casual Inference Via Deep Learning Algorithms, Doctoral Dissertation, The University of Texas, Houston.

[87]Lu, M. Sadiq, S. Feaster, D. J. and Ishwaran, H. (2018), "Estimating Individual Treatment Effect in Observational Data Using Random Forest Methods", *Journal of Computational and Graphical Statistics*, Vol. 27, pp. 209—219.

[88]Merton, R. K. (1968), *Social Theory and Social Structure*, New York: Free Press.

[89]Molnar, C. (2019), *Interpretable Machine Learning*, Morrisville: Lulu Press.

[90]Morgan, S. L. and Winship, C. (2015), *Counterfactuals and Causal Inference: Methods and Principles for Social Research*, Cambridge: Cambridge University Press.

[91]Neyman, J. (1923), "On the Application of Probability Theory to Agricultural Experiments", *Statistical Science*, Vol. 5, pp. 465—480.

[92]O'Neill, E. and Weeks, M. (2019), "Causal Tree Estimation of Heterogeneous Household Response to Time-of-use Electricity Pricing Schemes", Papers arXiv:1810.09179v3, arXiv.org.

[93]Pearl, J. and Mackenzie, D. (2018), *The Book of Why: the New Science of Cause and Effect*, New York: Basic Books.

[94]Powers, S. Qian, J. Jung, K. Schuler, A. Shah, N. H. Hastie, T. and Tibshirani, R. (2018),

"Some Methods for Heterogeneous Treatment Effect Estimation in High Dimensions", *Statistics in Medicine*, Vol. 37, pp. 1767—1787.

[95]Qian, M. and Murphy, S. A. (2011), "Performance Guarantees for Individualized Treatment Rules", *Annals of Statistics*, Vol. 39(02), 1180.

[96]Rubin, D. B. (1974), "Estimating Causal Effects if Treatment in Randomized and Nonrandomized Studies", *Journal of Educational Psychology*, Vol. 66, pp. 688—701.

[97]Rosenbaum, P. R. and Rubin, D. B. (1983), "The Central Role of the Propensity Score in Observational Studies for Causal Effects", *Biometrika*, Vol. 70(1), pp. 41—55.

[98]Seungwoo, C. Kahn, M. E. and Roger, M. H. (2018), "Estimating the Gains from New Rail Transit Investment: A Machine Learning Tree Approach", *Real Estate Economics*, Vol. 48, pp. 886—914.

[99]Shalit, U. Johansson, F. D. and Sontag, D. (2017), "Estimating Individual Treatment Effect: Generalization Bounds and Algorithms", *International Conference on Machine Learning*. PMLR, pp. 3076—3085.

[100]Stuart, E. A. Cole, S. R. Bradshaw, C. P. and Leaf, P. J. (2011), "The Use of Propensity Scores to Assess the Generalizability of Results from Randomized Trials", *Journal of the Royal Statistical Society: Series A (Statistics in Society)*, Vol. 174, pp. 369—386.

[101]Stetter, C. Menning, P. and Sauer, J. (2020), "Going Beyond Average-Using Machine Learning to Evaluate the Effectiveness of Environmental Subsidies at Micro-Level", 94th Annual Conference, April 15—17, 2020, K U Leuven, Belgium (Cancelled) 303699, Agricultural Economics Society.

[102]Strittmatter, A. (2019), "What Is the Value Added by Using Causal Machine Learning Methods in a Welfare Experiment Evaluation?", Papers 1812.06533, arXiv.org, revised Mar 2019.

[103]Su, X. Meneses, K. McNees, P. and Johnson, W. O. (2011), "Interaction Trees: Exploring the Differential Effects of an Intervention Programme for Breast Cancer Survivors", *Journal of the Royal Statistical Society: Series C (Applied Statistics)*, Vol. 60(3), pp. 457—474.

[104]Su, X. Tsai, C. L. Wang, H. Nickerson, D. M. and Li, B. (2009), "Subgroup Analysis via Recursive Partitioning", *The Journal of Machine Learning Research*, Vol. 10, pp. 141—158.

[105]Sun, L. and Abraham, S. (2021), "Estimating Dynamic Treatment Effects in Event Studies with Heterogeneous Treatment Effects", *Journal of Econometrics*, Vol. 225, pp. 175—199.

[106]Sun, W. Zhang, S. Lin, C. and Zheng, S. Q. (2021), "How do Home Purchase Restrictions Affect Elite Chinese Graduate Students' Job Search Behavior", *Regional Science and Urban Economics*, Vol. 87, pp. 103644.

[107]Sylvia, S. Warrinnier, N. Luo, R. Yue, A. Attanasio, O. Medina, A. and Rozelle, S. (2021), "From Quantity to Quality: Delivering a Home-based Parenting Intervention Through China's Family Planning Cadres", *The Economic Journal*, Vol. 131, pp. 1365—1400.

［108］Tao,Y. and Wang,L. (2017),"Adaptive Contrast Weighted Learning for Multi-stage Multi-treatment Decision-making",*Biometrics*,Vol. 73,pp. 145－155.

［109］Tian,L. Alizadeh,A. A. Gentles,A. J. and Tibshirani,R. (2014),"A Simple Method for Estimating Interactions Between a Treatment and a Large Number of Covariates",*Journal of the American Statistical Association*, Vol. 109,pp. 1517－1532.

［110］Tiffin,A. (2019),"Machine Learning and Causality: The Impact of Financial Crises on Growth",IMF Working Papers No. WP/19/228,International Monetary Fund.

［111］Victor,C. Faber,B. Gu,Y. and Liu,L. L. (2021). "Connecting the Countryside via E-Commerce: Evidence from China",*American Economic Review: Insights*,Vol. 3,pp. 35－50.

［112］Vivalt,E. (2015),"Heterogeneous Treatment Effects in Impact Evaluation",*American Economic Review: Papers & Proceedings*,Vol. 105,pp. 467－70.

［113］Wager,S. and Athey,S. (2018),"Estimation and Inference of Heterogeneous Treatment Effects Using Random Forests",*Journal of the American Statistical Association*,Vol. 113,pp. 1228－1242.

［114］Wang,W. Phillips,P. and Su,L. (2019),"The Heterogeneous Effects of the Minimum Wage on Employment Across States",*Economics Letters*,Vol. 174,pp. 179－185.

［115］Xie,Y. and Jann,B. B. (2012),"Estimating Heterogeneous Treatment Effects with Observational Data",*Sociological Methodol*,Vol. 42,pp. 314－347.

［116］Zhou,X. and Xie,Y. (2019),"Marginal Treatment Effects from a Propensity Score Perspective",*Journal of Political Economy*,Vol. 127,pp. 3070－3084.